数学オリンピックへの道 3

104 Number Theory Problems
from the Training of the USA IMO Team
Titu Andreescu, Dorin Andrica, Zuming Feng

数論の精選 104問

監訳 ▍小林一章・鈴木晋一 / 訳 ▍清水俊宏・西本将樹

朝倉書店

TITU ANDREESCU
DORIN ANDRICA
ZUMING FENG

104 NUMBER THEORY PROBLEMS

FROM THE TRAINING OF
THE USA IMO TEAM

Translation from the English language edition:
104 Number Theory Problems by Titu Andreescu, Dorin Andrica, Zuming Feng,
Copyright © 2007 Birkhäuser Boston
Birkhäuser Boston is a part of Springer Science+Business Media
All Rights Reserved

監訳者まえがき

　本シリーズは，アメリカ合衆国の国際数学オリンピックチーム選手団を選抜すべく開催される数学オリンピック夏期合宿プログラム (MOSP) において，練習と選抜試験に用いられた問題から精選した問題集です．2人の編著者は長年にわたって数学オリンピックに携わってきた大家であり，要領のよい解説も付されています．組合せ数学・三角法・初等整数論の3分野ですが，いずれも日本の中学校・高等学校の数学ではあまり深入りしない分野であり，日本には手頃な問題集がないという事情を考慮して，このたび翻訳を試みることにしました．なお，日米の数学教育の違いなどに配慮して，問題などを日本流に変換したところがあります．

　本書の翻訳に当たっては，

清水俊宏君　　2004年国際数学オリンピックギリシャ大会金メダリスト
　　　　　　　(現在，京都大学大学院情報学研究科数理工学専攻在籍)
西本将樹君　　同 2003年日本大会，2004年ギリシャ大会金メダリスト
　　　　　　　(現在，東京大学大学院数理科学研究科数理科学専攻在籍)

の協力を得ました．感謝しています．

　本書が国際数学オリンピック出場を目指す諸君のよき伴侶となることを願っています．

　　2010年2月

小林一章
鈴木晋一

著者紹介

Titu Andreescu

ティミショアラ西大学 (ルーマニア) で Ph.D を取得．博士論文の内容は "ディオファントス解析とその応用についての研究" であった．現在は，ダラスのテキサス大学で教鞭を執る．アメリカ数学オリンピックの前議長であり，MAA American Mathematics Competitions の理事 (1998–2003)，アメリカ IMO チームのコーチ (1993–2002)，数学オリンピック夏期プログラム (MOSP) の理事 (1995–2002)，アメリカ IMO チームの団長 (1995–2002) を歴任．2002 年，世界で最も権威ある数学競技会 IMO の中心となる委員会 IMO Advisory Board (IMOAB) のメンバーに選出．2006 年，Awesome Math Summer Program (AMSP) を共同で創立し，理事を務める．1994 年，MAA から優れた高校数学教育に対し贈られる Edyth May Sliffe 賞を受賞．また同年，IMO 香港大会にてアメリカチーム全員が満点をとるという偉業を達成．Titu は (MOSP) にてこのチームのトレーニングを行っており，1995 年に感謝状が贈られた．数多くの教科書や問題集を出版し，世界中の中高生に愛読されている．

Dorin Andrica

1992 年，ルーマニア・クルジュ-ナポカの "Babeş-Bolyai" 大学で Ph.D を取得．学位論文は特異点と微分可能部分多様体への応用を扱っている．1995 年から "Babeş-Bolyai" で幾何学科の学科長を務める．数多くの数学の教科書，問題文，論文，また様々なレベルの人を対象とした科学記事を執筆．オーストリア，ブルガリア，チェコ共和国，エジプト，フランス，ドイツ，ギリシャ，イタリア，オランダ，ポルトガル，セルビア，トルコ，アメリカなど，世界中の大学のカンファレンスで招待講演者を務める．ルーマニア数学オリンピック委員会のメンバーやいくつかの国際数学雑誌の編集委員会のメンバーも務める．また，"Andrica の予想" と呼ばれる連続素数についての予想でも良く知られている．さらに，2001 年から 2005 年まで，カナダ–アメリカの MathCamp での正規の運営委員を務め．2006 年からは Awesome Math Summer Program (AMSP) の正規運営委員である．

Zuming Feng

ジョンズホプキンス大学にて Ph.D を取得．学位論文は代数的整数論と楕円曲線についての内容．現在，Phillips Exeter Academy で教鞭を執る．アメリカ IMO チームのコーチ (1997–2006 年)，アメリカ IMO チーム副団長 (2000–2002 年)，MOSP のアシスタントディレクター (1999–2002 年) を歴任した．また，1999 年からアメリカ数学オリンピック委員会のメンバーであり，2003 年からはアメリカ IMO チームの団長を務め，MOSP では学術部門ディレクターである．2006 年に AMSP を共同で創設し，こちらでも学術部門のディレクターを務める．1996 年と 2002 年には MAA から優れた高校数学教育に対して贈られる Edyth May Sliffe 賞を授与された．

まえがき

　本書は国際数学オリンピック (IMO) アメリカ代表チームでトレーニングや選抜において用いられた問題のうち 104 問を厳選して収録したものである．難しく，不可解な問題を選んだわけではなく，本書の問題を解いていくことで少しずつ読者の数論に関するコツや技術が身につけられるような構成となっている．最初の章は数論への包括的な導入知識と数学的な構造を提供している．この章は数論のショートコースに関する教科書となっている．ここは，数学に対する生徒の広い視点といろいろな数学のコンテストに参加するためのよい準備となることを目的としている．生徒の問題解決のための戦術と戦略を再建し高めることにより，数論の重要な分野での能力を豊かにする．さらに，この本は数学を将来研究しようとする生徒の興味を刺激している．

　アメリカ合衆国においては，国際数学オリンピック (IMO) の参加者を選抜する過程は，一連の国家的なコンテスト，それらはアメリカ数学コンテスト 10 と 12(AMC10,AMC12)，アメリカ招待数学試験 (AIME) およびアメリカ合衆国数学オリンピック選抜試験 (USAMO) から構成されている．AIME と USAMO は，先行する一連の試験の結果を基に選抜された者だけが招待されて参加が許される．数学オリンピック夏期プログラム (MOSP) は，アメリカ数学コンテストの上位から選ばれた約 50 名の候補選手に対する 4 週間の徹底したトレーニングプログラムである．IMO のアメリカチームに参加する 6 名の生徒は，USAMO での成績とさらに MOSP の間に実施されるテストの結果を基礎にして選抜される．MOSP を通して，一日中にわたって授業や広範囲にわたる問題集が与えられ，数学のいくつもの重要な分野における準備がなされる．これらの話題には，組合せ的な議論や恒等式，生成関数，グラフ理論，漸化式，和と積，確率，数論，多項式，複素数平面上の幾何，アルゴリズムと証明，組合せ幾何と高度なユークリッド幾何，関数方程式，そして古典的な不等式などが含まれる．

　オリンピックでの試験問題はいくつかの挑戦的な問題から構成されている．正解はしばしば深い解析と注意深い議論が求められる．オリンピック問題は初心者

には突破できないように見えるが，大部分は中学高校での数学知識・技術を賢く適用することによって解くことができる．

ここで，本書の問題を解こうと考えている諸君へのいくつかのアドヴァイスを挙げる．

- 時間をかけて考えよ！与えられた問題のすべてを解ける者はほとんどいない．
- 問題の間に関係を付けることを試みなさい．この本の重要なテーマは，今後何度も現れる重要な技術やアイデアを提供することにある．
- オリンピックの問題はすぐには"攻略"できない．根気よく粘れ．別の解法を試みよ．単純な場合についてやってみよ．ある場合については，求める結果から遡ってみるのも有効である．
- 問題が解けた場合でも，「解答」を必ず読むこと．「解答」には，諸君の解答には現れないアイデアなどが含まれているし，他でも用いられるであろう戦略的・戦術的な解決法なども議論されるであろう．また「解答」は諸君が見習うべきエレガントな表現のモデルである．しかし，「解答」は，調査のねじれた過程，誤った出発，ひらめき，解答に至った試みなどをぼかしてしまうことがしばしばある．「解答」を読むときには，そこに至る考えを再構成してみよう．鍵となるアイデアは何なのか，それらのアイデアを今後にどう生かすか，について自問自答してほしい．
- 後になって元の問題に再び戻りなさい．そして別の方法で解けないかを調べてみよう．多くの問題には複数の解答があるが，それらの解答すべては本書で紹介していない．
- 有意義な問題解決は実行することである．最初にうまく行かなくともめげることなかれ．さらなる練習には，巻末の参考文献を利用してほしい．

2006 年 10 月

Titu Andreescu

Dorin Andrica

Zuming Feng

謝　　辞

Sana Campbell, Yingyu (Dan) Gao, Sherry Gong, Koene Hon, Ryan Ko, Kevin Medzelewski, Garry Ri, Kijun (Larry) Seo に感謝する．彼らは Phillips Exeter Academy での Zuming の数論クラスのメンバーだった．彼らはこの本の最初の原稿に対し協力してくれた．彼らは最初の手稿の校正を手伝い，重要な問題を提案し，正確な数学的アイデアを提供した．彼らの貢献はこの本の品格と構造を上げた．この本の最初の原稿に対し，多くの注意と訂正を与えたことに関し，Gabriel Dospinescu(Dospi) に感謝する．いくつかの材料を本 [11], [12], [13], [14] から採用した．これらの本を編集した Titu と Zuming に協力した学生たちに感謝する．多くの問題が様々な国や次の雑誌の数学的内容からヒントを受け採用させてもらった．

- The American Mathematical Monthly, アメリカ合衆国
- Crux, カナダ
- 高校数学, 中国
- Mathematical Magazine, アメリカ合衆国
- Revista Mathematică Timişoara, ルーマニア

解答の章における問題の源泉に対し，精査した問題の最初の提案者に対し深く感謝する．

略記と記号

問題の出典の略記法

AHSME	American High School Mathematics Examination
AIME	American Invitational Mathematics Examination
AMC10	American Mathematics Contest 10
AMC12	American Mathematics Contest 12，AHSMEから改称
APMC	Austrian–Polish Mathematics Competition
ARML	American Regional Mathematics League
Balkan	Balkan Mathematical Olympiad
Baltic	Baltic Way Mathematical Team Contest
HMMT	Harvard–MIT Math Tournament
IMO	International Mathematical Olympiad
USAMO	United States of America Mathematical Olympiad
MOSP	Mathematical Olympiad Summer Program
Putnam	The William Lowell Putnam Mathematical Competition
St.Petersburg	St.Petersburg (Leningrad) Mathematical Olympiad

数に関する集合などについての記号

$\mathbb{Z}$	整数全体の集合
$\mathbb{Z}_n$	n を法とする整数の集合
$\mathbb{N}$	正の整数全体の集合
$\mathbb{N}_0$	非負整数全体の集合
$\mathbb{Q}$	有理数全体の集合
$\mathbb{Q}^+$	正の有理数全体の集合
$\mathbb{Q}^0$	非負有理数全体の集合
$\mathbb{Q}^n$	n 個の有理数の組全体の集合
$\mathbb{R}$	実数全体の集合
$\mathbb{R}^+$	正の実数全体の集合
$\mathbb{R}^0$	非負実数全体の集合
$\mathbb{R}^n$	n 個の実数の組全体の集合

$\mathbb{C}$ 　　　　　　複素数全体の集合
$[x^n](p(x))$ 　多項式 $p(x)$ の x^n の係数

集合，論理，数論についての記号

$\|A\|$	集合 A の要素の個数
$A \subset B$	集合 A は集合 B の真部分集合
$A \subseteq B$	集合 A は集合 B の部分集合
$A \setminus B, A - B$	集合 B に含まれない集合 A の要素全体の集合 (差集合)
$A \cap B$	集合 A, B の共通部分 (共通集合)
$A \cup B$	集合 A, B の和集合
$a \in A$	要素 (元) a は集合 A に属する
$n \mid m$	m は n で割り切れる
$\gcd(m,n)$	m と n の最大公約数
$\mathrm{lcm}(m,n)$	m と n の最小公倍数
$\pi(n)$	n 以下の素数の個数
$\tau(n)$	n の (正の) 約数の個数
$\sigma(n)$	n の約数の和
$a \equiv b \pmod{m}$	a と b は m を法として合同
φ	オイラーの φ 関数
$\mathrm{ord}_m(a)$	m を法としたときの a の位数
μ	メビウス関数
$\overline{a_k a_{k-1} \cdots a_0}_{(b)}$	b 進法表示
$S(n)$	n の各桁の和
$(f_1, f_2, \ldots, f_m)$	階乗基表現
$\lfloor x \rfloor$	x の床関数 (切捨て，整数部分)，x のガウス記号
$\lceil x \rceil$	x の天井関数 (切り上げ)
$\{x\}$	x の小数部分
e_p	ルジャンドル関数
$p^k \parallel n$	p^k は n を完全に割り切る
f_n	フェルマー数
M_n	メルセンヌ数

目　次

1. **数論の基礎** ……………………………………………… 1
   - 割り切れる ……………………………………………… 1
   - 整数の割り算 …………………………………………… 5
   - 素　数 …………………………………………………… 6
   - 素因数分解の一意性 …………………………………… 8
   - 最大公約数 ……………………………………………… 13
   - ユークリッドの互除法 ………………………………… 14
   - ベズーの恒等式 ………………………………………… 15
   - 最小公倍数 ……………………………………………… 18
   - 約数の個数 ……………………………………………… 19
   - 約 数 の 和 ……………………………………………… 21
   - 合　同　式 ……………………………………………… 22
   - 剰　余　系 ……………………………………………… 27
   - フェルマーの小定理とオイラーの定理 ……………… 32
   - オイラー関数 …………………………………………… 38
   - 乗法的関数 ……………………………………………… 41
   - 1次ディオファントス方程式 ………………………… 44
   - 数 の 表 記 ……………………………………………… 46
   - 10進法における倍数の性質 …………………………… 53
   - ガウス記号(床関数) …………………………………… 59
   - ルジャンドル関数 ……………………………………… 72
   - フェルマー数 …………………………………………… 77
   - メルセンヌ数 …………………………………………… 78
   - 完　全　数 ……………………………………………… 79

2. 基本問題 ………………………………………………… 82
3. 上級問題 ………………………………………………… 91
4. 基本問題の解答 ………………………………………… 100
5. 上級問題の解答 ………………………………………… 145
6. 用語集 …………………………………………………… 201

  参考文献 …………………………………………………… 209
  索　　引 …………………………………………………… 215

第1章

数論の基礎

割り切れる

　小学校では，和 $+$，差 $-$，積 $\times, \cdot$，商 $\div, /$ という数 (整数) に関する 4 つの基本的な演算を習った．どんな整数 a, b に関しても，$a+b, a-b, b-a, ab$ はどれも整数であるが，$a \div b$ (a/b とか $\frac{a}{b}$ と表記することもあるだろう) や $b \div a$ は必ずしも整数ではない．

　整数 m, n (ただし，n は 0 でないとする) に対して，ある整数 k が存在して，$m = nk$ となるとき，すなわち，$\frac{m}{n}$ が整数のとき，m は n で**割り切れる**という．またこのとき，n は m を**割り切る**という．m が n で割り切れることを $n \mid m$ で表す．m が n で割り切れるとき，m は n の**倍数**といい，n は m の**約数** (もしくは**因数**) という．

　任意の整数 n に対して，$0 = 0 \cdot n$ であるので，$n \mid 0$ である．ある固定された整数 n に対して，n の倍数は $\pm 0, \pm n, \pm 2n, \ldots$ である．したがって，任意の連続する n 個の整数の中に n の倍数が存在することが容易に示せる．m が n で割り切れないとき，$n \nmid m$ と書く．(0 でない任意の整数 m に対しては，$m \neq 0 = k \cdot 0$ が任意の整数 k で成立することから，$0 \nmid m$ である．)

命題 1.1. x, y, z を整数とするとき，以下の基本的な性質が成り立つ．

(a) $x \mid x$. (反射律)
(b) $x \mid y$ かつ $y \mid z$ であれば，$x \mid z$. (推移律)
(c) $x \mid y$ かつ $y \neq 0$ であれば，$|x| \leq |y|$.
(d) $x \mid y$ かつ $x \mid z$ であれば，任意の整数 α, β に対して，$x \mid \alpha y + \beta z$.
(e) $x \mid y$ かつ $x \mid y \pm z$ であれば，$x \mid z$.
(f) $x \mid y$ かつ $y \mid x$ であれば，$|x| = |y|$.

(g) $x \mid y$ かつ $y \neq 0$ であれば, $\dfrac{y}{x} \mid y$.
(h) $z \neq 0$ であれば, $x \mid y$ であることと $xz \mid yz$ であることは同値.

これらの性質の証明はいずれも定義からほぼ明らかである. 証明の一例を簡単に示しておく.

証明.

(a) については, $x = 1 \cdot x$ より成立. (b) から (h) では $x \mid y$ なので, 定義より $y = kx$ となる整数 k が存在する.

(b) については $y \mid z$ なので, $z = k_1 y$ なる整数 k_1 が存在し, $z = k_1 y = k_1 k x = (k_1 k)x$ となるから成立.

(c) については $y \neq 0$ なので, $|k| \geq 1$ であり, $|y| = |k| \cdot |x| \geq |x|$.

(d) については, $z = k_2 x$ (k_2 は整数) とおけば, $\alpha y + \beta z = (k\alpha + k_2 \beta)x$ より成立.

(e) については, $y \pm z = k_3 x$ より, $\pm z = k_3 x - y = (k_3 - k)x$ なので, $z = \pm(k - k_3)x$ より成立.

(f) については, $x \mid y$ かつ $y \mid x$ なので, $x \neq 0$ かつ $y \neq 0$ が成立する. (c) より $|y| \geq |x|$ かつ $|x| \geq |y|$ なので, $|x| = |y|$ である.

(g) については, $k = \dfrac{y}{x}$ が 0 でない整数であることから, $y = x \cdot k$ より $k \mid y$ である.

(h) については, $z \neq 0$ かつ $x \neq 0$ であることが, $xz \neq 0$ であることと同値であるので, $y = kx$ であることと, $yz = kxz$ であることは同値. ∎

性質 (g) は単純であるが, 役に立つ. (g) を用いることで, 0 でない整数 n に対して, n が**完全平方数** (すなわち, ある整数 m によって, $n = m^2$ と書ける数) でなければ, n は偶数個の約数をもつことが次のように示せる. 任意の y の約数は $x, \dfrac{y}{x}$ という形にペアにすることができ, y が完全平方数でなければ, $x \neq \dfrac{y}{x}$ である.

ある整数が 1 以外の任意の完全平方数で割り切れないとき, その整数を**平方因子をもたない**という. また, ある整数 m によって, $n = m^3$ と書けるとき, n を**完全立方数**という. より一般的にある整数 m によって, $n = m^s$ と書けるとき, n を**完全べき乗数**という.

古典的な頭の体操となる例題を紹介しよう.

例題 1.1. 20 人の暇な生徒が順番に 1 番から 20 番までの番号がつけられたロッカーのある廊下を歩いている．はじめ，すべてのロッカーが閉まっている．1 番目, 2 番目, ..., 20 番目の生徒が順番に，以下のような操作をする．

操作： i 番目の生徒は i の倍数の番号がつけられたロッカーに対し，開いていれば閉め，閉まっていれば開ける．

すなわち，1 番目の生徒はすべてのロッカーを開け，次に 2 番目の生徒は $2, 4, 6, 8, 10, 12, 14, 16, 18, 20$ 番のロッカーを閉める，といった具合で操作をしていく．20 人すべての生徒の操作が完了したときに開いているロッカーはいくつあるか．

解答． i 番のロッカーが j 番目の生徒に操作されることと，$j \mid i$ であることは同値である．性質 (g) により，このとき $\frac{i}{j}$ 番目の生徒にも操作されることになる．よって，ロッカー番号 j が完全平方数でなければ，生徒 i と $\frac{i}{j}$ はつねに違う人物であり，これら 2 人によって，2 回ずつ操作される．すなわち，完全平方数である $1 = 1^2, 4 = 2^2, 9 = 3^2, 16 = 4^2$ 番のロッカーのみが奇数回操作されることになる．そして，これらのロッカーのみが全操作の終了後に開いていることになる．以上より答は 4 である． ∎

整数全体の集合を $\mathbb{Z}$ で表そう．$\mathbb{Z}$ は奇数全体の集合および，偶数全体の集合という 2 つの部分集合に分割できる．

$$\{\pm 1, \pm 3, \pm 5, \ldots\}, \{0, \pm 2, \pm 4, \ldots\}$$

奇数と偶数の概念は一見して単純であるにも関わらず，多くの数論的な問題を解く際に役に立つ．いくつかの基本的なアイデアを紹介しよう．

(1) すべての奇数はある整数 k を用いて $2k+1$ と書ける．
(2) すべての偶数はある整数 m を用いて $2m$ と書ける．
(3) 2 つの奇数の和は偶数である．
(4) 2 つの偶数の和は偶数である．
(5) 奇数と偶数の和は奇数である．
(6) 2 つの奇数の積は奇数である．
(7) いくつかの整数の積が偶数になることと，それらの整数の少なくとも 1 つが偶数であることは同値である．

例題 1.2. n は 1 より大きい整数とする．以下を示せ．
  (a) 2^n は連続する 2 つの奇数の和で表せる．
  (b) 3^n は連続する 3 つの整数の和で表せる．

証明． (a) については，$2^n = (2k-1) + (2k+1)$ を解くことで，$k = 2^{n-2}$ となる．よって，$2^n = (2^{n-1} - 1) + (2^{n-1} + 1)$ である．
  (b) については，$3^n = (s-1) + s + (s+1)$ を解くことで，$s = 3^{n-1}$．よって，$3^n = (3^{n-1} - 1) + 3^{n-1} + (3^{n-1} + 1)$ である． ∎

例題 1.3. k を偶数とする．1 を k 個の奇数の逆数の和として表すことは可能か．

解答． 答は**不可能**である．

背理法で示そう．すなわち，ある奇数 $n_1, n_2, \ldots, n_k$ によって，
$$1 = \frac{1}{n_1} + \frac{1}{n_2} + \cdots + \frac{1}{n_k}$$
となったとしよう．この等式の両辺に $n_1 n_2 \cdots n_k$ をかけると，$n_1 n_2 \cdots n_k = s_1 + s_2 + \cdots + s_k$ という形になる．ここで，s_i はすべて奇数である．すると，左辺は奇数，右辺は偶数であるため，これは矛盾である．よって，1 を k 個の奇数の逆数の和として表すことは不可能である． ∎

k が奇数であれば，可能である．$k = 9$ の場合の例を紹介しよう．
$$1 = \frac{1}{3} + \frac{1}{5} + \frac{1}{7} + \frac{1}{9} + \frac{1}{11} + \frac{1}{15} + \frac{1}{35} + \frac{1}{45} + \frac{1}{231}$$
しかも，この例では各 $n_1, n_2, \ldots, n_9$ は相異なる正の整数である．

例題 1.4. [HMMT 2004] 太郎君は集合 $\{1, 2, 3, 4, 5, 6, 7\}$ の中から異なる 5 つの数を選び，選んだ数の積を花子さんに伝えた．花子さんはその積の情報のみから，太郎君が選んだ数の和が奇数であったか偶数であったかを決定することはできなかった．太郎君が選んだ数の積を求めよ．ただし，花子さんは十分に賢いものとする．

解答． 答は **420** である．

太郎君が選んだ数の積を決定するには太郎君が選んでない数 (2 つ) の積がわかれば十分である．2 つの数の積で同一の値になりうるものは 12 ($\{3, 4\}$ と $\{2, 6\}$) と 6 ($\{1, 6\}$ と $\{2, 3\}$) のみである．しかし，積が 6 の場合はどちらの場合も和は奇数なので，賢い花子さんにとっては決定できてしまう．よって，太郎君が選ばなかった数の積は 12 でなければならない．すると，太郎君が選んだ数の積は

$$\frac{1\cdot 2\cdot 3\cdots 7}{12} = 420$$

である. ∎

整数の割り算

以下の結果は**割り算のアルゴリズム**とも呼ばれ，数論において重要な役割を果たす．アルゴリズムとはある目的を達成するための手順のことをいう．

定理 1.2a. 正の整数 a, b に対して，非負整数の組 (q, r) がただ 1 つ存在して，$b = aq + r$ $(r < a)$ となる．このとき，b を a で割ったときの**商**が q で，**余り**が r であるという．

これを示すためには，上記のような (q, r) が存在すること (存在性)，および，それがただ 1 つであること (一意性)，という 2 つのことを示す必要がある．

証明． 存在性を示すために，以下の 3 つの場合を考えよう．

(1) $a > b$ のとき，$q = 0, r = b\, (< a)$ とおけばよい．すなわち，$(q, r) = (0, b)$ が存在する．

(2) $a = b$ のとき，$q = 1, r = 0 < a$ とおけばよい．すなわち，$(q, r) = (1, 0)$ が存在する．

(3) $a < b$ のとき，$na > b$ となる正の整数 n が存在する．$(m+1)a > b$ $(*)$ となるような最小の整数 m を q とおこう．このとき，$qa \leq b$ である．なぜなら，$qa > b$ であると，$m = q - 1$ でも $(*)$ の条件をみたしてしまって，q の最小性に反する．$r = b - aq$ とおく．すると，$b = aq + r$ であって，$0 \leq r < a$ となる．

上記の 3 つをあわせることで，存在性は示される．

一意性を示そう．(q', r') も $b = aq' + r', 0 \leq r < a$ をみたすとする．このとき，$aq + r = aq' + r'$ が成り立つので，$a(q - q') = r - r'$ となる．よって，$a \mid r' - r$ となることから，$|r' - r| \geq a$ または $|r' - r| = 0$ となることがわかる．しかし，$0 \leq r, r' < a$ であるので，$|r' - r| < a$ である．よって，$|r' - r| = 0$ でなければならず，$r' = r$ である．ゆえに，$q' = q$ である． ∎

例題 1.5. n を正の整数とする．$3^{2^n} + 1$ は 2 で割り切れるが，4 では割り切れないことを示せ．

証明. 3^{2^n} は奇数であるので，$3^{2^n}+1$ は偶数であり，2 で割り切れる．また，$3^{2^n} = (3^2)^{2^{n-1}} = 9^{2^{n-1}} = (8+1)^{2^{n-1}}$ である．ここで，**二項定理**，

$$(x+y)^m = x^m + {}_mC_1 x^{m-1}y + {}_mC_2 x^{m-2}y^2 + \cdots + {}_mC_{m-1}xy^{m-1} + y^m$$

を $x=8, y=1, m=2^{n-1}$ として用いる．このとき，右辺の最後の項 ($y^m=1$) 以外は 8 の倍数である (4 の倍数でもある)．よって，3^{2^n} を 4 で割った余りは 1 であり，$3^{2^n}+1$ を 4 で割った余りは 2 である．よって，4 では割り切れない．∎

上記の証明における議論の部分は 4 を法とした合同式を用いることで，単純化することができる．合同式は数論における重要な事項である．合同式については後で広範囲に渡って議論することにしよう．

割り算のアルゴリズムは整数の範囲に拡張することができる．

定理 1.2b. 任意の整数 a, b (ただし，$a \neq 0$) に対して，整数 (q, r) がただ 1 つ存在して，$b = aq + r, 0 \leq r < |a|$ が成立する．

この拡張版の証明は読者に委ねる．

素　　数

1 より大きい整数 p が $d \mid p$ となる整数 d ($1 < d, d \neq p$) をもたないとき，p は**素数**であるという．整数 n が素数 p で割り切れるとき，p を n の**素因数**という．

1 より大きい整数 n はつねに素因数を少なくとも 1 つはもつ．これを示そう．n が素数のときは，n 自身が素因数となる．n が素数でないとき，n の 1 より大きい約数の最小値を a としよう．このとき，$n = ab$ ($1 < a \leq b$) とおける．a が素数でないとき，a は $a = a_1 a_2$ ($1 < a_1 \leq a_2 < a$) と書ける．すると，$a_1 \mid n$ となるが，これは a の最小性に反する．よって，a は素数でなければならない．

1 より大きい整数 n が素数でないとき，n は**合成数**であるという．n が合成数であるとき，n は $\sqrt{n}$ 以下の素因数 p をもつ．実際，a を n の最小の約数とすると，$n = ab$ ($1 < a \leq b$) と書ける．上述の通り，a は素数である．また，$n = ab \geq a^2$ より，$a \leq \sqrt{n}$ なので，a は $\sqrt{n}$ 以下の素因数である．このアイデアは古代ギリシャの数学者エラトステネス (Eratosthenes，紀元前 250 年ごろ) によるものである．

2 より大きいすべての偶数は合成数である．言い換えると，2 は唯一の偶数の素数である．2 以外の素数はすべて奇数，すなわち 2 で割り切れない．最初のい

くつかの素数を列挙すると，$2, 3, 5, 7, 11, 13, 17, 19, 23, 29, \ldots$ となる．素数はいくつあるだろうか．無限にあるのだろうか．下記の定理 1.3 がこの疑問を解決してくれるだろう．2 つの無限集合の個数を比べることはあいまいになることがあるが，明らかに合成数は素数より多い (密度の観点から)．

$2, 3$ が唯一の連続する 2 つの素数である．$3, 5$ や $5, 7$ や $41, 43$ のように連続する奇数からなる 2 つの素数は**双子素数**と呼ばれる．双子素数が無限に存在するかどうかは現時点では未解決問題である．ただし，双子素数が無限に存在したとしてもその逆数和は収束することが Brun によって示されている．しかし，その証明はとても難しいので割愛する．

例題 1.6. $3n-4, 4n-5, 5n-3$ がすべて素数となるような正の整数 n をすべて求めよ．

解答. この 3 つの数の合計は偶数であるため，少なくとも 1 つは偶数でなければならない．偶数の素数は 2 のみである．$4n-3$ は奇数であるので，$3n-4, 5n-3$ のみが 2 になりうる．$3n-4=2, 5n-3=2$ をそれぞれ解くと，$n=2, n=1$ を得る．このうち，3 つすべてを素数にするのは $n=2$ のみであることは容易に確かめられる． ■

例題 1.7. [AHSME 1976] p, q を素数とする．2 次方程式 $x^2 - px + q = 0$ の解が異なる 2 つの正の整数であるとき，p, q を求めよ．

解答. x_1, x_2 $(x_1 < x_2)$ を異なる 2 つの正の整数解とする．$x^2 - px + q = (x - x_1)(x - x_2)$ より，$p = x_1 + x_2, q = x_1 x_2$ となる．q が素数であることから，$x_1 = 1$ でなければならない．すると，$q = x_2, p = x_2 + 1$ が連続する素数であることから，$q = 2, p = 3$ とわかる．この場合に問題の条件をみたすことは容易にわかる． ■

例題 1.8. 連続する 20 個の合成数を 1 つ求めよ．

解答. $21!$ は $2, 3, 4, \ldots, 21$ のいずれでも割り切れる．よって，$21!+2, 21!+2, \ldots, 21!+21$ は順に $2, 3, \ldots, 21$ で割り切れるのですべて合成数である． ■

以下の結果はユークリッド (Euclid) によるもので，2000 年以上前から知られていた．

定理 1.3a. 素数は無限に存在する．

証明. 仮に素数が有限個しか存在しないと仮定する．すべての素数を小さい順に $p_1, p_2, \ldots, p_m$ とおこう．ここで，$P = p_1 p_2 \cdots p_m + 1$ を考える．

P が素数であれば, $P > p_m$ であるので, p_m の最大性に反する. よって, P は合成数でなくてはならない. すると, P は素因数 $p\,(>1)$ をもつ. p は素数なので, 仮定より $p_1, p_2, \ldots, p_m$ のいずれかである. $p = p_k$ とおこう. すると, $p_k\,(=p)$ は $p_1 \cdots p_k \cdots p_m + 1$ を割り切ることになる. しかし, p_k は $p_1 \cdots p_k \cdots p_m$ を割り切るので, p_k が 1 を割り切ることになって矛盾.

よって, 素数は無限に存在しなくてはならない. ∎

素数は無限に存在するが, それらを見つけるための特殊な公式は存在しない. 次節の定理 1.3b はその理由の一部を明らかにしている.

素因数分解の一意性

正の整数 n を素数の積で書くことを**素因数分解**という. たとえば, $60 = 2 \times 2 \times 3 \times 5$ は 60 の素因数分解である. 次の定理は数論における基本的な定理である.

定理 1.4. [素因数分解の一意性] 1 より大きい任意の正の整数 n は素数の積で (順番を変えたものを同一視して) ただ 1 通りに書ける.

証明. まず, 存在性 (素数の積で書けること) を示そう. p_1 を n の素因数とする. このとき, $n = p_1 r_1\,(r_1 \geq 1)$ と書ける. $r_1 = 1$ であれば, $n = p_1$ が n の素因数分解となる. $r_1 > 1$ であれば, r_1 の素因数の 1 つを p_2 とおけば, $r_1 = p_2 r_2$ $(r_2 \geq 1)$ と書ける. $r_2 = 1$ であれば, $n = p_1 p_2$ が n の素因数分解となる. そうでなければ, r_2 の素因数を p_3 とおいて同様のことを繰り返す. すると, 数列 $r_1 > r_2 > r_3 > \cdots \geq 1$ が得られる. 単調減少なので, 有限回のステップで $r_{k+1} = 1$ となり, その際に $n = p_1 p_2 \cdots p_k$ となる. 以上で存在性は示された.

一意性を示そう. 2 通りの素因数分解ができる正の整数 n が存在したとしよう. このとき,

$$n = p_1 p_2 \cdots p_k = q_1 q_2 \cdots q_h$$

と 2 通りの素数の積で書けていることになる. ここで, $p_1 \leq p_2 \leq \cdots \leq p_k$, $q_1 \leq q_2 \leq \cdots \leq q_h$ であり, $(p_1, p_2, \ldots, p_k), (q_1, q_2, \ldots, q_h)$ は異なるとする. 明らかに $k \geq 2$ かつ $h \geq 2$ である. n をそのような正の整数の中で**最小の**ものとする. このとき, n より小さい正の整数で 2 通りの素因数分解をもつものを構成することで矛盾を導く.

まず，$p_i \neq q_j$ が任意の $i = 1, 2, \ldots, k$ と $j = 1, 2, \ldots, h$ で成立する．なぜなら，たとえば，$p_k = q_h = p$ となったとき (他の場合も同様)，$n' = n/p = p_1 p_2 \cdots p_{k-1} = q_1 q_2 \cdots q_{h-1}$ となり，$1 < n' < n$ なので，n の最小性に反する．一般性を失うことなく，$p_1 \leqq q_1$ と仮定する．すると，p_1 は $p_1, p_2, \ldots, p_k$, $q_1, q_2, \ldots, q_h$ の中での最小値である．ここで，割り算のアルゴリズムを用いると，

$$q_1 = p_1 c_1 + r_1$$
$$q_2 = p_1 c_2 + r_2$$
$$\vdots$$
$$q_h = p_1 c_h + r_h$$

ここで，$j = 1, 2, \ldots, h$ に対して，$1 \leqq r_j < p_1$ が成立．
　すると，

$$n = q_1 q_2 \cdots q_h = (p_1 c_1 + r_1)(p_1 c_2 + r_2) \cdots (p_1 c_h + r_h)$$

となる．これを展開すると $n = m p_1 + r_1 r_2 \cdots r_h$ (ただし，m はある整数) となる．$n' = r_1 r_2 \cdots r_h$ とおく．すると，$n = p_1 p_2 \cdots p_k = m p_1 + n'$ が成り立つ．よって，$p_1 \mid n'$ であるから，ある整数 s が存在して，$n' = p_1 s$ となる．先に示した存在性により，s は素数の積で書けるので，$s = s_1 s_2 \cdots s_a$ ($s_1, s_2, \ldots, s_a$ は素数) としておく．すると，$n' = p_1 s_1 s_2 \cdots s_a$ $(*)$ と素因数分解できる．
　一方，$r_1, r_2, \ldots, r_h$ はいずれも p_1 より小さいので，これらを素因数分解したときの素因数はすべて p_1 より小さい．それを掛け合わせることで，$n' = r_1 r_2 \cdots r_h = t_1 t_2 \cdots t_b$ ($t_s < p_1$) という形の素因数分解が得られる．しかし，この素因数分解に p_1 が登場しないことから，$(*)$ と明らかに異なる．これは n' ($< n$) が 2 通りに素因数分解できてしまうことになり，n の最小性に反する．以上より一意性が示された． ∎

　この定理から 1 より大きい整数 n はつねに，

$$n = p_1^{\alpha_1} p_2^{\alpha_2} \cdots p_k^{\alpha_k}$$

の形でただ 1 通りに書けることを示している．ただし，$p_1, p_2, \ldots, p_k$ は相異なる素数で，$\alpha_1, \alpha_2, \ldots, \alpha_k$ は正の整数とする．通常はこの表示を n の**素因数分解**と呼ぶ．

2つの整数の積の素因数分解は元の数の素因数分解をかけたものになることは容易に確かめられる．このことから，以下の素数の性質が成り立つ．

系 1.5. a, b を整数とする．素数 p が ab を割り切るとき，p は a, b の少なくとも一方を割り切る．

証明． p が ab を割り切ることから，ab の素因数分解に p が現れる．a, b, ab の素因数分解が一意であり，ab の素因数分解は a, b の素因数分解の積であることから，a, b の素因数分解の少なくとも一方に p が現れる．したがって，a, b の少なくとも一方は p で割りきれる． ∎

素因数分解の一意性を応用することで，素数が無限に存在することの別証明ができる．

定理 1.3 の証明同様，素数が有限個しかなかったと仮定し，それを $p_1 < p_2 < \cdots < p_m$ とし，

$$N = \prod_{i=1}^{m} \left(1 + \frac{1}{p_i} + \frac{1}{p_i^2} + \cdots\right) = \prod_{i=1}^{m} \frac{1}{1 - \frac{1}{p_i}}$$

とおく．これを素因数分解の一意性を用いて展開すると，

$$N = 1 + \frac{1}{2} + \frac{1}{3} + \cdots$$

となる．すると，

$$\prod_{i=1}^{m} \frac{p_i}{p_i - 1} = \infty$$

となって矛盾する．ただし，最後の部分で以下のよく知られた事実を用いた．

(a) 正の整数の逆数和，

$$1 + \frac{1}{2} + \frac{1}{3} + \cdots$$

は (無限大に) 発散する．

(b) $|x| < 1$ なる実数 x に対して，

$$\frac{1}{1-x} = 1 + x + x^2 + \cdots$$

が成立する．この公式は無限等比数列 $1, x, x^2, x^3, \ldots$ の和の公式としても知られる．

公式

$$\prod_{i=1}^{\infty} \frac{p_i}{p_i - 1} = \infty$$

に対し，不等式 $1 + t \leq e^t$ $(t \in \mathbb{R})$ を用いると容易に

$$\sum_{i=1}^{\infty} \frac{1}{p_i} = \infty$$

が得られる．したがって，素数の逆数和は無限大に発散する．

素数 p に対して，$p^k \mid n$ であるが，$p^{k+1} \nmid n$ であるとき，p^k は n を**完全に割り切る**といい，$p^k \parallel n$ と表す．

例題 1.9. [ARML 2003] 1001001001 の約数で，10000 未満である数の最大値を求めよ．

解答． まず，

$$1001001001 = 1001 \cdot 10^6 + 1001 = 1001 \cdot (10^6 + 1) = 7 \cdot 11 \cdot 13 \cdot (10^6 + 1)$$

である．ここで，$x^6 + 1 = (x^2)^3 + 1 = (x^2 + 1)(x^4 - x^2 + 1)$ より，$10^6 + 1 = 101 \cdot 9901$ なので，$1001001001 = 7 \cdot 11 \cdot 13 \cdot 101 \cdot 9901$ である．$7, 11, 13, 101$ をどのように組み合わせても 9901 より大きく 10000 未満の積を作ることができないことは容易に確かめられる．よって，答は 9901 である． ∎

例題 1.10. $2^n \parallel 3^{1024} - 1$ となるような正の整数 n を求めよ．

解答． 答は 12 である．$2^{10} = 1024$ であることと，$x^2 - y^2 = (x+y)(x-y)$ であることから，

$$3^{2^{10}} - 1 = (3^{2^9} + 1)(3^{2^9} - 1) = (3^{2^9} + 1)(3^{2^8} + 1)(3^{2^8} - 1)$$
$$= \cdots = (3^{2^9} + 1)(3^{2^8} + 1)(3^{2^7} + 1) \cdots (3^{2^1} + 1)(3^{2^0} + 1)(3^{2^0} - 1)$$

となる．例題 1.5 より，$2 \parallel 3^{2^k} + 1$ が任意の正の整数 k に対して成立するので，答は $9 + 2 + 1 = 12$ である． ∎

定理 1.4 はすべての整数が素数の積によって生成されることを述べている．すなわち，素数は整数を知る上で重要な数なのである．そのためか，多くの人々が素数を作る公式を見つけようと試みた．現時点では，このような試みのすべては不完全なものに終わっている．一方で，多くの否定的な結果 (すなわち，そのような公式が作れないとするもの) がある．以下の定理はその典型的なものであり，ゴールドバッハ (Goldbach) が示した．

定理 1.3b. 正の整数 m を任意にとって固定する．このとき，$n \geq m$ なる任意の整数 n で $p(n)$ が素数となるような整数係数多項式 $p(x)$ は存在しない．

証明． そのような多項式

$$p(x) = a_k x^k + a_{k-1} x^{k-1} + \cdots + a_1 x + a_0$$

が存在すると仮定して矛盾を導く．ただし，$a_k, a_{k-1}, \ldots, a_0$ は整数で，$a_k \neq 0$ とする．

$p(m) = p$ とおく．p は素数である．ここで，

$$p(m) = a_k m^k + a_{k-1} m^{k-1} + \cdots + a_1 m + a_0$$

であり，正の整数 i に対して，

$$p(m+pi) = a_k(m+pi)^k + a_{k-1}(m+pi)^{k-1} + \cdots + a_1(m+pi) + a_0$$

である．二項定理より，

$$(m+pi)^j = m^j + {}_j C_1 m^{j-1}(pi) + {}_j C_2 m^{j-2}(pi)^2$$
$$+ \cdots + {}_j C_{j-1} m(pi)^{j-1} + (pi)^j$$

である．よって，$(m+pi)^j - m^j$ は p の倍数であり，$p(m+pi) - p(m)$ は p の倍数である．$p(m) = p$ であることから，$p(m+pi)$ は p の倍数である．また，仮定より $p(m+pi)$ は素数である．

したがって，$p(m+pi)$ としてとりうる値は p のみである．ところが，方程式 $p(x) = p$ は高々 k 個の解しかもたないので，これは矛盾．よって，そのような多項式 $p(x)$ が存在してはならない． ∎

素数を見つける決定的な方法がないにもかかわらず，素数の密度 (すなわち，正の整数の中で素数が出てくる割合) は 100 年も前から知られていた．これは解析的整数論という数学の一分野における注目すべき結果である．その中で，

$$\lim_{n \to \infty} \frac{\pi(n)}{n/\log n} = 1$$

が示されている．ここで，$\pi(n)$ は n 以下の素数の個数である．この関係式は素数定理として知られていて，アダマール (Hadamard) とド・ラ・ヴァレー・プーサン (de la Vallée Poussin) によって 1896 年に示された．また，初等的ではあるが複雑な証明がエルデシュ (Erdös) とセルバーグ (Selberg) によって与えられた．

最大公約数

正の整数 k に対して,k の正の約数全体の集合を D_k とおく.明らかに D_k は有限集合である.正の整数 m, n に対して,$D_m \cap D_n$ の各元を m, n の**公約数**という.m, n の公約数の中で最大の数を m, n の**最大公約数**といい,$\gcd(m, n)$ と表す.$D_m \cap D_n = \{1\}$ すなわち,$\gcd(m, n) = 1$ のとき,m と n は**互いに素**であるという.最大公約数に関する基本的な性質を紹介しよう.

命題 1.6. 以下,m, n は整数,$d = \gcd(m, n)$ とする.

(a) p を素数とするとき,$\gcd(p, m) = p$ または $\gcd(p, m) = 1$ が成り立つ.

(b) $m = dm', n = dn'$ とおくと,$\gcd(m', n') = 1$ である.

(c) ある整数 $d'(>0), m'', n''$ によって,$m = d'm'', n = d'n'', \gcd(m'', n'') = 1$ と書けるとき,$d' = d$ である.

(d) m, n の公約数 d' は $\gcd(m, n)$ を割り切る.

(e) $p^x \| m, p^y \| n$ であるとき,$p^{\min(x,y)} \| \gcd(m, n)$ である.さらに,$m = p_1^{\alpha_1} \cdots p_k^{\alpha_k}, n = q_1^{\beta_1} \cdots q_k^{\beta_k}$ ($\alpha_i, \beta_i \geqq 0, i = 1, 2, \ldots, k$) のとき,
$$\gcd(m, n) = p_1^{\min(\alpha_1, \beta_1)} \cdots p_k^{\min(\alpha_k, \beta_k)}$$

(f) $m = nq + r$ のとき,$\gcd(m, n) = \gcd(n, r)$ である.

証明. これらの性質の証明はほぼ定義そのままである.(f) の証明のみ与えよう.$d = \gcd(m, n), d' = \gcd(n, r)$ とおく.$d \mid m$ かつ $d \mid n$ であることから,$d \mid r$ である.よって,$d \mid d'$ である.逆に,$d' \mid n$ かつ $d' \mid r$ から $d' \mid m$ なので,$d' \mid d$ であることがわかる.ゆえに,$d = d'$ である. ∎

3 つ以上の整数に対する最大公約数は 2 つの場合を拡張することで容易に得られる.具体的には,整数 $a_1, a_2, \ldots, a_n$ に対して,
$$d_1 = \gcd(a_1, a_2), d_2 = \gcd(d_1, a_3), \ldots, d_{n-1} = \gcd(d_{n-2}, a_n)$$
とし,$\gcd(a_1, a_2, \ldots, a_n) = d_{n-1}$ と定義する.

以下の性質に関する証明は読者に委ねる.

命題 1.6 (続き).

(g) $\gcd(\gcd(m, n), \ell) = \gcd(m, \gcd(n, \ell))$ である.すなわち,$\gcd(m, n, \ell)$ は矛盾なく定義される (well-defined という).

(h) $d \mid a_i$ ($i = 1, 2, \ldots, s$) のとき,$d \mid \gcd(a_1, \ldots, a_s)$ である.

(i) $a_i = p_1^{\alpha_{1i}} \cdots p_k^{\alpha_{ki}}$ $(i = 1, 2, \ldots, s)$ のとき,
$$\gcd(a_1, a_2, \ldots, a_s) = p_1^{\min(\alpha_{11}, \alpha_{12}, \ldots, \alpha_{1s})} \cdots p_k^{\min(\alpha_{k1}, \alpha_{k2}, \ldots, \alpha_{ks})}$$

整数 $a_1, a_2, \ldots, a_n$ の最大公約数が 1 であるとき, $a_1, a_2, \ldots, a_n$ は互いに素であるという. ただし, $\gcd(a_1, a_2, \ldots, a_n) = 1$ であるからといって, $\gcd(a_i, a_j) = 1$ $(1 \leqq i < j \leqq n)$ であるとは限らない ($a_1 = 2, a_2 = 3, a_3 = 6$ の場合を考えてみよ). $\gcd(a_i, a_j) = 1$ $(1 \leqq i < j \leqq n)$ であるような $a_1, a_2, \ldots, a_n$ を**どの 2 つも互いに素**という.

ユークリッド (Euclid) の互除法

素因数分解をすることにより, 最大公約数を求めることができる. しかし, 特に大きな数に対して素因数分解することは容易ではない (このことが割り切れるとはどういうことかを学ぶ必要性である). 2 つの整数 m, n の最大公約数を求めるアルゴリズム (手順) に**ユークリッドの互除法**というものがある. ユークリッドの互除法は以下のように割り算のアルゴリズムを繰り返し用いるという方法である.

$$m = nq_1 + r_1, \quad 1 \leqq r_1 < n$$
$$n = r_1 q_2 + r_2, \quad 1 \leqq r_2 < r_1$$
$$r_1 = r_2 q_3 + r_3, \quad 1 \leqq r_3 < r_2$$
$$\vdots$$
$$r_{k-2} = r_{k-1} q_k + r_k, \quad 1 \leqq r_k < r_{k-1}$$
$$r_{k-1} = r_k q_{k+1} + r_{k+1}, \quad r_{k+1} = 0$$

このとき, $n > r_1 > r_2 > \cdots > r_k$ であり, 最後の 0 でない余りである r_k が m, n の最大公約数となる. 実際, 上述の性質 (f) を繰り返し適用すると,

$$\gcd(m, n) = \gcd(n, r_1) = \gcd(r_1, r_2) = \cdots = \gcd(r_{k-1}, r_k) = r_k$$

となる.

例題 1.11. [HMMT 2002] 864 の倍数を無作為に選ぶ. 選んだ数が 1944 の倍数である確率を求めよ.

解答 1. $864 = 2^5 \cdot 3^3$ が $1944 = 2^3 \cdot 3^5$ の倍数である確率は $2^2 = 4$ の倍数が $3^2 = 9$ で割り切れる確率に等しい．$4, 9$ が互いに素であることから，その確率は $\frac{1}{9}$ である． ∎

解答 2. ユークリッドの互除法により，$\gcd(1944, 864) = \gcd(1080, 864) = \gcd(864, 216) = 216$ である．よって，$1944 = 9 \cdot 216$, $864 = 4 \cdot 216$ である．あとは解答 1 と同様． ∎

例題 1.12. [HMMT 2002] 以下の値を計算せよ．
$$\gcd(2002 + 2, 2002^2 + 2, 2002^3 + 2, \ldots)$$

解答． 求める最大公約数を g とおく．$2002^2 + 2 = 2002(2000 + 2) + 2 = 2000(2002 + 2) + 6$ より，ユークリッドの互除法から，
$$\gcd(2002 + 2, 2002^2 + 2) = \gcd(2004, 6) = 6$$
である．よって，$g \mid \gcd(2002 + 2, 2002^2 + 2) = 6$ である．一方，数列 $2002 + 2, 2002^2 + 2, \ldots$ のすべての項はすべて 2 で割り切れ，$2002 = 2001 + 1 = 667 \cdot 3 + 1$ であることから，$2002^k = 3a_k + 1$ (a_k は整数) と表される．よって，$2002^k + 2$ は 3 で割り切れる．$2, 3$ が互いに素であることから，数列のすべての項は 6 で割り切れる．よって，$g = 6$ である． ∎

ベズー (Bézout) の恒等式

本節は 2 つの頭の体操から始めよう．

例題 1.13. あるフットボールの試合ではタッチダウンを決めると 7 点，フィールドゴールを決めると 3 点が与えられる．得点として (数学的に) ありえない最大の整数値を求めよ．

解答． 答は 11 である．11 点になりえないことは容易に確かめられる．また，$12 = 3 + 3 + 3 + 3, 13 = 7 + 3 + 3, 14 = 7 + 7$ より，$12, 13, 14$ 点を取ることは可能．12 以上の 3 の倍数の得点は 12 点からフィールドゴールを決め続ける (3 点を入れ続ける) ことで，13 以上の 3 で割って 1 余る得点は 13 点からフィールドゴールを決め続けることで，14 以上の 3 で割って 2 余る得点は 14 点からフィールドゴールを決め続けることで，それぞれ実現される．よって，12 点以上の任意の得点はありえる． ∎

例題 1.13 は $n = 7a + 3b$ (a, b は非負整数) と書けない最大の整数 n を求める

ことに帰着される.

例題 1.14. 大量のミルクが入ったタンクがある. 太郎君は5リットルの容器と9リットルの容器を持っている. いずれの容器にも目盛りはない. これら2つの容器を用いて2リットルを量るにはどうしたらよいか. 汲みとったミルクをタンクに戻してもよいが, ミルクを捨てたり飲んだりすることはできないものとする.

解答. T, L_5, L_9 をそれぞれ, ミルクのタンク, 5リットル容器, 9リットル容器とする. 以下の表のような手順で行えばよい. ただし, x は最初タンクに入っていたミルクの量である.

T	L_5	L_9
x	0	0
$x-5$	5	0
$x-5$	0	5
$x-10$	5	5
$x-10$	1	9
$x-1$	1	0
$x-1$	0	1
$x-6$	5	1
$x-6$	0	6
$x-11$	5	6
$x-11$	**2**	9

∎

上記で用いた方法は式 $2 = 4 \times 5 - 2 \times 9$ から量る方法である. $2 = 3 \times 9 - 5 \times 5$ から量る方法もある. これについては読者に委ねる.

与えられた整数 $a_1, a_2, \ldots, a_n$ に対して, 勝手な整数 $\alpha_1, \alpha_2, \ldots, \alpha_n$ を用いて $\alpha_1 a_1 + \alpha_2 a_2 + \cdots + \alpha_n a_n$ と書くことを $a_1, a_2, \ldots, a_n$ の**一次結合**と呼ぶ. 例題1.13, 例題1.14 は一見関係のない問題にみえる. しかし, これらはいずれも2つの整数の一次結合に関する問題である. 例題 1.13 の $(7,3)$ を $(6,3)$ に変えたらどうなるだろうか. また, 例題 1.14 の $(5,9)$ を $(6,9)$ に変えたらどうなるだろうか. 以下のような一般的な結果が成り立つ.

定理 1.7. [ベズーの定理] 正の整数 m, n に対して, $mx + ny = \gcd(m, n)$ となるような整数 x, y が存在する.

証明. ユークリッドの互除法により，

$$r_1 = m - nq_1, \quad r_2 = -mq_2 + n(1 + q_1q_2), \ldots$$

となる．一般に $r_i = m\alpha_i + n\beta_i$ と書ける．これは，$r_{i+1} = r_{i-1} - r_i q_{i+1}$ から帰納的に証明でき，漸化式

$$\alpha_{i+1} = \alpha_{i-1} - q_{i+1}\alpha_i$$
$$\beta_{i+1} = \beta_{i-1} - q_{i+1}\beta_i$$

が成り立つ．最終的に，$\gcd(m,n) = r_k = \alpha_k m + \beta_k n$ が得られる． ∎

$\gcd(a,b)$ は $ax+by$ を割り切る．よって，ベズーの定理から，整数 a,b,c に対して，$ax+by = c$ となるような整数 (x,y) が存在することと，$\gcd(a,b)$ が c を割り切ることは同値である．代数学ではただ方程式を解くだけであるが，数論では方程式の特別な解を見つけようとすることがある．特別な解とは，整数解，有理数解などである．そのような方程式のほとんどは方程式の個数より変数の個数が多い．このような方程式を古代ギリシャの数学者ディオファントス (Diophantus) にちなみ，**ディオファントス方程式**と呼ぶ．ディオファントス方程式について，さらに勉強をしたい読者は本書の続編である *105 Diophantine Equations and Integer Function Problems* を読まれたい．定数 a,b,c に対して，$ax+by = c$ を 2 変数 1 次ディオファントス方程式という．

系 1.8. $a \mid bc$ かつ $\gcd(a,b) = 1$ であるとき，$a \mid c$ である．

証明. $c = 0$ であるとき，明らかに成り立つので，$c \neq 0$ と仮定しよう．$\gcd(a,b) = 1$ より，ベズーの定理を用いると，$ax + by = 1$ となるような整数 x, y が存在する．このとき，$acx + bcy = c$ である．a は acx, bcy を割り切ることから，a は c を割り切る． ∎

系 1.9. a, b を互いに素な整数とする．整数 c が $a \mid c$ かつ $b \mid c$ をみたすとき，$ab \mid c$ が成り立つ．

証明. $a \mid c$ より $c = ax$ となるような整数 x が存在する．よって，b は $c = ax$ を割り切る．$\gcd(a,b) = 1$ なので，系 1.8 から，$b \mid x$ である．すると，$x = by$ となるような整数 y が存在する．このとき，$c = ax = aby$ なので，$ab \mid c$ である． ∎

系 1.10. p を素数，k を $1 \leq k < p$ なる整数とする．このとき，$p \mid {}_pC_k$ である．

証明. 等式

$$k \cdot {}_p\mathrm{C}_k = p \cdot {}_{p-1}\mathrm{C}_{k-1}$$

から，p は $k \cdot {}_p\mathrm{C}_k$ を割り切る．$\gcd(p, k) = 1$ であることから，系 1.8 を用いると $p \mid {}_p\mathrm{C}_k$ が導かれる． ∎

例題 1.15. [Russia 2001] a, b は異なる正の整数で，$ab(a+b)$ は $a^2 + ab + b^2$ で割り切れる．このとき，$|a-b| > \sqrt[3]{ab}$ を示せ．

証明． $g = \gcd(a, b)$ とする．$a = xg, b = yg$ とおく．$\gcd(x, y) = 1$ である．すると，

$$\frac{ab(a+b)}{a^2+ab+b^2} = \frac{xy(x+y)g}{x^2+xy+y^2}$$

は整数である．ここで，$\gcd(x^2+xy+y^2, x) = \gcd(y^2, x) = 1$，$\gcd(x^2+xy+y^2, y) = \gcd(x^2, y) = 1$ であり，また，$\gcd(x+y, y) = 1$ から，

$$\gcd(x^2 + xy + y^2, x+y) = \gcd(y^2, x+y) = 1$$

である．よって，系 1.9 を用いて，

$$x^2 + xy + y^2 \mid g$$

である．したがって，$g \geq x^2 + xy + y^2$ であり，

$$\begin{aligned}
|a-b|^3 &= |g(x-y)|^3 = g^2 |x-y|^3 \cdot g \\
&\geq g^2 \cdot 1 \cdot (x^2 + xy + y^2) \\
&> g^2 xy = ab
\end{aligned}$$

よって，$|a-b| > \sqrt[3]{ab}$ である． ∎

この証明の鍵となった $x^2 + xy + y^2 \mid g$ の部分は，巧妙な式変形 $a^3 = (a^2 + ab + b^2)a - ab(a+b)$ からも得られる．

最小公倍数

整数 k に対して，M_k を k の倍数全体の集合とする．以前の節で定義した D_k とは対照的に M_k は無限集合である．

正の整数 s, t に対して，$M_s \cap M_t$ に含まれる数を s, t の**公倍数**といい，公倍数の中で最小のものを s, t の**最小公倍数**という．s, t の最小公倍数を $\operatorname{lcm}(s, t)$ で表す．

命題 1.11.

(a) $\operatorname{lcm}(s, t) = m$，$m = ss' = tt'$ のとき，$\gcd(s', t') = 1$ である．

(b) m' を s,t の公倍数とし,$m' = ss' = tt'$ とおく.$\gcd(s',t') = 1$ であるとき,$m = m'$ である.
(c) m' を s,t の公倍数とすると $m \mid m'$ である.
(d) $m \mid s$ かつ $n \mid s$ のとき,$\mathrm{lcm}(m,n) \mid s$ である.
(e) 正の整数 n に対して,$n\,\mathrm{lcm}(s,t) = \mathrm{lcm}(ns,nt)$ が成り立つ.
(f) $s = p_1^{\alpha_1} \cdots p_k^{\alpha_k}$,$t = p_1^{\beta_1} \cdots p_k^{\beta_k}$ $(\alpha_i, \beta_i \geqq 0,\ i = 1,2,\ldots,k)$ のとき,
$$\mathrm{lcm}(s,t) = p_1^{\max(\alpha_1,\beta_1)} \cdots p_k^{\max(\alpha_k,\beta_k)}$$

が成立する.

命題 1.11 の証明は最大公約数の定義から容易に得られるので,読者に委ねよう.

以下の性質は最大公約数と最小公倍数を結びつける重要な性質である.

命題 1.12. 任意の正の整数 m,n に対して,
$$mn = \gcd(m,n) \cdot \mathrm{lcm}(m,n)$$

が成り立つ.

証明. $m = p_1^{\alpha_1} \cdots p_k^{\alpha_k}$,$n = p_1^{\beta_1} \cdots p_k^{\beta_k}$,$\alpha_i, \beta_i \geqq 0, i = 1,2,\ldots,k$ とおく.命題 1.6 (e) と命題 1.11 (f) より

$$\begin{aligned}\gcd(m,n) \cdot \mathrm{lcm}(m,n) &= p_1^{\min(\alpha_1,\beta_1)+\max(\alpha_1,\beta_1)} \cdots p_k^{\min(\alpha_k,\beta_k)+\max(\alpha_k,\beta_k)} \\ &= p_1^{\alpha_1+\beta_1} \cdots p_k^{\alpha_k+\beta_k} = mn\end{aligned}$$

∎

正の整数 $a_1, a_2, \ldots, a_n$ に対して,$a_1, a_2, \ldots, a_n$ の**最小公倍数**を $a_1, a_2, \ldots, a_n$ のすべての倍数となる最小の正の整数と定義し $\mathrm{lcm}(a_1, a_2, \ldots, a_n)$ と書く.命題 1.12 は 3 個以上の数の場合には拡張できない.たとえば,

$$\gcd(a,b,c) \cdot \mathrm{lcm}(a,b,c) = abc$$

は成り立たない.他にもこういった面白い反例を見つけることは読者に委ねる.

約 数 の 個 数

3 つの例題から本節を始めよう.

例題 1.16. [AIME 1988] 10^{99} の正の約数を無作為に選んだとき,それが 10^{88} の倍数である確率を求めよ.

解答. 10^{99} の約数とはどんな数だろうか？ 3 は約数だろうか？ 220 は約数だろうか？ 10^{99} を素因数分解すると $2^{99} \cdot 5^{99}$ となる．よって，10^{99} の約数は $2^a \cdot 5^b$ (a, b は $0 \leq a, b \leq 99$ なる整数) という形をしている．a, b の選び方は 100 通りずつあるので，10^{99} の正の約数は $100 \cdot 100$ 個ある．このうち，$10^{88} = 2^{88} \cdot 5^{88}$ の倍数であるものは $2^a \cdot 5^a$ ($88 \leq a, b \leq 99$) という形をしている．a, b それぞれの選び方は 12 通りずつある．よって，$100 \cdot 100$ 個の正の約数のうち $12 \cdot 12$ 個が 10^{88} の倍数である．ゆえに，求める確率は $\dfrac{12 \cdot 12}{100 \cdot 100} = \dfrac{9}{625}$ である．■

例題 1.17. a, b の最小公倍数が $2^3 5^7 11^{13}$ であるような正の整数の組 (a, b) はいくつあるか．

解答. a, b はいずれも $2^3 5^7 11^{13}$ の約数である．よって，$a = 2^x 5^y 11^z, b = 2^s 5^t 11^u$ (ただし，x, y, z, s, t, u は非負整数) とおける．$2^3 5^7 11^{13}$ が最小公倍数であることから，$\max\{x, s\} = 3, \max\{y, t\} = 7, \max\{z, u\} = 13$ である．よって，(x, s) は $(0, 3), (1, 3), (2, 3), (3, 3), (3, 2), (3, 1), (3, 0)$ のいずれかであるので，(x, s) の選び方は 7 通りある．同様に $(y, t), (z, u)$ の選び方はそれぞれ 15, 27 通りある．よって，全部で $7 \times 15 \times 27 = 2835$ 通りある．■

例題 1.18. $n = 420^4$ の異なる正の約数の積を求めよ．

証明. $n = (2^2 \cdot 3 \cdot 5 \cdot 7)^4$ であるから，δ が n の約数であることは d が $2^a 3^b 5^c 7^d$ ($0 \leq a \leq 8, 0 \leq b \leq 4, 0 \leq c \leq 4, 0 \leq d \leq 4$) の形をしていることと同値である．$a, b, c, d$ の選び方はそれぞれ $9 \cdot 5 \cdot 5 \cdot 5 = 1125$ 通りある．$\delta \, (\neq 420^2)$ が n の倍数であるとき，$\dfrac{420^4}{\delta}$ もまた，n の倍数である．そしてこれらの積は 420^4 である．420^2 を除く 1124 個の約数がこのようなペアに分けることができ，ペア $\left(\delta, \dfrac{n}{\delta}\right)$ が 562 個ある．各ペアの積は 420^4 である．よって，答は
$$420^{4 \cdot 562} \cdot 420^2 = 420^{2250}$$
である．■

この 3 つの例題をあわせると，数論における面白い結果が導かれる．正の整数 n に対して，$\tau(n)$ を n の約数の個数とする．明らかに
$$\tau(n) = \sum_{d|n} 1$$
である．このように，τ を和の形式で書くことにより，**乗法的関数**の議論を可能にしている．

命題 1.13. n を $n = p_1^{a_1} p_2^{a_2} \cdots p_k^{a_k}$ と素因数分解する．このとき，
$$\tau(n) = (a_1 + 1)(a_2 + 1) \cdots (a_k + 1)$$
である．

系 1.14. n を $n = p_1^{a_1} p_2^{a_2} \cdots p_k^{a_k}$ と素因数分解したとき，$\mathrm{lcm}(a,b) = n$ となる (a,b) の個数は
$$(2a_1 + 1)(2a_2 + 1) \cdots (2a_k + 1)$$
である．

系 1.15. 任意の整数 n に対して，
$$\prod_{d|n} d = n^{\frac{\tau(n)}{2}}$$
である．

これら 3 つの命題の証明はそれぞれ例題 1.16, 例題 1.17, 例題 1.18 の証明と同様である．面白いことに，これらの結果は a_i が非負整数である場合にもいえる．なぜなら，$a_i = 0$ であるとき，$a_i + 1 = 2a_i + 1 = 1$ であるため，積に影響しないからである．

系 1.16. 任意の正の整数 n に対して，$\tau(n) \leq 2\sqrt{n}$ である．

証明. $d_1 < d_2 < \cdots < d_k$ を n の $\sqrt{n}$ を超えない約数とする．残りの約数は
$$\frac{n}{d_1}, \frac{n}{d_2}, \ldots, \frac{n}{d_k}$$
であるので，$\tau(n) \leq 2k \leq 2\sqrt{n}$ である．∎

約 数 の 和

正の整数 n に対して $\sigma(n)$ を n の正の約数 $(1, n$ を含む$)$ の総和と定義する．明らかに
$$\sigma(n) = \sum_{d|n} d$$
である．この式は σ が乗法的関数であることの証明に役立つ．

命題 1.17. $n = p_1^{\alpha_1} p_2^{\alpha_2} \cdots p_k^{\alpha_k}$ を n の素因数分解とするとき，
$$\sigma(n) = \frac{p_1^{\alpha_1+1} - 1}{p_1 - 1} \cdots \frac{p_k^{\alpha_k+1} - 1}{p_k - 1}$$

が成り立つ．

証明． n の約数は

$$p_1^{a_1} p_2^{a_2} \cdots p_k^{a_k}$$

で表される．ただし，a_i は $0 \leq a_1 \leq \alpha_1, 0 \leq a_2 \leq \alpha_2, \ldots, 0 \leq a_k \leq \alpha_k$ をみたす範囲を動く．各約数は以下の式を展開したときの項に 1 度ずつ現れる．

$$(1 + p_1 + \cdots + p_1^{\alpha_1}) \cdots (1 + p_k + \cdots + p_k^{\alpha_k})$$

よって，これを計算すればよい．等比数列の和の公式

$$\frac{r^{k+1} - 1}{r - 1} = 1 + r + r^2 + \cdots + r^k$$

を用いて変形すると定理の式になる． ∎

例題 1.19. 100000 の正の約数であって偶数であるようなものの総和を求めよ．

解答． 100000 の偶数の約数は $2^a 5^b$ $(1 \leq a \leq 5, 0 \leq b \leq 5)$ で表される．各偶数の約数は以下の左辺を展開したときに 1 度ずつ現れる．

$$(2 + 2^2 + 2^3 + 2^4 + 2^5)(1 + 5 + 5^2 + 5^3 + 5^4 + 5^5) = 62 \cdot \frac{5^6 - 1}{5 - 1}$$
$$= 242172$$

∎

合同式

a, b, m は整数で，$m \neq 0$ とする．$a - b$ が m で割り切れるとき，a, b は m を**法として合同**であるといい，$a \equiv b \pmod{m}$ と書く．$\mathbb{Z}$ 上で定義された関係 "$\equiv$" を**合同関係**という．$a - b$ が m で割り切れないときは，a, b は m を法として合同でないといい，$a \not\equiv b \pmod{m}$ と書く．

命題 1.18.

(a) $a \equiv a \pmod{m}$ が成り立つ．(反射律)

(b) $a \equiv b \pmod{m}$ かつ $b \equiv c \pmod{m}$ であれば，$a \equiv c \pmod{m}$．(推移律)

(c) $a \equiv b \pmod{m}$ ならば，$b \equiv a \pmod{m}$．

(d) $a \equiv b \pmod{m}$ かつ $c \equiv d \pmod{m}$ であれば，$a + c \equiv b + d \pmod{m}$．

(e) $a \equiv b \pmod{m}$ であるとき，任意の整数 k に対して，$ka \equiv kb \pmod{m}$

(f) $a \equiv b \pmod{m}$ かつ $c \equiv d \pmod{m}$ であれば, $ac \equiv bd \pmod{m}$ である. また, 一般に $a_i \equiv b_i \pmod{m}$ $(i = 1, 2, \ldots, k)$ であるとき, $a_1 a_2 \cdots a_k \equiv b_1 b_2 \cdots b_k \pmod{m}$ である. 特に, $a \equiv b \pmod{m}$ であるとき, 任意の正の整数 k に対して, $a^k \equiv b^k \pmod{m}$ が成り立つ.

(g) $a \equiv b \pmod{m_i}$ $(i = 1, 2, \ldots, k)$ であることと,
$$a \equiv b \pmod{\mathrm{lcm}(m_1, m_2, \ldots, m_k)}$$
が成り立つことは同値である. 特に, $m_1, m_2, \ldots, m_k$ がどの 2 つも互いに素であれば, $a \equiv b \pmod{m_i}$ $(i = 1, 2, \ldots, k)$ であることと, $a \equiv b \pmod{m_1 m_2 \cdots m_k}$ であることは同値である.

証明. どれもほぼ定義どおりである. (g) のみ証明する. 残りは読者に委ねる.

$a \equiv b \pmod{m_i}$ $(i = 1, 2, \ldots, k)$ から, $m_i \mid a - b$ $(i = 1, 2, \ldots, k)$ である. よって, $a - b$ は $m_1, m_2, \ldots, m_k$ の公倍数であるから, $\mathrm{lcm}(m_1, m_2, \ldots, m_k) \mid a - b$ である. ゆえに, $a \equiv b \pmod{\mathrm{lcm}(m_1, m_2, \ldots, m_k)}$ である. 逆に, $a \equiv b \pmod{\mathrm{lcm}(m_1, m_2, \ldots, m_k)}$ のとき, $\mathrm{lcm}(m_1, m_2, \ldots, m_k)$ が m_i で割り切れることから, $a \equiv b \pmod{m_i}$ が $i = 1, 2, \ldots, k$ に対して成り立つ. ∎

命題 1.19. a, b, n は整数で $n \neq 0$ をみたす. 割り算アルゴリズムによって, $a = nq_1 + r_1, b = nq_2 + r_2$ $(0 \leq r_1, r_2 < |n|)$ と書いたとき, $a \equiv b \pmod{n}$ であることと, $r_1 = r_2$ であることは同値である.

証明. $a - b = n(q_1 - q_2) + (r_1 - r_2)$ であることから, $n \mid a - b$ であることと, $n \mid r_1 - r_2$ であることは同値である. ここで, $|r_1 - r_2| < |n|$ であることに注意すると, $n \mid r_1 - r_2$ であることと, $r_1 = r_2$ は同値である. ∎

例題 1.20. $4k - 1$ の形の素数 (つまり 4 で割って 3 余る素数) は無限に存在することを示せ.

証明. $p \equiv 3 \pmod{4}$ となる素数 p は少なくとも 1 つは存在する. $p = 3$ などがその例である. このような素数が有限個しかなかったと仮定し, それを $p_1, p_2, \ldots, p_k$ とおく. そして, $P = p_1 p_2 \cdots p_k$ とおく. このとき, $4P - 1 \equiv 3 \pmod{4}$ である. $4P - 1$ のすべての素因数が 4 で割って 1 余るとすると, $4P - 1$ 自体も 4 で割って 1 余らなくてはならず矛盾 (命題 1.18 の (g) を用いた). よって, $4P - 1$ の約数のうち少なくとも 1 つは 4 で割って 3 余る. その約数を p とおく. ここ

で，$\gcd(4P-1, p_i) = 1$ $(1 \leq i \leq k)$ であるので，p は $p_1, p_2, \ldots, p_k$ のいずれとも異なる．すると，$p_1, p_2, \ldots, p_k$ 以外に 4 で割って 3 余る素数が存在することになり矛盾．

ゆえに，4 で割って 3 余る素数は無限に存在しなければならない． ∎

ほとんど同じような方法で，$6k-1$ 型の素数が無限に存在することが示される．合同関係を等差数列の一部と考えることもできる．たとえば，上述の 2 つの結果は以下のように書ける：等差数列 $\{-1 + ka\}_{k=1}^{\infty}$ には無限に素数が存在する ($a = 4, 6$)．これらはディリクレ (Dirichlet) による有名な定理の特別な場合である．

ディリクレの定理 初項と公差が互いに素であるような等差数列には無限に多くの素数が存在する．言い換えると，a, m が互いに素な整数であるとき，$p \equiv a \pmod{m}$ をみたす素数 p が無限に多く存在する．

ディリクレはまた，上記の等差数列に属する素数の密度を計算した．このことは解析的整数論における大きな出来事であった．この定理の証明は本書のレベルを超えるので，割愛する．ディリクレが計算した密度に関しては用語集のページで紹介する．いくつかの問題はこの定理を直接適用することにより簡単になることがあるが，すべての問題は別の方法で解くこともできるので，読者の問題を解く能力を高めるためにも，この定理を用いない別の方法で，アプローチしてみることを強くお勧めする．

例題 1.20 は 4 を法として考えることで解決した．多くの場合，このように法の値を選ぶことは明らかではない．適切な法の値を選ぶことが，多くの問題を解く鍵となる．

例題 1.21. [Russia 2001] 素数 p, q であって，$p + q = (p-q)^3$ をみたすようなものをすべて求めよ．

解答． 答は $p = 5, q = 3$ のみである．$(p-q)^3 = p + q \neq 0$ であるから，p, q は異なる素数である．よって，p, q は互いに素である．

$p - q \equiv 2p \pmod{p+q}$ であるから，問題の方程式に $\pmod{p+q}$ をとると，$0 \equiv 8p^3 \pmod{p+q}$ である．p, q が互いに素であることから，$p, p+q$ も互いに素であり，$0 \equiv 8 \pmod{p+q}$ である．よって，$p+q$ は 8 を割り切る．

すると，$0 < p + q \leq 8$ であり，8 以下の素数は $2, 3, 5, 7$ のみ．このうち，7 は素数を足すと 8 を超えてしまうので，不適．あとは，p, q を $2, 3, 5$ の中から調べ

ることで, $p+q \mid 8$ となるものは, $(p,q) = (3,5), (5,3)$ のみであることがわかる. このうち, $(p,q) = (5,3)$ のみが問題の条件をみたす. ∎

この問題に対する別の解法がある. $p - q = a$ とおくと, $p + q = a^3$ であり, $p = \dfrac{a^3 + a}{2}, q = \dfrac{a^3 - a}{2}$ を導くという方法である. この手の式変形はディオファントス方程式を解く上で共通のテクニックである.

例題 1.22. [Baltic 2001] a を奇数の整数とする. 任意の正の整数 n, m ($n \neq m$) に対して, $a^{2^n} + 2^{2^n}$ と $a^{2^m} + 2^{2^m}$ は互いに素であることを示せ.

証明. 一般性を失うことなく, $m > n$ と仮定してよい. $a^{2^n} + 2^{2^n}$ の素因数 p に対して,

$$a^{2^n} \equiv -2^{2^n} \pmod{p}$$

である. 両辺を $m - n$ 回平方すると,

$$a^{2^m} \equiv 2^{2^m} \pmod{p}$$

となる. a は奇数であることから, $p \neq 2$ である. よって, $2^{2^m} + 2^{2^m} = 2^{2^m+1} \not\equiv 0 \pmod{p}$ であり,

$$a^{2^m} \equiv 2^{2^m} \not\equiv -2^{2^m} \pmod{p}$$

である. したがって, $p \nmid (a^{2^m} + 2^{2^m})$ である. ∎

この問題における $a = 1$ の場合は**フェルマー数**と呼ばれる. フェルマー数については後に議論することとしよう.

例題 1.23. 任意の素数 p に対して, $p^2 + k$ が合成数となるような正の偶数の整数 k は無限に存在するか.

解答. $p = 2$ の場合, 任意の偶数 k ($k > 0$) に対して, $p^2 + k$ はつねに合成数である.

$p > 3$ のとき, $p^2 \equiv 1 \pmod{3}$ なので, k が $k \equiv 2 \pmod{3}$ であれば, $p^2 + k$ は $p > 3$ をみたす任意の素数 p で合成数となる ($p^2 + k$ は 3 より大きい 3 の倍数だから).

また, $k \equiv 1 \pmod{5}$ のとき, $3^2 + k \equiv 0 \pmod{5}$ であるので, $p = 3$ の場合も合成数となる. よって, 上記の事項をあわせると,

$$\begin{cases} k \equiv 0 \pmod{2} \\ k \equiv 2 \pmod{3} \\ k \equiv 1 \pmod{5} \end{cases} \quad (*)$$

であれば，すべての素数 p に対して，p^2+k が合成数となる．命題 1.18 (g) より (mod lcm$(2,3,5)$) = (mod 30) で考えればよい．すると，$k \equiv 26 \pmod{30}$ をみたす任意の正の整数 k は $(*)$ の条件をみたすことが容易にわかる．以上で，問題の条件をみたす k が無限に存在することが示された． ∎

$(*)$ のような連立方程式を**連立 1 次合同式**と呼ぶ．そして，3 つの方程式をそれぞれ **1 次合同式**という．本書の続編 *105 Diophantine Equations and Integer Function Problems* では，**中国剰余定理**の項目で連立 1 次合同式について学ぶ．通常の方程式を解くことと，合同式を解くことの主な違いは，割り算における制限である．たとえば，通常の方程式では $4x = 4y$ から両辺を 4 で割って $x = y$ とするができたが，合同式では，$4x \equiv 4y \pmod 6$ から，単純に両辺を 4 で割って，$x \equiv y \pmod 6$ とすることはできない（なぜだろうか？）．一方で，$4x \equiv 4y \pmod{15}$ から，両辺を 4 で割って，$x \equiv y \pmod{15}$ とすることはできる（なぜだろうか？）．命題 1.18 (g) がこの 2 つの違いを説明するのに重要な役割を果たす．通常の方程式では $xy = 0$ であれば，$x = 0$ または $y = 0$ が成立する．しかし，合同式の世界では $xy \equiv 0 \pmod m$ であるからといって，$x \equiv 0 \pmod m$ または $y \equiv 0 \pmod m$ のどちらかが成り立つかというと，そうとは限らない．たとえば，$3 \cdot 5 \equiv 0 \pmod{15}$ であるが，$3 \not\equiv 0 \pmod{15}$ であり，$5 \not\equiv 0 \pmod{15}$ である．この話題については，1 次合同式について議論する際に考えてみよう．予告として，系 1.5 を合同式で書き直してみよう．

系 1.20. p を素数とする．x, y は $xy \equiv 0 \pmod p$ となる整数とする．このとき，$x \equiv 0 \pmod p$ または $y \equiv 0 \pmod p$ が成り立つ．

この書き直しからもわかるように，数論では $p \mid xy$ （割り切れる記号による表示），$xy \equiv 0 \pmod p$ （合同式による表示），$kp = xy$ （ディオファントス方程式による表示）という 3 つの表示方法がある．系 1.8, 1.9 も以下のように読み替えられる．

系 1.21. m を正の整数とする．$c \neq 0$ で $ac \equiv bc \pmod m$ が成り立つとき，

$$a \equiv b \pmod{\frac{m}{\gcd(c,m)}}$$

である.

系 1.22. m を正の整数とする. a は m と互いに素な整数とする. a_1, a_2 は $a_1 \not\equiv a_2 \pmod{m}$ となる整数とするとき, $a_1 a \not\equiv a_2 a \pmod{m}$ である.

次の性質は合同式のべき乗における指数を減らすのに役に立つ.

系 1.23. m を正の整数とする. a, b は m と互いに素な整数とする. x, y が

$$a^x \equiv b^x \pmod{m} \quad \text{かつ} \quad a^y \equiv b^y \pmod{m}$$

をみたすとき,

$$a^{\gcd(x,y)} \equiv b^{\gcd(x,y)} \pmod{m}$$

である.

証明. ベズーの定理により, $\gcd(x,y) = ux - vy$ となるような整数 u, v が存在する. 定理の条件から,

$$a^{ux} \equiv b^{ux} \pmod{m}, \quad b^{vy} \equiv a^{vy} \pmod{m}$$

である. よって, $a^{ux} b^{vy} \equiv a^{vy} b^{ux} \pmod{m}$ となる. すると, $\gcd(a,m) = \gcd(b,m) = 1$ より, 系 1.21 を用いれば,

$$a^{\gcd(x,y)} \equiv a^{ux-vy} \equiv b^{ux-vy} \equiv b^{\gcd(x,y)} \pmod{m}$$

である. ∎

剰 余 系

命題 1.18 の (a), (b), (c) から, 整数は正の整数 m で割った余りによってグループ分けをすることができる. このときのグループの個数は m 個である. 各グループを**剰余類**という. より正確には m で割った余りが r となるような剰余類を m を法とした r の剰余類という.

たとえば, 7 を法とした 5 の剰余類は

$$\{\ldots, -9, -2, 5, 12, 19, 26, \ldots\}$$

となる.

整数の集合 S であって, 任意の $0 \leqq i \leqq m-1$ に対して $i \equiv s \pmod{m}$ とな

るような元 $s \in S$ がただ 1 つ存在するとき,S を m を法とした**完全剰余系**という.任意の整数 a に対して,$\{a, a+1, a+2, \ldots, a+m-1\}$ は明らかに完全剰余系である.特に $a=0$ とした $\{0, 1, \ldots, m-1\}$ は非負整数からなる最小の完全剰余系である.$m = 2k+1$ のときの,$\{0, \pm 1, \pm 2, \ldots, \pm k\}$ と,$m = 2k$ のときの,$\{0, \pm 1, \pm 2, \ldots, \pm(k-1), k\}$ も完全剰余系である.

例題 1.24. n を整数とする.以下を示せ.

(1) $n^2 \equiv 0, 1 \pmod 3$

(2) $n^2 \equiv 0, \pm 1 \pmod 5$

(3) $n^2 \equiv 0, 1, 4 \pmod 8$

(4) $n^3 \equiv 0, \pm 1 \pmod 9$

(5) $n^4 \equiv 0, 1 \pmod{16}$

すべての証明は完全剰余系を調べることでできるので,読者に委ねる.オイラーの定理を勉強した後で,この例題をもう一度みてみることをお勧めする.

例題 1.25. [Romania 2003] $n_1, n_2, \ldots, n_{31}$ は素数で,$n_1 < n_2 < \cdots < n_{31}$ をみたす.このとき,$n_1^4 + n_2^4 + \cdots + n_{31}^4$ が 30 で割り切れるならば,これら 31 個の素数の中に連続する 3 つの素数があることを示せ.

解答. $s = n_1^4 + n_2^4 + \cdots + n_{31}^4$ とおく.まず,$n_1 = 2$ である.なぜなら,もしそうでなければ,$1 \leq i \leq 31$ に対して,n_i は奇数なので,s は奇数となり 30 で割り切れないので矛盾.

次に $n_2 = 3$ である.なぜなら,もしそうでなければ,$n_i^4 \equiv 1 \pmod 3$ が $1 \leq i \leq 31$ で成り立つので,$s \equiv 31 \equiv 1 \pmod 3$ となって,やはり s は 30 で割り切れず矛盾.

最後に $n_3 = 5$ である.なぜなら,もしそうでなければ,$1 \leq i \leq 31$ に対して,$n_i^2 \equiv \pm 1 \pmod 5$ より,$n_i^4 \equiv 1 \pmod 5$ なので,$s \equiv 31 \equiv 1 \pmod 5$ となり,やはり矛盾.

以上より,$2, 3, 5$ はすべて問題の素数列に含まれるので,連続する 3 つの素数を含む.∎

例題 1.26. m は正の整数で偶数とする.

$$\{a_1, a_2, \ldots, a_m\}, \{b_1, b_2, \ldots, b_m\}$$

がいずれも m を法とした完全剰余系であるとき,

$$\{a_1 + b_1, a_2 + b_2, \ldots, a_m + b_m\}$$

は m を法とした完全剰余系にならないことを示せ．

証明． 完全剰余系であると仮定しよう．このとき，

$$1 + 2 + \cdots + m \equiv (a_1 + b_1) + (a_2 + b_2) + \cdots + (a_m + b_m)$$
$$\equiv (a_1 + a_2 + \cdots + a_m) + (b_1 + b_2 + \cdots + b_m)$$
$$\equiv 2(1 + 2 + \cdots + m) \pmod{m}$$

よって，$1 + 2 + \cdots + m \equiv 0 \pmod{m}$ であり，$m \mid \dfrac{m(m+1)}{2}$ である．これは偶数 m に対しては成り立たない．よって，矛盾が導かれたので，完全剰余系であってはならない． ∎

例題 1.27. a を正の整数とする．正の整数 m であって，集合

$$\{a \cdot 1, a \cdot 2, a \cdot 3, \ldots, a \cdot m\}$$

が $\pmod{m}$ における完全剰余系となるようなものをすべて求めよ．

証明． 答は a と互いに素なすべての正の整数 m である．

問題の集合を S_m とする．

まず，$\gcd(a, m) = 1$ のとき，S_m が $\pmod{m}$ における完全剰余系となることを示す．仮に，ある i, j $(1 \leq i < j \leq m)$ に対して，$ai \equiv aj \pmod{m}$ となったとしよう．$\gcd(a, m) = 1$ であることから，系 1.20 を用いると $i \equiv j \pmod{m}$ となってしまうが，$0 < |i - j| < m$ なのでこれは不可能．よって，S_m は完全剰余系でなくてはならない．

$\gcd(a, m) = g > 1$ のとき，$a = a_1 g$，$m = m_1 g$ とおくと，m_1 は m より小さい正の整数である．このとき，$am_1 \equiv a_1 m_1 g \equiv a_1 m \equiv am \equiv 0 \pmod{m}$ なので，S_m には合同な 2 つの元が存在するので，完全剰余系にはなりえない． ∎

同様に，以下の結果を示すことができる．

命題 1.24. m を正の整数とする．a を m と互いに素な整数とする．S を m を法とした完全剰余系とすると，集合

$$T = aS + b = \{as + b \mid s \in S\}$$

は m を法とした完全剰余系である．

次に，1 次合同式についてさらに進んだ議論をしよう．

命題 1.25. m は正の整数で，a は m と互いに素な整数とする．また，b を整数とする．このとき，$ax \equiv b \pmod{m}$ をみたす整数 x が存在し，そのような x 全体は m を法とした 1 つの剰余類を形成する．

証明． $\{c_1, c_2, \ldots, c_m\}$ を m を法とした完全剰余系とする．命題 1.24 によって，
$$\{ac_1 - b, ac_2 - b, \ldots, ac_m - b\}$$
もまた完全剰余系であることがわかる．よって，$ac_i - b \equiv 0 \pmod{m}$ となるような c_i が存在する．この c_i は合同式 $ax \equiv b \pmod{m}$ をみたす解である．m を法として c_i と合同なすべての整数はこの合同式の解であることは容易に確かめられる．一方，x, x' が解であれば，$ax \equiv ax' \pmod{m}$ なので，系 1.20 から，$x \equiv x' \pmod{m}$ となるので，これ以外に解はない．■

特に，$b = 1$ の場合，命題 1.25 から $\gcd(a, m) = 1$ であれば，$ax \equiv 1 \pmod{m}$ となるような x が存在することがいえる．このような x を $\pmod{m}$ における a の**逆元**といい，a^{-1} または，$\dfrac{1}{a}$ と書く．このような x はすべてちょうど 1 つの剰余類に属することから，m と互いに素な整数 a に対して，a の逆元は $\pmod{m}$ でただ 1 通りに定まる．

定理 1.26. [ウィルソン (Wilson) の定理] 任意の素数 p に対して，$(p-1)! \equiv -1 \pmod{p}$ である．

証明． $p = 2, 3$ に対して成立することは容易に示せる．以下 $p \geq 5$ と仮定する．$S = \{2, 3, \ldots, p-2\}$ とおく．p は素数であることから，任意の $s \, (\in S)$ に対して，s は p を法としてただ 1 つの逆元をもつ．それを s' としよう．$s' \in \{1, 2, \ldots, p-1\}$ であり $s' \neq 1, p-1$ である（そうでなければ，$ss' \equiv 1 \pmod{p}$ とならないから）．よって，$s' \in S$ である．さらに，$s' \neq s$ である．なぜなら，そうでなければ，$s^2 \equiv 1 \pmod{p}$ となる．これは，$p \mid s-1$ または $p \mid s+1$ を意味するので，$s + 1 < p$ よりこれは不可能である．

したがって，S の各元を (s, s') によって，$\dfrac{p-3}{2}$ 個の異なるペアに分けることができ，各ペアにおいて，$ss' \equiv 1 \pmod{p}$ が成り立つ．これらのペアの積をすべてかけることで，$(p-2)! \equiv 1 \pmod{p}$ が示され，両辺に $p - 1$ をかけることで，定理の主張が導かれる．■

ウィルソンの定理の逆もまた成り立つ．すなわち，2 以上の整数 n に対して $(n-1)! \equiv -1 \pmod{n}$ であれば，n は素数である．実際，もし $n = n_1 n_2$

$(n_1, n_2 \geq 2)$ と書けるとしたら，$n_1 \mid 1 \cdot 2 \cdots n_1 \cdots (n-1) + 1$ となって矛盾する．ウィルソンの定理の逆は与えられた整数が素数かどうかを判定する方法として用いられる．しかし，n が大きいとき $(n-1)!$ はさらに大きいため，実用的な方法とはいえない．

ほとんどの状況では，問題を解くために，特定の完全剰余系を取り上げることに大きな違いはない．これとは異なる例を紹介しよう．

例題 1.28. [MOSP 2005, Melanie Wood] 立方体の各頂点に 1 つの整数が書き込まれている．ある頂点 p とそれに隣接する頂点 q を選び，p に書かれた数を q に書かれた数だけ足すという操作が許されている．この操作を有限回繰り返すことで，各頂点に書かれた数を 2005 で割った余りがすべて等しくなるようにできることを示せ．

2 つの解答を与える．操作を x が書かれた頂点 p とそれに隣接する y が書かれた頂点 q に対して，操作を 2004 回行うと，元々 x だった頂点 p が 2005 を法として $x-y$ と合同な数になる．この操作を超操作と呼ぶことにする．

解答 1. 各頂点に書かれた整数を 2005 を法とした剰余類 $1, 2, \ldots, 2005$ に置き換えて考える．つまり 2005 で割って余り 0 のものだけ 2005 とみなし，他はすべて 2005 で割った余りとみなして考える．このとき，すべての頂点が同じ数であれば，操作をする必要はない．そうでなければ，隣接する頂点で，それぞれ N，M（ただし，$1 \leq N < M \leq 2005$）が書かれたものが存在するので，これに対して超操作を行うと，M が $M - N$ となる．$1 \leq M - N \leq 2005$ なので，$M - N$ がそのまま 2005 を法とした剰余類となる．$N \geq 1$ なので，この超操作によって，各頂点に書かれた数を 2005 で割った余りの総和は少なくとも 1 減少する．余りの合計はつねに 8 以上なので，このように超操作を繰り返していれば有限回の超操作の後，最終的にすべての余りが等しくなる． ∎

上記の証明は剰余類を $0, 1, 2, \ldots, 2004$ として考えるとうまくいかない．なぜなら，$N = 0$ の場合に総和が減少しないからである．

解答 2. すべての整数を 2005 で割った余りで考える．これらは 2005 を法とする正整数のある集合と合同である．隣接する 2 頂点に対して超操作を一度行うことは，ユークリッドの互除法の 1 ステップを行うことと同じで，ユークリッドの互除法を行うと最終的に元の 2 数の最大公約数が現れる．したがって，超操作を繰り返すことで，隣接する 2 頂点に書かれた数の 2005 で割った余りを等しくす

ることができる．まず，始めにある決まった一方向の辺 (4本) で隣接する 2 頂点に対してこの操作を行う．次に 2 番目の方向の辺 (4本) で隣接する 2 頂点に対してこの操作を行う．最後に残った方向の辺 (4本) で隣接する 2 頂点に対してこの操作を行う．すると，最終的にすべての頂点に書かれた数の 2005 で割った余りが等しくなる． ∎

フェルマー (Fermat) の小定理とオイラー (Euler) の定理

前節では，与えられた正の整数 m に対して，m と互いに素な剰余系を考えることが重要であるということを知った．正の整数 m に対して，m 以下で m と互いに素な正の整数 n の個数を $\varphi(m)$ で表す．この関数 φ は**オイラーの φ 関数**として知られる．明らかに $\varphi(1) = 1$ である．また，任意の素数 p に対して，$\varphi(p) = p - 1$ である．逆に，ある正の整数 n に対して，$\varphi(n) = n - 1$ であれば，n は素数である．

整数の集合 S であって，$0 \leq i \leq m - 1$, $\gcd(i, m) = 1$ なる任意の正の整数 i に対して，$i \equiv s \pmod{m}$ をみたす $s\,(\in S)$ がちょうど 1 つ存在するようなものを m を法とした**既約剰余系**という．

命題 1.27. m を正の整数とする．a を m と互いに素な正の整数とする．S が m を法とする既約剰余系のとき，集合

$$T = aS = \{as \mid s \in S\}$$

も m を法とする既約剰余系である．

命題 1.27 の証明は命題 1.24 の証明とほぼ同様であるので，読者に委ねる．命題 1.27 から数論における 2 つの有名な定理を導き出すことができる．

定理 1.28. [オイラーの定理] m を正の整数，a を m と互いに素な正の整数とする．このとき，$a^{\varphi(m)} \equiv 1 \pmod{m}$ が成立する．

証明． 集合 $S = \{a_1, a_2, \ldots, a_{\varphi(m)}\}$ は m より小さく m と互いに素なすべての整数からなる集合とする．$\gcd(a, m) = 1$ であることから，命題 1.27 を用いると，

$$\{aa_1, aa_2, \ldots, aa_{\varphi(m)}\}$$

は $\pmod{m}$ における既約剰余系である．よって，

$$(aa_1)(aa_2) \cdots (aa_{\varphi(m)}) \equiv a_1 a_2 \cdots a_{\varphi(m)} \pmod{m}$$

である．$\gcd(a_k, n) = 1$ が $k = 1, 2, \ldots, \varphi(m)$ で成立することから，両辺を $a_1 a_2 \ldots a_k$ で割ることができ，定理の主張が導かれる． ■

$m = p$ (p は素数) とすると，オイラーの定理はフェルマーの小定理となる．

定理 1.29. [フェルマーの小定理] a を正の整数，p を素数とするとき，
$$a^p \equiv a \pmod{p}$$
が成立する．

証明． オイラーの定理の証明とまったく別の証明を与える．帰納法で示す．$a = 1$ の場合は明らかに成立．ある a に対して，$p \mid (a^p - a)$ がなりたつとき，
$$(a+1)^p - (a+1) = (a^p - a) + \sum_{k=1}^{p-1} {}_p C_k a^k$$
ここで，$p \mid {}_p C_k$ が $1 \leq k \leq p-1$ で成り立つ (系 1.10) ことを用いると帰納法の仮定により $p \mid (a+1)^p - (a+1)$ が示される．よって，$(a+1)^p \equiv (a+1) \pmod{p}$ である． ■

フェルマーの小定理は明らかにオイラーの定理の特別な場合である．オイラー関数 φ にはさらにいくつかの性質がある．これらの性質を用いると，フェルマーの小定理からオイラーの定理を導き出すことができる．フェルマーの小定理の別の形を紹介しよう．

a を正の整数，p を a と互いに素である素数とする．このとき，
$$a^{p-1} \equiv 1 \pmod{p}$$
である．

次に，オイラーの定理，フェルマーの小定理を用いたいくつかの例題を紹介しよう．

例題 1.29. p を素数とする．このとき，任意の整数 a, b に対して，$ab^p - ba^p$ は p で割り切れる．

証明． $ab^p - ba^p = ab(b^{p-1} - a^{p-1})$ である．$p \mid ab$ であれば，$p \mid ab^p - ba^p$ は明らか．$p \nmid ab$ であれば，$\gcd(p, a) = \gcd(p, b) = 1$ なので，フェルマーの小定理により，$b^{p-1} \equiv a^{p-1} \equiv 1 \pmod{p}$ である．よって，$p \mid b^{p-1} - a^{p-1}$ であるから，$p \mid ab^p - ba^p$ である．

以上より，$p \mid ab^p - ba^p$ が成り立つ． ■

例題 1.30. p を 7 以上の素数とする．このとき，整数

$$\underbrace{11\ldots1}_{p-1\text{ 個の 1 がある}}$$

は p で割り切れることを示せ.

証明. 問題の整数は

$$\underbrace{11\ldots1}_{p-1\text{ 個の 1 がある}} = \frac{10^{p-1}-1}{9}$$

であるから, フェルマーの小定理により明らかに成立する. ($\gcd(10, p) = 1$ に注意.) ∎

例題 1.31. p を 7 以上の素数とするとき, $p^8 \equiv 1 \pmod{240}$ であることを示せ.

証明. $240 = 2^4 \cdot 3 \cdot 5$ である. フェルマーの小定理により $p^2 \equiv 1 \pmod 3$ であり, $p^4 \equiv 1 \pmod 5$ である. 奇数はつねに 2^4 と互いに素であり, $\varphi(2^4) = 2^3$ であるから, オイラーの定理により, $p^8 \equiv 1 \pmod{16}$ である. 以上より, $p^8 \equiv 1 \pmod m$ が $m = 3, 5, 16$ に対して成り立つ. よって, $p^8 \equiv 1 \pmod{240}$ である. ∎

例題 1.31 の解答はオイラーの定理をフェルマーの小定理から導きだすことができるということを示唆している. さらに, $n^4 \equiv 1 \pmod{16}$ となることを示すのは $n \equiv \pm 1, \pm 3, \pm 5, \pm 7 \pmod{16}$ を考えればよいので, 容易である (例題 1.24 (5) を見よ). よって, $p^4 \equiv 1 \pmod{240}$ が任意の素数 $p\ (\geqq 7)$ で成立する, という風に改良することができる.

例題 1.32. 任意の正の整数で偶数の n に対して, $n^2 - 1$ が $2^{n!} - 1$ を割り切ることを示せ.

証明. $m = n + 1$ とおく. $m(m-2)$ が $2^{(m-1)!} - 1$ を割り切ることを示せばよい. $\varphi(m)$ が $(m-1)!$ を割り切ることから, $2^{\varphi(m)} - 1 \mid 2^{(m-1)!} - 1$ が成り立つ. オイラーの定理により, $m \mid 2^{\varphi(m)} - 1$ なので, $m \mid 2^{(m-1)!} - 1$ が成り立つ. 同様に $m - 2 \mid 2^{(m-1)!} - 1$ が示される. m は奇数なので, $m, m-2$ はいずれも奇数なので互いに素である. よって, 問題の結論が成り立つ. ∎

正の整数 m に対して, $\{a_1, a_2, \ldots, a_{\varphi(m)}\}$ を m を法とした既約剰余系とする. 逆元の一意存在性により,

$$\{a_1^{-1}, a_2^{-1}, \ldots, a_{\varphi(m)}^{-1}\} \text{ または } \left\{\frac{1}{a_1}, \frac{1}{a_2}, \ldots, \frac{1}{a_{\varphi(m)}}\right\}$$

は m を法とした既約剰余系である. すると, ウィルソンの定理を拡張して, こ

れらの既約剰余系をペアに分けたくなる．この方針は $1, -1$ 以外にも逆元がもとの元に一致することがあるために失敗する（ウィルソンの定理の証明では $s^2 \equiv 1 \pmod{p}$ となるような s は $s \equiv \pm 1 \pmod{p}$ のみであった）．たとえば，$6^2 \equiv 1 \pmod{35}$ などがその例である．

m を正の整数とし，a を m と互いに素な整数とする．$b = na$ を a の倍数とするとき，$n = \dfrac{b}{a}$ は整数となる．$a^{-1}a \equiv 1 \pmod{p}$ のとき，$n \equiv a^{-1}an \equiv a^{-1}b \pmod{m}$ である．これは，通常の計算における $n = \dfrac{a}{b}$ と合同式における $n \equiv \dfrac{1}{a} \cdot b \pmod{m}$ が同一であることを示している．これを用いると，演算の順番を選ぶことができる．

例題 1.33. [IMO 2005] 数列 $a_1, a_2, \ldots$ を
$$a_n = 2^n + 3^n + 6^n - 1 \quad (n \text{ は正の整数})$$
で定義する．この数列のすべての項と互いに素であるような正の整数をすべて求めよ．

解答 1. 答は 1 である．任意の素数 p に対して，ある正の整数 n が存在して，a_n が p で割り切れることを示せば十分である．$p = 2, 3$ の場合はいずれも $a_2 = 2^2 + 3^2 + 6^2 - 1 = 48$ が p で割り切れる．

$p \geqq 5$ の場合はフェルマーの小定理により，$2^{p-1} \equiv 3^{p-1} \equiv 6^{p-1} \equiv 1 \pmod{p}$ であり，
$$3 \cdot 2^{p-1} + 2 \cdot 3^{p-1} + 6^{p-1} \equiv 3 + 2 + 1 \equiv 6 \pmod{p}$$
が成り立つ．したがって，$6(2^{p-2} + 3^{p-2} + 6^{p-2} - 1) \equiv 0 \pmod{p}$ であるから，$6a_{p-2}$ は p で割り切れる．p が 6 と互いに素であることから，a_{p-2} は p で割り切れる． ∎

解答 2. 逆元の考え方を用いる．p を 5 以上の素数としたとき，
$$\begin{aligned} 6a_{p-2} &\equiv 6(2^{p-2} + 3^{p-2} + 6^{p-2} - 1) \\ &\equiv 6\left(\frac{1}{2} + \frac{1}{3} + \frac{1}{6} - 1\right) \equiv 0 \pmod{p} \end{aligned}$$
より，成立する． ∎

例題 1.34. 定数でない整数からなる等差数列であって，すべての項が 2 つの完全立方数の和で書けないようなものを 1 つ求めよ．

解答． 求める等差数列の初項を a, 公差を d とする．d を法とした a の剰余類で考える．d を法とした立方数の個数をなるべく少なくすることで，2 つの立方数の和で書けるような剰余類を少なくしたい．

まず，任意の整数 a に対して，$a^3 \equiv 1 \pmod{d}$ となるような d を探そう．フェルマーの小定理により，$a^{p-1} \equiv 1 \pmod{p}$ が p と互いに素な任意の a で成り立つ．$p-1=3$ とすると $p=4$ となって素数ではない．よって，フェルマーの小定理は使えない．しかし，$p=7$ としたらどうだろうか．$a^6 \equiv 1 \pmod{7}$ が 7 と互いに素な整数 a で成り立つ．また，このとき a^3 を 7 で割った余りが $0, 1, -1(6)$ となることは容易に示せる．よって，7 を法とすると，$a^3 + b^3$ を 7 で割った余りは $0, 1, -1, 2, -2$ のいずれかである．余りが 3 や 4 になることはない．

したがって，$a=3, d=7$ または $a=4, d=7$ とすれば，問題の条件をみたす数列 $\{3, 3+7, 3+2 \cdot 7, \dots\}, \{4, 4+7, 4+2 \cdot 7\}$ が得られる． ∎

$\varphi(9)=6$ となることから，$\{a, a+9, a+2 \cdot 9, \dots\}$ なる数列も条件をみたすかもしれない．この検証については読者に委ねる (例題 1.24 (4) と比較せよ)．

例題 1.35. [IMO 2003 shortlist] 正の整数 k と整数 $x_1, x_2, \dots, x_k$ は
$$x_1^3 + x_2^3 + \cdots + x_k^3 = 2002^{2002}$$
をみたす．考えられる k の最小値を求めよ．

解答． 答は $k=4$ である．まず，2002^{2002} が 3 つの立方数の和で書けないことを示す．立方数を n を法として考えるためには $\varphi(n)$ を 3 の倍数にしたい．再び $n=7$ の場合を考えてみよう．しかし，7 は小さすぎるために，多くの剰余類を作ることになりうまくいかない．$n=9$ の場合 ($\varphi(9)=6$ となる) はどうだろうか．$2002 \equiv 4 \pmod{9}$ なので，$2002^3 \equiv 4^3 \equiv 1 \pmod{9}$ であり，
$$2002^{2002} \equiv (2002^3)^{667} \cdot 2002 \equiv 4 \pmod{9}$$
である．一方，任意の整数 x で $x^3 \equiv 0, \pm 1 \pmod{9}$ なので，$x_1^3 + x_2^3 + x_3^3 \not\equiv 4 \pmod{9}$ である．ゆえに，3 つの立方数の和で書くことができないことが示された．

あとは，2002^{2002} を 4 つの立方数で書けばよい．まず，
$$2002 = 10^3 + 10^3 + 1^3 + 1^3$$
であり，$2002 = 667 \cdot 3 + 1$ を用いると，
$$2002^{2002} = 2002 \cdot (2002^{667})^3$$

$$= (10 \cdot 2002^{667})^3 + (10 \cdot 2002^{667})^3 + (2002^{667})^3 + (2002^{667})^3$$

となる. ∎

フェルマーの小定理はある整数が合成数かどうかを判断するよい基準を提供する. つまり, $a^n \not\equiv a \pmod{n}$ であれば, n は合成数である. しかし, 逆は成り立たない. たとえば, $561 = 3 \cdot 11 \cdot 17$ などが反例である. $3 \cdot 11 \cdot 17$ が合成数であるにも関わらず, $3 \cdot 11 \cdot 17$ は $a^{3 \cdot 11 \cdot 17} - a$ を割り切る (実際, 11 が a を割り切らないとき, フェルマーの小定理より, $11 \mid a^{10} - 1$ であるので, $11 \mid a^{10 \cdot 56} - 1$ である. したがって, $11 \mid a^{561} - a$ が成立. 他も同様).

合成数 n が任意の整数 a で $a^n \equiv a \pmod{n}$ をみたすとき, n を**カーマイケル** (Carmichael) **数**という. $n = 2 \cdot 73 \cdot 1103$ などのように, 偶数のカーマイケル数も存在する.

a, m を互いに素な正の整数とする. 系1.23で $b = 1$ とすると面白い結果が得られる. オイラーの定理により, $a^x \equiv 1 \pmod{m}$ となるような x が存在することはいえる. そこで, $a^x \equiv 1 \pmod{m}$ となるような正の整数 x の最小値 d を m を法とした a の**位数**と呼び, $\mathrm{ord}_m(a)$ で表す. オイラーの定理から, $\mathrm{ord}_m(a) \leq \varphi(m)$ である. $d = \mathrm{ord}_m(a)$ とおく. $a^x \equiv 1 \pmod{m}$ をみたす任意の整数 x に対して, 系1.23より,

$$a^{\gcd(x,d)} \equiv 1 \pmod{m}$$

である. ここで, $\gcd(x, d) \leq d$ と d の最小性より, $d = \gcd(x, d)$ でなくてはならず, $\gcd(x, d) = d$ が成り立つ. つまり, d は x を割り切る. まとめると以下の性質が成り立つ.

命題 1.30. 正の整数 x が $a^x \equiv 1 \pmod{m}$ をみたすことと, x が $\mathrm{ord}_m(a)$ の倍数であることは同値である.

互いに素な正の整数 a, m に対して, $a^s \equiv -1 \pmod{m}$ となる正の整数 s がつねに存在するとは限らない ($a = 2, m = 7$ の場合を考えよ). a のあるべき乗が m を法として -1 と合同になったとする. s は $a^s \equiv -1 \pmod{m}$ となる最小値とする. このとき, $\mathrm{ord}_m(a) = 2s$ である. 実際, $d = \mathrm{ord}_m(a)$ とおくと, $a^{2s} \equiv 1 \pmod{m}$ であるから, $d \mid 2s$ である. $d < 2s$ であれば, $d \leq s$ で, $a^{s-d} \equiv -1 \pmod{m}$ となって s の最小性に反する. さらに, t が

$$a^t \equiv -1 \pmod{m}$$

となるような整数であるとき，t は s の倍数である．なぜなら，$a^{2t} \equiv 1 \pmod{m}$ であるから，$d = 2s$ は $2t$ を割り切る．よって，s は t を割り切る．明らかに t は s の奇数倍でなくてはならない．つまり，

$$a^t \equiv \begin{cases} -1 & t\text{ が } s \text{ の奇数倍のとき} \\ 1 & t\text{ が } s \text{ の偶数倍のとき} \end{cases}$$

となる．

例題 1.36. [AIME 2001] 1001 の倍数であって，$0 \leq i < j \leq 99$ なる整数 i, j を用いて $10^j - 10^i$ と表せるものはいくつ存在するか．

解答． まず，

$$10^j - 10^i = 10^i(10^{j-i} - 1)$$

であることと，$1001 = 7 \cdot 11 \cdot 13$ が 10^i と互いに素であることにより，$10^{j-i} - 1$ が $7, 11, 13$ のすべてで割り切れるようなものを探せばよい．ここで，$10^3 \equiv -1 \pmod{1001}$ であることに気づき，容易に

$$\mathrm{ord}_{1001}(10) = 6$$

がわかる．命題 1.30 により，$10^i(10^{j-i}-1)$ が 1001 で割り切れることと，$j - i = 6n$ となるような正の整数 n が存在することは同値．よって，

$$i + 6n = j$$

となるような整数 i, j の個数を数えればよい．$j \leq 99, i \geq 0, n > 0$ より，各 $n = 1, 2, \ldots, 16$ に対して，$100 - 6n$ 通りの i（と j）が考えられるので，答は

$$94 + 88 + 82 + \cdots + 4 = 784$$

より 784 個である． ■

オイラー関数

本節ではオイラー関数 φ におけるいくつかの役に立つ性質について議論する．まず最初に，以下が成り立つことは容易にわかる．

命題 1.31. p を素数，a を正の整数とする．このとき，$\varphi(p^a) = p^a - p^{a-1}$ である．

オイラー関数

次に φ が乗法的関数であることを示す.

命題 1.32. a, b が互いに素な正の整数であるとき,$\varphi(ab) = \varphi(a)\varphi(b)$ である.

証明. $1, 2, \ldots, ab$ を $a \times b$ のマス目に配置したとする.

$$
\begin{array}{cccc}
1 & 2 & \cdots & a \\
a+1 & a+2 & \cdots & 2a \\
\vdots & \vdots & \vdots & \vdots \\
a(b-1)+1 & a(b-1)+2 & \cdots & ab
\end{array}
$$

このマス目の $\varphi(ab)$ 個の整数が ab と互いに素である.

一方,マス目のうち $\varphi(a)$ 個の縦の列が a と互いに素であり,$\varphi(b)$ 個の横の列が b と互いに素である.よって,これらの縦の列と横の列が交わる位置にある数のみが a, b の両方と互いに素であり,そのような数は全部で $\varphi(a)\varphi(b)$ 個ある.

よって,$\varphi(ab) = \varphi(a)\varphi(b)$ である. ∎

定理 1.33. 整数 $n > 1$ を $n = p_1^{\alpha_1} \cdots p_k^{\alpha_k}$ と素因数分解したとき,

$$\varphi(n) = n\left(1 - \frac{1}{p_1}\right)\cdots\left(1 - \frac{1}{p_k}\right)$$

とが成り立つ.

証明 1. 命題 1.31, 1.32 より直接に示せる. ∎

証明 2. 包除の原理を用いる.集合 T_i を

$$T_i = \left\{ d \,\middle|\, d \leq n, p_i | d \right\} \quad (i = 1, 2, \ldots, k)$$

と定義する.すると,

$$T_1 \cup T_2 \cup \cdots \cup T_k = \left\{ m \,\middle|\, m \leq n, \gcd(m, n) > 1 \right\}$$

となる.よって,

$$\begin{aligned}
\varphi(n) &= n - |T_1 \cup T_2 \cup \cdots \cup T_k| \\
&= n - \sum_{i=1}^{k} |T_i| + \sum_{1 \leq i < j \leq k} |T_i \cap T_j| - \cdots + (-1)^k |T_1 \cap \cdots \cap T_k|
\end{aligned}$$

である.ここで,

$$|T_i| = \frac{n}{p_i}, |T_i \cap T_j| = \frac{n}{p_i p_j}, \ldots, |T_1 \cap \cdots \cap T_k| = \frac{n}{p_1 \cdots p_k}$$

であるから，これを代入すると，

$$\varphi(n) = n\left(1 - \sum_{i=1}^{n}\frac{1}{p_i} + \sum_{1\leq i<j\leq k}\frac{1}{p_i p_j} - \cdots + (-1)^k\frac{1}{p_1\cdots p_k}\right)$$
$$= n\left(1 - \frac{1}{p_1}\right)\cdots\left(1 - \frac{1}{p_k}\right)$$

定理 1.33 の証明をもとに，フェルマーの小定理からオイラーの定理を導き出すことができる．実際，n を $n = p_1^{\alpha_1}\cdots p_k^{\alpha_k}$ と素因数分解したとき，$a^{p_i-1} \equiv 1 \pmod{p_i}$ が成り立つことから，$a^{p_i(p_i-1)} \equiv 1 \pmod{p_i^2}$，$a^{p_i^2(p_i-1)} \equiv 1 \pmod{p_i^3}$，$\ldots$，$a^{p_i^{\alpha_i-1}(p_i-1)} \equiv 1 \pmod{p_i^{\alpha_i}}$ が成り立つ．よって，$a^{\varphi(p_i^{\alpha_i})} \equiv 1 \pmod{p_i^{\alpha_i}}$ が $i = 1, 2, \ldots, k$ に対して成り立つ．これを各素因数に対して適用すれば，オイラーの定理が導かれる．

定理 1.34. [ガウス] 任意の正の整数 n に対して，

$$\sum_{d|n}\varphi(d) = n$$

が成り立つ．

証明． n 個の有理数の数列

$$\frac{1}{n}, \frac{2}{n}, \ldots, \frac{n}{n}$$

を考える．数列にある各有理数を約分し，既約分数にする．すると，分母はすべて n の約数になる．$d \mid n$ なる d を任意にとったとき，数列には分母が d となるような有理数が $\varphi(d)$ 個ある (これが，既約分数に約分することの意味である)．よって，数列には $\sum_{d|n}\varphi(d)$ 個の数がある．

数列の全体の項数は約分の前後で変わっていないので，$n = \sum_{d|n}\varphi(d)$ が成り立つ． ∎

例題 1.37. n を正の整数とする．
(1) n より小さく，n と互いに素な正の整数の総和を求めよ．
(2) $2n$ より小さく，n と互いに素な正の整数の総和を求めよ．

解答． 答はそれぞれ，$\dfrac{n\varphi(n)}{2}$, $2n\varphi(n)$ である．まず，

$$S_1 = \sum_{\substack{d<n \\ \gcd(d,n)=1}} d, \quad S_2 = \sum_{\substack{d<2n \\ \gcd(d,n)=1}} d$$

とおく. $d_1 < d_2 < \cdots < d_{\varphi(n)}$ を n より小さく n と互いに素な正の整数とする. $\gcd(d,n) = 1$ であることと, $\gcd(n-d,n) = 1$ であることは同値であるので,

$$d_1 + d_{\varphi(n)} = n, d_2 + d_{\varphi(n)-1} = n, \ldots, d_{\varphi(n)} + d_1 = n$$

なので, これらを足すと, $2 \cdot S_1 = n\varphi(n)$, つまり,

$$S_1 = \frac{n\varphi(n)}{2}$$

となる. 一方,

$$\sum_{\substack{n<d<2n \\ \gcd(d,n)=1}} d = \sum_{\substack{d<n \\ \gcd(d,n)=1}} (n+d) = n\varphi(n) + \sum_{\substack{d<n \\ \gcd(d,n)=1}} d$$

$$= n\varphi(n) + \frac{n\varphi(n)}{2} = \frac{3n\varphi(n)}{2}$$

より,

$$S_2 = \frac{n\varphi(n)}{2} + \frac{3n\varphi(n)}{2} = 2n\varphi(n)$$

となる. ∎

乗法的関数

この節では以前に定義した関数, $\tau(n)$ (n の正の約数の個数), $\sigma(n)$ (n の正の約数の総和), $\varphi(n)$ (オイラー関数) のさらに多くの興味深い性質について議論する. この節はこの本で最も抽象的なものとなるだろう. また, この節で得られた結果はこの本の残りの部分において必ずしも必要というわけではない. しかし, 数論をさらに学ぶ上では非常に有用な結果である.

正の整数上で定義され複素数値をとる関数を**数論的関数**という. 0でない (つまり, $f(a) \neq 0$ となる a が存在する) 数論的関数 f が任意の互いに素な正の整数 m, n に対して,

$$f(mn) = f(m)f(n)$$

をみたすとき, f は**乗法的関数**であるという. f が乗法的関数であるとき, $f(1) = 1$ である. 実際, 整数 a を $f(a) \neq 1$ なるようなものとすると, $f(a) = f(a \cdot 1) =$

$f(a)f(1)$ となるので，両辺を $f(a)$ で割ると，$f(1) = 1$ となる．f が乗法的関数であり，正の整数 n が $n = p_1^{\alpha_1} \cdots p_k^{\alpha_k}$ と素因数分解できるとき，$f(n) = f(p_1^{\alpha_1}) \cdots f(p_k^{\alpha_k})$ となる．

重要な乗法的関数に以下の**メビウス** (Möbius) **関数** $\mu(n)$ がある．

$$\mu(n) = \begin{cases} 1 & (n = 1 \text{のとき}) \\ 0 & (\text{ある素数} p \text{に対して} p^2 \mid n \text{となるとき}) \\ (-1)^k & (\text{ある素数} p_1, p_2, \ldots, p_k \text{によって}, n = p_1 \cdots p_k \text{と書けるとき}) \end{cases}$$

たとえば，$\mu(2) = -1$, $\mu(6) = 1$, $\mu(12) = \mu(2^2 \cdot 3) = 0$ である．

定理 1.35. メビウス関数 μ は乗法的関数である．

証明． m, n を $\gcd(m, n) = 1$ となる正の整数とする．$p^2 \mid m$ がある素数 p に対して成り立つとき，$p^2 \mid mn$ であるから，$\mu(m) = \mu(mn) = 0$ であり明らかに成立．$m = p_1 p_2 \cdots p_k$, $n = q_1 q_2 \cdots q_h$ ($p_1, p_2, \ldots, p_k, q_1, q_2, \ldots, q_h$ は相異なる素数) となる場合を考えよう．このとき，$\mu(m) = (-1)^k$, $\mu(n) = (-1)^h$ であり，$mn = p_1 p_2 \cdots p_k q_1 q_2 \cdots q_h$ なので，$\mu(mn) = (-1)^{k+h} = (-1)^k (-1)^h = \mu(m)\mu(n)$ となる． ∎

数論的関数 f に対して，

$$F(n) = \sum_{d \mid n} f(d)$$

で定義される関数 F を f の**和関数**と呼ぶ．f と F の関係は以下のようなものがある．

定理 1.36. f が乗法的関数であるとき，f の和関数 F も乗法的関数である．

証明． m, n を互いに素な正の整数とする．d を mn の約数とする．d は $k \mid m$, $h \mid n$ なる正の整数 k, h を用いて，$d = kh$ という形に一意に書ける．

$\gcd(m, n) = 1$ であることから，$\gcd(k, h) = 1$ である．よって，$f(kh) = f(k)f(h)$ が成り立つ．すると，

$$F(mn) = \sum_{d \mid mn} f(d) = \sum_{k \mid m, h \mid n} f(k)f(h)$$

$$= \left(\sum_{k \mid m} f(k) \right) \left(\sum_{h \mid n} f(h) \right) = F(m)F(n)$$

より F は乗法的関数.

f が乗法的関数であり，n が $n = p_1^{\alpha_1} \cdots p_k^{\alpha_k}$ と素因数分解できるとき，
$$\sum_{d|n} \mu(d)f(d) = (1 - f(p_1)) \cdots (1 - f(p_k))$$
が成り立つ．実際，関数 $g(n) = \mu(n)f(n)$ が乗法的関数であるので，定理 1.36 から，g の和関数 G も乗法的関数である．よって，$G(n) = G(p_1^{\alpha_1}) \cdots G(p_k^{\alpha_k})$ であり，
$$G(p_i^{\alpha_i}) = \sum_{d|p_i^{\alpha_i}} \mu(d)f(d) = \mu(1)f(1) + \mu(p_i)f(p_i) = 1 - f(p_i)$$
より成立．

定理 1.37. [メビウスの反転公式] f を数論的関数とし，F をその和関数とする．このとき，
$$f(n) = \sum_{d|n} \mu(d) F\left(\frac{n}{d}\right)$$
である．

証明．
$$\sum_{d|n} \mu(d) F\left(\frac{n}{d}\right) = \sum_{d|n} \mu(d) \left(\sum_{c|\frac{n}{d}} f(c)\right) = \sum_{d|n} \left(\sum_{c|\frac{n}{d}} \mu(d)f(c)\right)$$
$$= \sum_{c|n} \left(\sum_{d|\frac{n}{c}} \mu(d)f(c)\right) = \sum_{c|n} f(c) \left(\sum_{d|\frac{n}{c}} \mu(d)\right) = f(n)$$
である．ただし，$c < n$ であれば，$\dfrac{n}{c} > 1$ であるから，$\displaystyle\sum_{d|\frac{n}{c}} \mu(d) = 0$ となること，および，
$$\left\{(d,c) \,\middle|\, d|n \text{ かつ } c\Big|\frac{n}{d}\right\} = \left\{(d,c) \,\middle|\, c|n \text{ かつ } d\,\Big|\,\frac{n}{c}\right\}$$
であることを用いた． ∎

定理 1.38. f を数論的関数とし，F をその和関数とする．F が乗法的関数であるとき，f も乗法的関数である．

証明． m, n を互いに素な正の整数とし，d を mn の約数とする．このとき，$k|m, h|n, \gcd(k, h) = 1$ なる k, h が存在して，$d = kh$ となる．メビウスの

反転公式を適用して,

$$F(mn) = \sum_{d|mn} \mu(d) F\left(\frac{mn}{d}\right) = \sum_{k|m, h|n} \mu(kh) F\left(\frac{mn}{kh}\right)$$
$$= \sum_{k|m, h|n} \mu(k)\mu(h) F\left(\frac{m}{k}\right) F\left(\frac{n}{h}\right)$$
$$= \left(\sum_{k|m} \mu(k) F\left(\frac{m}{k}\right)\right) \left(\sum_{h|n} \mu(h) F\left(\frac{n}{h}\right)\right)$$
$$= f(m) f(n)$$

■

関数 τ, σ, φ が実際に乗法的関数となっていることの証明は読者に委ねる. また, これらの関数に対して本節で示した性質を適用してみることをお勧めする.

1次ディオファントス方程式

以下のような形をしている方程式を **1次ディオファントス方程式**という.

$$a_1 x_1 + \cdots + a_n x_n = b \tag{$*$}$$

ただし, $a_1, a_2, \ldots, a_n, b$ は固定された定数である. $n \geq 1$ であることと, $a_1, a_2, \ldots, a_n$ はいずれも 0 でないと仮定する.

1次ディオファントス方程式に関する主な結果として, 以下の定理 1.7 (ベズーの定理) の拡張がある.

定理 1.39. 方程式 $(*)$ が解をもつための必要十分条件は,

$$\gcd(a_1, a_2, \ldots, a_n) \mid b$$

である. また, この条件をみたすとき, 解は $n-1$ 個の整数パラメータを用いて表すことができる.

証明. $d = \gcd(a_1, a_2, \ldots, a_n)$ とおく. $(*)$ の左辺は d の倍数なので, b が d で割り切れなければ $(*)$ が解をもつことはない.

$d \mid b$ であるとき, $a'_i = a_i/d$ $(i = 1, 2, \ldots, n)$, $b' = b/d$ とおくことで, $(*)$ は

$$a'_1 x_1 + \cdots + a'_n x_n = b'$$

と変形することができる. このとき, $\gcd(a'_1, a'_2, \ldots, a'_n) = 1$ である.

n に関する帰納法で示そう. $n = 1$ のとき, $x_1 = b$ または $-x_1 = b$ の形になるので, 明らかに成立. よって, 解はただ 1 つの定数となる.

次に $n \,(\geqq 2)$ に対して, $n-1$ 変数の場合に定理に主張が成り立つと仮定する. n 変数の場合に成り立つことを示そう.

まず, $d_{n-1} = \gcd(a_1, a_2, \ldots, a_{n-1})$ とおく. このとき, (*) の解は合同式
$$a_1 x_1 + a_2 x_2 + \cdots + a_n x_n \equiv b \pmod{d_{n-1}}$$
をみたす. これは,
$$a_n x_n \equiv b \pmod{d_{n-1}} \qquad (\dagger)$$
と同値である. ($\dagger$) の両辺に $a_n^{\varphi(d_{n-1})-1}$ をかけると,
$$x_n \equiv c \pmod{d_{n-1}}$$
となる. ただし, $c = a_n^{\varphi(d_{n-1})-1} b$ である. したがって, ある整数 t_{n-1} が存在して, $x_n = c + d_{n-1} t_{n-1}$ が成り立つ. これを (*) に代入すると, $n-1$ 変数の方程式
$$a_1 x_1 + \cdots + a_{n-1} x_{n-1} = b - a_n c - a_n d_{n-1} t_{n-1}$$
が得られる. あとは, $d_{n-1} \mid b - a_n c - a_n d_{n-1} t_{n-1}$ を示せばよい. これは $a_n c \equiv b \pmod{d_{n-1}}$ と同値である. この合同式は c の選び方から成立する. よって, 両辺を d_{n-1} で割ることで,
$$a_1' x_1 + \cdots + a_{n-1}' x_{n-1} = b' \qquad (\ddagger)$$
となる. ただし, $a_i' = a_i / d_{n-1} \,(i = 1, 2, \ldots, n-1)$, $b' = (b - a_n c)/d_{n-1} - a_n t_{n-1}$ である. $\gcd(a_1', a_2', \ldots, a_{n-1}') = 1$ と, 帰納法の仮定により, ($\ddagger$) の解は $n-2$ 個のパラメータを用いた形で表される. よって, t_{n-1} もこの $n-2$ 個のパラメータを用いて表される. ゆえに, $x_n = c + d_{n-1} t_{n-1}$ は $n-1$ 個のパラメータを用いて表せる. ∎

系 1.40. a_1, a_2 を互いに素な整数とする. (x_1^0, x_2^0) が方程式
$$a_1 x_1 + a_2 x_2 = b$$
の解であるとき, この方程式のすべての解は, t を整数として,
$$\begin{cases} x_1 = x_1^0 + a_2 t \\ x_2 = x_2^0 - a_1 t \end{cases}$$

と書ける.

例題 1.38. $3x + 4y + 5z = 6$ をみたす整数 (x, y, z) の組をすべて求めよ.

解答. $3x + 4y \equiv 1 \pmod{5}$ より
$$3x + 4y = 1 + 5s$$
となる整数 s が存在する. この方程式の解は, $x = -1 + 3s, y = 1 - s$ となる. 系 1.40 を用いると, $x = -1 + 3s + 4t, y = 1 - s - 3t$ が t で成立する. これを元の方程式に代入すると, $z = 1 - s$ となる. よって,
$$(x, y, z) = (-1 + 3s + 4t, 1 - s - 3t, 1 - s)$$
(s, t は任意の整数) となる. ∎

例題 1.39. n を正の整数とする. 方程式
$$x + 8y + 8z = n$$
をみたす正の整数 (x, y, z) が 666 個存在するとき, n として考えられる値の最大値を求めよ.

解答. 答は 303 である. $n = 8a + b$ (a, b は整数で $0 \leq b < 8$) と書く. $x \equiv n \equiv b \pmod{8}$ であるから, x として考えられる値は $b, b+8, \ldots, 8(a-1) + b$ である. $x = b + 8i$ ($0 \leq i \leq a - 1$) とおく. このとき, $8(y + z) = 8(a - i)$ から, $y + z = a - i$ である. これをみたすような正の整数の組 (y, z) は $(1, a - i - 1)$, $(2, a - i - 2), \ldots, (a - i - 1, 1)$ の $a - i - 1$ 個である. よって,
$$\sum_{i=0}^{a-1}(a - i - 1) = \sum_{i=0}^{a-1} i = \frac{a(a-1)}{2}$$
個の正の整数解がある. $\frac{a(a-1)}{2} = 666$ を解いて, $a = 37$ が得られる. n の最大値は $b = 7$ とおいた, $37 \cdot 8 + 7 = 303$ である. ∎

数 の 表 記

本節の基本的事項は以下の定理のみである.

定理 1.41. b を 1 より大きい整数とする. 任意の正の整数は $0 \leq a_i \leq b - 1$ ($i = 0, 1, 2, \ldots, k$), $a_k \neq 0$ をみたす整数列 $(k, a_0, a_1, a_2, \ldots, a_k)$ を用いて,
$$n = a_k b^k + a_{k-1} b^{k-1} + \cdots + a_1 b + a_0 \tag{$*$}$$

と一意に書ける.

証明. 存在性については,割り算のアルゴリズムを繰り返し用いる.

$$n = q_1 b + r_1, \quad 0 \leq r_1 \leq b-1$$
$$q_1 = q_2 b + r_2, \quad 0 \leq r_2 \leq b-1$$
$$\cdots$$
$$q_{k-1} = q_k b + r_k, \quad 0 \leq r_k \leq b-1$$

q_k は 0 でない最後の商とする.ここで,

$$q_0 = n, a_0 = n - q_1 b, a_1 = q_1 - q_2 b, \ldots, a_{k-1} = q_{k-1} - q_k b, a_k = q_k$$

とおく.すると,

$$\sum_{i=0}^{k} a_i b^i = \sum_{i=0}^{k-1}(q_i - q_{i+1}b)b^i + q_k b^k = q_0 + \sum_{i=1}^{k} q_i b^i - \sum_{i=1}^{k} q_i b^i = q_0 = n$$

より,a_i は問題の条件をみたす.

次に,一意性を示す.$n = c_0 + c_1 b + \cdots + c_h b^h$ という表示方法が別にあったとする.

$h > k$ であったと仮定する.このとき,$n \geq b^h \geq b^{k+1}$ であるが,

$$n = a_0 + a_1 b + \cdots + a_k b^k \leq (b-1)(1 + b + \cdots + b^k) = b^{k+1} - 1 < b^{k+1}$$

であるから,矛盾する.$h < k$ の場合も同様に矛盾.

よって,$h = k$ でなくてはならない.すると,

$$a_0 + a_1 b + \cdots + a_k b^k = c_0 + c_1 b + \cdots + c_k b^k$$

から,$b \mid a_0 - c_0$ である.一方 $|a_0 - c_0| < b$ であるから,$a_0 = c_0$ である.すると,

$$a_1 + a_2 b + \cdots + a_k b^{k-1} = c_1 + c_2 b + \cdots + c_k b^{k-1}$$

となる.以降,同様に $a_1 = c_1, a_2 = c_2, \ldots, a_k = c_k$ が成り立つ.以上で一意性が示された.∎

$(*)$ を n の **b 進法表示** と呼び,

$$n = \overline{a_k a_{k-1} \cdots a_0}_{(b)}$$

で表す.b のことを **底** という.各 a_i を **桁** と呼ぶ.桁の個数が k' であるような数

を k' 桁の数と呼ぶ．この場合，n は $k+1$ 桁の数である．

$b=10$ の場合は現代社会を生きる我々には親しみのある **10進法** である．（訳注：ちなみに，「十進法」の読みは「じゅっしんほう」ではなく，ただしくは「じっしんほう」である．）10進法の場合は単純に，$n = a_k a_{k-1} \cdots a_0$ と表したり，掛け算と混同する恐れのあるときは，$\overline{a_k a_{k-1} \cdots a_0}$ と表したりする．（つまり，$4567 = \overline{4567}_{(10)}$．）

例題 1.40. $\overline{xy}, \overline{yx}$ を 2 桁の整数とする．このとき，これらの和は合成数であることを示せ．

証明． $\overline{xy} = 10x+y, \overline{yx} = 10y+x$ である．これらの和は $11x+11y = 11(x+y)$ であり合成数である． ∎

例題 1.41. [AHSME 1973] 以下の方程式では各文字は 10 進法における桁の数字を表す．異なる文字には異なる数字が入る．

$$(YE) \cdot (ME) = TTT$$

このとき，$E+M+T+Y$ を求めよ．

解答． $TTT = T \cdot 111 = T \cdot 3 \cdot 37$ であるから，YE, ME の少なくとも一方は 37 の倍数である．一般性を失うことなく YE が 37 の倍数と仮定してよい．つまり，$YE = 37, 74$ である．

$YE = 74$ の場合は，$E = 4$ となる．また，T は偶数で，$T = 2T'$ とおける．すると，$ME = 111 \cdot T/(YE) = 3T'$ となる．T' としてとりうるのは $1,2,3,4$ であるが，$3T'$ の 1 の位が 4 になることはないので矛盾．

$YE = 37$ の場合は，$E = 7$ である．$ME = 111 \cdot T/(YE) = 3T$ で，$3T$ の 1 の位が 7 になることから，$T = 9$ でなければならない．すると，$ME = 27$ と決まり，$M = 2$ となる．よって，$E+M+T+Y = 7+2+9+3 = 21$ である． ∎

例題 1.42. [AIME 2001] 2 桁の正の整数であって，いずれの桁も元の数を割り切るようなものの総和を求めよ．

解答． $\overline{ab}$ を問題の条件をみたす整数とする．このとき，$10a+b$ は a, b のいずれでも割り切れる．よって，b は a で割り切れる．$b = ka$（k は正の整数）とおこう．すると，$10a+b$ が b で割り切れることから，$10a$ が $b = ka$ で割り切れる．つまり，10 が k で割り切れる．このような条件をみたす k は $1, 2, 5$ のみである．したがって，このような 2 桁の数は $11, 22, \ldots, 99, 12, 24, 36, 48, 15$ となる．これ

らの総和は $11 \cdot 45 + 12 \cdot 10 + 15 = 630$ である． ∎

例題 1.43. [AMC12A 2002] 素数からなる集合 $\{7, 83, 421, 659\}$ は 1 から 9 までのすべての数字がちょうど一度ずつ桁の数字として現れる．このような性質をもつ集合の，元の総和の最小値を求めよ．

解答． 答は 207 である．

$4, 6, 8$ が 1 の位に現れてはならないので，総和は少なくとも，$40 + 60 + 80 + 1 + 2 + 3 + 5 + 7 + 9 = 207$ である．一方，$\{2, 5, 7, 43, 61, 89\}$ は問題の条件をみたし，しかも総和は 207 である． ∎

例題 1.44. $\overline{1010011}_{(2)}$ を 10 進法で書け．また，1211 を 3 進法で書け．

証明． まず，前者は

$$\overline{1010011}_{(2)} = 1 \cdot 2^6 + 0 \cdot 2^5 + 1 \cdot 2^4 + 0 \cdot 2^3 + 0 \cdot 2^2 + 1 \cdot 2 + 1$$
$$= 64 + 16 + 2 + 1 = 83$$

である．次に，後者に関しては，1211 を順番に 3 で割っていくと余りが 3 進法の桁になる．

$$1211 \div 3 = 403 \text{ 余り } 2$$
$$403 \div 3 = 134 \text{ 余り } 1$$
$$134 \div 3 = 44 \text{ 余り } 2$$
$$44 \div 3 = 14 \text{ 余り } 2$$
$$14 \div 3 = 4 \text{ 余り } 2$$
$$4 \div 3 = 1 \text{ 余り } 1$$
$$1 \div 3 = 0 \text{ 余り } 1$$

これらの余りを下から読んで，$1211 = \overline{1122212}_{(3)}$ となる． ∎

例題 1.45. 6 桁の正整数 $\overline{abcdef}$ の 7 倍は 6 桁の正整数 $\overline{defabc}$ の 6 倍に等しい．このような $\overline{abcdef}$ を求めよ．

解答． $x = \overline{abc}, y = \overline{def}$ とおく．すると，$\overline{abcdef} = 1000x + y$, $\overline{defabc} = 1000y + x$ である．与えられた条件から，$7(1000x + y) = 6(1000y + x)$, つまり，$6994x = 5993y$ である．$\gcd(6994, 5993) = \gcd(5993, 1001) = \gcd(1001, 13) = 13$ より，$538x = 461y$ となる．これより，$x = 461, y = 538$ となり，$\overline{abcdef} =$

461538 となる.

例題 1.46. [AMC12A 2005] ある車の走行距離計は壊れていて，どの桁も 3 の次に 5 が表示される．たとえば，000039 の状態で 1 キロメートル走ると，000050 と表示される．走行距離計が 002005 と表示されているとき，実際には何キロメートル走ったことになるか．

解答. 走行距離計が 9 種類の数字しか表示しないことから，この走行距離計は 9 進法である (距離計の $5, 6, 7, 8, 9$ をそれぞれ $4, 5, 6, 7, 8$ と読み替えればよい)．したがって，実際に走った距離は

$$2004_{(9)} = 2 \cdot 9^3 + 4 = 2 \cdot 729 + 4 = 1462$$

キロメートルである． ∎

例題 1.47. $11 \cdots 1_{(9)}$ は (桁数に関わらず) 三角数，すなわちある整数 k が存在し 1 以上 k 以下の整数の総和として表せることを示せ．

証明. 実際，

$$\underbrace{11\cdots 1}_{n \text{ 個の } 1 \text{ がある}}{}_{(9)} = 9^{n-1} + 9^{n-2} + \cdots + 9 + 1$$

$$= \frac{9^n - 1}{9 - 1} = \frac{1}{2} \cdot \frac{3^n - 1}{2} \cdot \frac{3^n + 1}{2}$$

$$= 1 + 2 + \cdots + \frac{3^n - 1}{2}$$

より，三角数である． ∎

例題 1.48. $11111_{(n)}$ が完全平方数となるような 2 以上の整数 n をすべて求めよ．

解答. 答は $n = 3$ である．

$11111_{(n)} = n^4 + n^3 + n^2 + n^1 + 1$ である．n が偶数のとき，$n^2 + \frac{n}{2}, n^2 + \frac{n}{2} + 1$ は連続する 2 整数である．このとき，

$$\left(n^2 + \frac{n}{2}\right)^2 = n^4 + n^3 + \frac{n^2}{4}$$
$$< n^4 + n^3 + n^2 + n + 1$$
$$< \left(n^2 + \frac{n}{2} + 1\right)^2$$

より $11111_{(n)}$ はどのような偶数 n でも完全平方数にならない．

n が奇数のとき，$n^2 + \frac{n}{2} - \frac{1}{2}, n^2 + \frac{n}{2} + \frac{1}{2}$ は連続する 2 整数である．明らかに，

$$\left(n^2+\frac{n}{2}-\frac{1}{2}\right)^2 < n^4+n^3+n^2+n+1$$

である. また,

$$\left(n^2+\frac{n}{2}+\frac{1}{2}\right)^2 = n^4+n^3+\frac{5n^2}{4}+\frac{n}{2}+\frac{1}{4}$$

$$= n^4+n^3+n^2+n+1+\frac{n^2-2n-3}{4}$$

$$= n^4+n^3+n^2+n+1+\frac{(n-3)(n+1)}{4}$$

であるから, 3 より大きい奇数 n では, $11111_{(n)}$ は連続する 2 つの完全平方数,

$$\left(n^2+\frac{n}{2}-\frac{1}{2}\right)^2, \left(n^2+\frac{n}{2}+\frac{1}{2}\right)$$

の間にあるために完全平方数でない. $n=3$ の場合, $11111_{(3)} = 121 = 11^2$ よりこれは条件をみたす. ∎

今の例題では, ある整数が完全平方数でないことを示すために, その整数が連続する 2 整数の間にあることを示した. この手法は整数が離散的であるためにうまくいく. この手法は実数については適用できないだろう. なぜなら, 実数の間には "穴" がないからである. そして, この手法はディオファントス方程式を解く上でとても有用な手法である.

ある種の表記方法においては底は必ずしも定数ではない. その例を紹介しよう.

命題 1.42. 任意の正の整数 k は

$$k = 1!\cdot f_1 + 2!\cdot f_2 + 3!\cdot f_3 + \cdots + m!\cdot f_m$$
$$0 \leq f_i \leq i, f_m > 0$$

の形に一意に書ける. このとき,

$$k = (f_1, f_2, \ldots, f_m)$$

と表し, これを k の **階乗基表現** という.

証明. まず, $m_1! \leq k < (m_1+1)!$ となるような m_1 がただ 1 つ存在することに注目しよう. 割り算のアルゴリズムにより, ある r_1 ($0 \leq r_1 < m_1!$) と f_{m_1} が存在して,

$$k = m_1!f_{m_1} + r_1$$

と書ける．$k < (m_1 + 1)! = m_1! \cdot (m+1)$ より，$f_{m_1} \leqq m$ である．同様に，$m_2! \leqq r_1 < (m_2 + 1)!$ をみたす唯一の整数 m_2 と $1 \leqq f_{m_2} \leqq m_2, 0 \leqq r_2 < m_2!$ なる r_2, f_{m_2} を用いて

$$r_1 = m_2! f_{m_2} + r_2$$

と書ける．これを繰り返すと命題のような k の表示が得られる． ∎

命題 1.43. 正の整数 n について漸化式 $F_0 = 1, F_1 = 1, F_{n+1} = F_n + F_{n-1}$ で定義される数列を**フィボナッチ** (Fibonacci) **数列**といい，この数列の各項を**フィボナッチ数**という．任意の非負整数 n は連続しないフィボナッチ数の和の形に一意に書ける．すなわち，

$$n = \sum_{k=0}^{\infty} \alpha_k F_k$$

(ただし，$\alpha_k \in \{0, 1\}$ かつ任意の k で $(\alpha_k, \alpha_{k+1}) \neq (1, 1)$) という形に一意に書ける．このような n の表示を**ツェッケンドルフ** (Zeckendorf) **表示**という．

命題 1.43 の証明は命題 1.42 の証明と同様なので，詳細は読者に委ねる．

例題 1.49. [AIME2 2000] $(f_1, f_2, \ldots, f_j)$ を

$$16! - 32! + 48! - 64! + \cdots + 1968! - 1984! + 2000!$$

の階乗基表現とするとき，$f_1 - f_2 + f_3 - f_4 + \cdots + (-1)^{j-1} f_j$ の値を求めよ．

解答． $(n+1)! - n! = n!(n+1) - n! = n!n$ であるから，

$(n+16)! - n!$

$= (n+16)! - (n+15)! + (n+15)! - (n+14)! + \cdots + (n+1)! - n!$

$= (n+15)!(n+15) + (n+14)!(n+14) + \cdots + (n+1)!(n+1) + n!n$

となる．したがって，$(n+16)! - n!$ の階乗基表現は

$$(0, 0, \ldots, 0, n, n+1, \ldots, n+14, n+15)$$

($n-1$ 個の 0 がある) となる．16! の階乗基表現は $(0, 0, \ldots, 0, 1)$ であるから，問題の数の階乗基表現は，

$(0, 0, \ldots, 0, 1; 0, 0, \ldots, 0; 32, 33, \ldots, 47;$

$0, 0, \ldots, 0; 64, \ldots, 79; \ldots; 1984, \ldots, 1999)$

である．ただし，最初は 32 個の連があり，16 個の 0 からなる連と 16 個の 0 で

ない数からなる連が交互に現われている．$f_{16} = 1$ という例外を除いて，$f_i = 0$ または，$f_i = i$ である．0 でない連は 62 個あり，問題のように足す・引くを交互に行うとどの連も 8 になる．よって，$8 \cdot 62 - 1 = 495$ となる． ∎

10 進法における倍数の性質

ある整数をある整数で割った余りを 10 進法表示をみることで決定する方法をいくつか紹介する．

命題 1.44. $n = \overline{a_h a_{h-1} \cdots a_0}$ を正の整数とする．

(a) 各桁の和を $S(n) = a_0 + a_1 + \cdots + a_h$ とするとき，$n \equiv S(n) \pmod{3}$ である．特に，n が 3 で割り切れることと，$S(n)$ が 3 で割り切れることは同値である．

(b) (a) における 3 を 9 に置き換えることができる．つまり，$n \equiv S(n) \pmod{9}$ である．特に，n が 9 で割り切れることと，$S(n)$ が 9 で割り切れることは同値である．

(c) $s'(n) = a_0 - a_1 + \cdots + (-1)^h a_h$ (交代和という) とおく．n が 11 で割り切れることと，$s'(n)$ が 11 で割り切れることは同値である．

(d) n が $7, 11, 13$ で割り切れることと，$\overline{a_h a_{h-1} \cdots a_3} - \overline{a_2 a_1 a_0}$ が $7, 11, 13$ で割り切れることはそれぞれ同値である．

(e) n が $27, 37$ で割り切れることと，$\overline{a_h a_{h-1} \cdots a_3} + \overline{a_2 a_1 a_0}$ が $27, 37$ で割り切れることはそれぞれ同値である．

(f) $k \leq h$ に対して，n が $2^k, 5^k$ で割り切れることと，$\overline{a_{k-1} \cdots a_0}$ が $2^k, 5^k$ で割り切れることはそれぞれ同値である．

証明． (a), (b) については，$10^k = (9+1)^k \equiv 1 \pmod{9}$ であるから，
$$n = \sum_{k=0}^{h} a_k 10^k \equiv \sum_{k=0}^{h} a_k = S(n) \pmod{9}$$
である．

(c) については，$10^k = (11-1)^k \equiv (-1)^k \pmod{11}$ であるから，
$$n \equiv \sum_{k=0}^{h} a_k 10^k \equiv \sum_{k=0}^{h} a_k \cdot (-1)^k \equiv s'(n) \pmod{11}$$
である．

(d) については，$1001 = 7 \cdot 11 \cdot 13$ に注意すると，

$$n = \overline{a_h a_{h-1} \cdots a_3} \cdot 1000 + \overline{a_2 a_1 a_0} = \overline{a_h a_{h-1} \cdots a_3} \cdot (1001 - 1) + \overline{a_2 a_1 a_0}$$

より成立.

(e) については，$999 = 27 \cdot 37$ に注意すると，

$$n = \overline{a_h a_{h-1} \cdots a_3} \cdot 1000 + \overline{a_2 a_1 a_0} = \overline{a_h a_{h-1} \cdots a_3} \cdot (999 + 1) + \overline{a_2 a_1 a_0}$$

より成立.

(f) については，$m = 2^k, m = 5^k$ に対して，$10^k \equiv 0 \pmod{m}$ である．このとき，

$$n = \overline{a_h \cdots a_k} \cdot 10^k + \overline{a_{k-1} \cdots a_0}$$

より成立. ∎

例題 1.50. 完全平方数かそうでないか？

(1) k 桁の整数 $11 \cdots 1$ が完全平方数とならないような正の整数 k をすべて求めよ.

(2) 5 桁の完全平方数で，どの桁も異なる偶数であるようなものは存在するか.

(3) 2004 桁の整数 $200 \cdots 04$ は完全平方数か.

解答. どの問題の答もほぼ否定的である.

(1) $k = 1$ では明らかに完全平方数．$k \geq 2$ のとき，$\underbrace{11 \cdots 1}_{k\,\text{桁}} \equiv 11 \equiv 3 \pmod 4$ より，完全平方数にはならない (例題 1.24 (3) 参照).

(2) 答は「存在しない」である．n が偶数の桁しかもたない 5 桁の整数とする．このとき，n の各桁の和は $0 + 2 + 4 + 6 + 8 = 20$ であるから，n を 9 で割った余りは $20 \equiv 2 \pmod 9$ であるので，n は完全平方数でない (例題 1.24 (4) 参照).

(3) 問題の数の各桁の和は 6 であり，3 の倍数だが，9 の倍数でない．よって，完全平方数ではない (例題 1.24 (4) 参照). ∎

例題 1.51. [AIME 1984] 正の整数 n は，すべての桁が 0 または 8 である最小の 15 の倍数である．n を求めよ.

解答. n は 15 の倍数なので，3, 5 の両方で割り切れる．命題 1.44 の (a) と (f) を用いる．n が 3 で割り切れるためには 8 が 3 つはなくてはならず，n が 5 で割り切れるためには 1 の位が 5 の倍数でなくてはならない．つまり，1 の位は 0 である．すると，容易に $n = 8880$ とわかる． ∎

例題 1.52. 5桁の正の整数 $\overline{abcde}$ (同じ桁があってもよい) であって，$\overline{abc}+\overline{de}$ が 11 で割り切れるようなものはいくつあるか．

解答. 答は 8181 個である．ここで，
$$\overline{abcde} = \overline{abc} \times 100 + \overline{de} = \overline{abc} + \overline{de} + 99 \times \overline{abc}$$
であることに注意すると，$\overline{abc}+\overline{de}$ が 11 で割り切れることと，$\overline{abcde}$ が 11 で割り切れることは同値である．5桁の整数で 11 の倍数であるものの最大値は 99990，4桁の整数で 11 の倍数であるものの最大値は 9999 である．5桁以下の 11 の倍数は $\frac{99990}{11} = 9090$ 個．このうち，4桁以下のものは $\frac{9999}{11} = 909$ 個あるので，$9090 - 909 = 8181$ 個の整数が問題の条件をみたす 5桁の整数である． ∎

例題 1.53. [USAMO 2003] 任意の正の整数 n に対して，n 桁の 5^n の倍数であって，すべての桁が奇数であるようなものが存在することを示せ．

解答 1. 帰納法で示す．$n=1$ の場合は 5 が条件をみたす．$N = a_1 a_2 \cdots a_n$ は 5^n の倍数で各 a_i は奇数とする．5つの整数
$$N_1 = 1a_1 a_2 \cdots a_n = 1 \cdot 10^n + 5^n M = 5^n(1 \cdot 2^n + M)$$
$$N_2 = 3a_1 a_2 \cdots a_n = 3 \cdot 10^n + 5^n M = 5^n(3 \cdot 2^n + M)$$
$$N_3 = 5a_1 a_2 \cdots a_n = 5 \cdot 10^n + 5^n M = 5^n(5 \cdot 2^n + M)$$
$$N_4 = 7a_1 a_2 \cdots a_n = 7 \cdot 10^n + 5^n M = 5^n(7 \cdot 2^n + M)$$
$$N_5 = 9a_1 a_2 \cdots a_n = 9 \cdot 10^n + 5^n M = 5^n(9 \cdot 2^n + M)$$
を考える．整数 $1 \cdot 2^n + M, 3 \cdot 2^n + M, 5 \cdot 2^n + M, 7 \cdot 2^n + M, 9 \cdot 2^n + M$ を 5 で割った余りは相異なる．なぜなら，そうでなければある 2 つの数の差は 5 の倍数になるが 2^n が 5 で割り切れないことと，1,3,5,7,9 のどの 2 つの差も 5 で割り切れないことからこれは不可能．よって，N_1, N_2, N_3, N_4, N_5 の少なくとも 1 つは $5 \cdot 5^n = 5^{n+1}$ の倍数となる．以上，帰納法により示された． ∎

解答 2. $m \geq n$ なる m と，m 桁の整数 a に対して，$\ell(a)$ を a の左から $m-n$ 桁とする．つまり，$\ell(a)$ は $m-n$ 桁の整数である．(十分大きい) 奇数 k を $a_0 = 5^n \cdot k$ が n 桁以上もつようにとる．a_0 の桁数を m_0 とする．このとき，$m_0 \geq n$ である．a_0 は 5 の奇数倍であるから，a_0 の 1 の位は 5 である．

a_0 の右から n 桁がすべて奇数であれば，$b_0 = a_0 - \ell(a_0) \cdot 10^n$ は a_0 の右から n 桁に他ならず，すべて奇数である．また，b_0 は 2 つの 5^n の倍数の差なので，5^n

の倍数である．よって，b_0 は問題の条件をみたす．

a_0 の右から n 桁に偶数が含まれるとき，i_1 を a_0 の右から i_1 桁目が偶数になるような最小の整数とする．すると，$a_1 = a_0 + 5^n \cdot 10^{i_1-1}$ は 5^n の倍数であり，桁数は n 以上である．a_0 と a_1 の下 $i_1 - 1$ 桁は一致する．また，a_1 の右から i_1 桁目は奇数である．したがって，a_1 の下 i_1 桁はすべて奇数である．a_1 の右から n 桁がすべて奇数なら，$b_1 = a_1 - \ell(a_1) \cdot 10^n$ が問題の条件をみたす．

a_1 の右から n 桁に偶数が含まれるとき，i_2 を a_1 の右から i_2 桁目が偶数になるような最小の整数とする．このとき，$i_2 > i_1$ である．すると，$a_2 = a_1 + 5^n \cdot 10^{i_2-1}$ は 5^n の倍数であり，桁数は n 以上である．a_2 の下 i_2 桁はすべて奇数である．a_2 の右から n 桁がすべて奇数なら，$b_2 = a_2 - \ell(a_2) \cdot 10^n$ が問題の条件をみたす．

そうでない場合は，同様に繰り返す．一回の操作で i_k の値は増加するので，高々 n 回繰り返すと右から n 桁がすべて奇数になる．そして，最終的にある b_k が問題の条件をみたす． ∎

この問題の「どの桁も奇数」の部分を 5 を法とした完全剰余系をなす 5 桁の数の集まりに置き換えることができる．まったく同様な方法で，任意の正の整数 n に対し，各桁の数が 5 を法とする完全剰余系をなしかつ 2^n で割り切れる n 桁の数があるということが示せる．

この節のしめくくりとして，正の整数 n の各桁の数の和 $S(n)$ についてのさらなる議論をしよう．

命題 1.45. n を正の整数とし，$S(n)$ をその各桁の和とする．このとき，
 (a) $9 \mid S(n) - n$
 (b) $S(n_1 + n_2) \leq S(n_1) + S(n_2)$ （準加法的性質）
 (c) $S(n_1 n_2) \leq \min(n_1 S(n_2), n_2 S(n_1))$
 (d) $S(n_1 n_2) \leq S(n_1) S(n_2)$ （準乗法的性質）
が成立する．

証明． (a) は命題 1.44 (b) とまったく同じである．(b), (c), (d) を示そう．$n_1 = \overline{a_k a_{k-1} \cdots a_0}, n_2 = \overline{b_h b_{h-1} \cdots b_0}, n_1 + n_2 = \overline{c_s c_{s-1} \cdots c_0}$ とおく．(b) を示すために，$a_i + b_i < 10$ が任意の $i < t$ に対して成り立つような t の最小値を選ぶ．このとき，$a_t + b_t \geq 10$ であり，この桁で繰り上がりが起こるので，$c_{t+1} \leq a_{t+1} + b_{t+1} + 1$ である．よって，

$$\sum_{i=0}^{t+1} c_i \leq \sum_{i=0}^{t+1} a_i + \sum_{i=0}^{t+1} b_i$$

が成り立つ．これを繰り返すと，結論が成り立つ．

対称性より，(c) を示すには $S(n_1 n_2) \leq n_1 S(n_2)$ を示せばよい．この不等式は (b) を繰り返し用いれば示せる．実際，

$$S(2n_2) = S(n_2 + n_2) \leq S(n_2) + S(n_2) = 2S(n_2)$$

であり，これを n_1 回用いて，

$$S(n_1 n_2) = S(\underbrace{n_2 + n_2 + \cdots + n_2}_{n_1 \text{個}})$$
$$\leq \underbrace{S(n_2) + S(n_2) + \cdots + S(n_2)}_{n_1 \text{個}} = n_1 S(n_2)$$

となる．(d) を示すために，(b), (c) を用いる．

$$S(n_1 n_2) = S\left(n_1 \sum_{i=0}^{h} b_i 10^i\right) = S\left(\sum_{i=0}^{h} n_1 b_i 10^i\right)$$
$$\leq \sum_{i=0}^{h} S(n_1 b_i 10^i) = \sum_{i=0}^{h} S(n_1 b_i) \leq \sum_{i=0}^{h} b_i S(n_1)$$
$$= S(n_1) \sum_{i=0}^{h} b_i = S(n_1) S(n_2)$$

となる． ∎

命題 1.45 の証明から，各桁の和を考える際には繰り上がりについて考えることがとても重要であることがわかる．

例題 1.54. [Russia 1999] n を正の整数とする．n の最初の桁を除く任意の桁がすぐ左の桁より大きいとき，$S(9n)$ として考えられる値をすべて求めよ．

解答． $n = \overline{a_k a_{k-1} \cdots a_0}$ とおく．筆算による引き算，

$$\begin{array}{cccccccc}
 & a_k & a_{k-1} & \cdots & a_1 & a_0 & 0 \\
-) & & a_k & a_{k-1} & \cdots & a_1 & a_0 \\
\hline
\end{array}$$

を考えると，$9n = 10n - n$ の各桁は

$$a_k, a_{k-1} - a_k, \ldots, a_1 - a_2, a_0 - a_1 - 1, 10 - a_0$$

となる．これらの和は $10 - 1 = 9$ となる． ∎

例題 1.55. [Ireland 1996] $S(n) = 1996 S(3n)$ となるような正の整数 n を 1 つ求めよ．

解答． 以下のような n を考える．

$$n = 1\underbrace{33\cdots 3}_{5986\text{ 個}}5$$

このとき，

$$3n = 4\underbrace{00\cdots 0}_{5986\text{ 個}}5$$

である．すると，$S(n) = 3 \cdot 5986 + 1 + 5 = 17964 = 1996 \cdot S(3n)$ より問題の条件は成立． ∎

例題 1.56. 下 10 桁が異なる桁であるような完全平方数は存在するか．

解答． 答は「存在する」である．まず，筆算

$$\begin{array}{r}1\,1\,1\,1 \\ \times\ 1\,1\,1\,1 \\ \hline 1\,1\,1\,1 \\ 1\,1\,1\,1 \\ 1\,1\,1\,1 \\ 1\,1\,1\,1 \\ \hline 1\,2\,3\,4\,3\,2\,1\end{array}$$

を考えよう．同様に，

$$11111111111^2 = 123456790120987654321$$

となる．これは問題の条件をみたす完全平方数である． ∎

例題 1.57. [IMO 1976] 4444^{4444} を 10 進法で書いたときの各桁の和を A とする．A の各桁の和を B とする．B の各桁の和を求めよ．

解答． 答は 7 である．$a = 4444^{4444}$ とおく．$A = S(a)$，$B = S(A)$ であり，$S(B)$ を求めればよい．

B の各桁の和は比較的小さいことを示そう．$4444 < 10000 = 10^4$ より

$$a = 4444^{4444} < 10^{4 \cdot 4444} = 10^{17776}$$

であるから，a は 17776 桁以下である．どの桁も 9 以下であることから，

である．159984 以下の正の整数の中で，各桁の和が最大となるものは 99999 である．よって，$B = S(A) \leq 45$ である．45 以下の正の整数の中で各桁の和が最大となるものは 39 である．よって，$S(B) \leq 12$ である．

命題 1.45 (a) より，
$$S(B) \equiv B = S(A) \equiv A = S(a) \equiv a = 4444^{4444} \pmod{9}$$
となる．あとは 4444^{4444} を求めればよい．

$$4444^{4444} \equiv (4+4+4+4)^{4444} \equiv 16^{4444} \equiv (-2)^{4444}$$
$$\equiv (-2)^{3 \cdot 1481 + 1} \equiv ((-2)^3)^{1481} \cdot (-2) \equiv (-8)^{1481} \cdot (-2)$$
$$\equiv 1 \cdot (-2) \equiv 7 \pmod{9}$$

であるので，求める答は 7 である． ∎

ガウス記号 (床関数)

実数 x に対して，x 以下の最大の整数 n すなわち，$n \leq x < n+1$ をみたすような n はただ 1 つ存在する．このような n を x の**整数部分**もしくは x の**床**といい，$n = \lfloor x \rfloor$ と表す．たとえば，$\lfloor 3 \rfloor = 3$, $\lfloor 3.14 \rfloor = 3$, $\lfloor -1.21 \rfloor = -2$ である．$\lfloor \ \rfloor$ の記号を**ガウス記号**もしくは**床関数**という．$x - \lfloor x \rfloor$ を x の**小数部分**といい，$\{x\}$ で表す．また，x 以上の最小の整数 n を x の**天井**といい，$\lceil x \rceil$ で表す．これを**天井関数**という．x が整数であれば，$\lfloor x \rfloor = \lceil x \rceil$ であり，$\{x\} = 0$ である．x が整数でなければ，$\lceil x \rceil = \lfloor x \rfloor + 1$ である．

これらの関数に親しむために 4 つの例題を紹介しよう．

例題 1.58. [Australia 1999] 以下の連立方程式を解け．
$$x + \lfloor y \rfloor + \{z\} = 200.0$$
$$\{x\} + y + \lfloor z \rfloor = 190.1$$
$$\lfloor x \rfloor + \{y\} + z = 178.8$$

解答． $x = \lfloor x \rfloor + \{x\}$ が任意の実数 x に対して成立する．これを用いて問題の式を辺々足すと，
$$2x + 2y + 2z = 568.9, \quad \text{から}, \quad x + y + z = 284.45$$

となる．この式から，問題の式を順に引くと，

$$\{y\} + \lfloor z \rfloor = 84.45$$
$$\lfloor x \rfloor + \{z\} = 94.35$$
$$\{x\} + \lfloor y \rfloor = 105.65$$

となる．すると，$84 = \lfloor 84.45 \rfloor = \lfloor \lfloor z \rfloor + \{y\} \rfloor = \lfloor z \rfloor$ から，$\lfloor z \rfloor = 84$ であり，$\{y\} = 0.45$ である．同様にして，$\lfloor y \rfloor = 105$ がわかり，$y = 105.45$ となる．同様に $x = 94.65, z = 84.35$ である． ■

例題 1.59. 数列
$$\left\lfloor \frac{1^2}{2005} \right\rfloor, \left\lfloor \frac{2^2}{2005} \right\rfloor, \ldots, \left\lfloor \frac{2005^2}{2005} \right\rfloor$$
の中には何種類の数が存在するか．

解答． $1 \leq i \leq 2005$ に対して，
$$a_i = \left\lfloor \frac{i^2}{2005} \right\rfloor$$
とおく．$44^2 = 1936 < 2005 < 2025 = 45^2$ より，$a_1 = a_2 = \cdots = a_{44} = 0$ である．

$m \geq 1002$ なる整数 m に対しては
$$\frac{(m+1)^2}{2005} - \frac{m^2}{2005} = \frac{2m+1}{2005} \geq 1$$
より，$a_m < a_{m+1}$ が成り立つ．よって，$a_{1002}, a_{1003}, \ldots, a_{2005}$ は異なる値をとる．

$m < 1002$ なる正の整数 m に対しては，
$$\frac{(m+1)^2}{2005} - \frac{m^2}{2005} = \frac{2m+1}{2005} < 1$$
より，$a_{m+1} \leq a_m + 1$ となる．a_i が明らかに非減少であることから，a_i は a_{1001} 以下の任意の整数値をとる．

最後に，$a_{1001} = 499, a_{1002} = 500$ より，答は，$500 + 1004 = 1504$ である．これらの値は $0, 1, 2, \ldots, 499, a_{1002}, a_{1003}, \ldots, a_{2005}$ である． ■

例題 1.60. [ARML 2003] $\{\sqrt{123456789}\}$ と $\dfrac{1}{n}$ の差 (の絶対値) が最小となるような正の整数 n を求めよ．

解答． 例題 1.56 で示したように，

$$11111.11^2 = 123456765.4321 < 123456789$$
$$< 123456789.87654321 = 11111.1111^2$$

となる．よって，$\lfloor\sqrt{123456789}\rfloor = 11111$ であり，$\dfrac{1}{10} < 0.11 < \{\sqrt{123456789}\} < 0.1111 < \dfrac{1}{9}$ が成り立つ．すると，

$$0 < \frac{1}{9} - \{\sqrt{123456789}\} < \frac{1}{9} - 0.11 < 0.11 - \frac{1}{10} < \{\sqrt{123456789}\} - \frac{1}{10}$$

なので，求める答は 9 である． ■

例題 1.61. [AIME 1997] a は正の実数で，$\{a^{-1}\} = \{a^2\}$, $2 < a^2 < 3$ をみたす．$a^{12} - 144a^{-1}$ を求めよ．

解答． $1 < a$ なので，$0 < a^{-1} < 1$ であり，$\{a^{-1}\} = a^{-1}$ が成り立つ．また，$\{a^2\} = a^2 - 2$ であるので，a は $a^{-1} = a^2 - 2$ すなわち，$a^3 - 2a - 1 = 0$ が成り立つ．これは

$$(a+1)(a^2 - a - 1) = 0$$

と因数分解される．このうち，正の解は $a = \dfrac{1 + \sqrt{5}}{2}$ のみである．$a^2 = a + 1$ と $a^3 = 2a + 1$ から，

$$a^6 = 8a + 5, \quad a^{12} = 144a + 89, \quad a^{13} = 233a + 144$$

が成り立つ．このことから，

$$a^{12} - 144a^{-1} = \frac{a^{13} - 144}{a} = 233$$

となる． ■

注意． 関係式 $a^2 = a + 1$ から，$a^n = F_{n-1}a + F_{n-2}$ を導くことができる．ここで，$\{F_n\}_{n=0}^{\infty}$ は漸化式 $F_0 = F_1 = 1, F_{n+1} = F_n + F_{n-1}$ から定まるフィボナッチ数列である．$a^2 = a + 1$ がフィボナッチ数列の特性方程式であることは驚くべきことではない．これについての詳細は参考文献 [4] の第 5 章を参照せよ．

例題 1.62. 方程式

$$4x^2 - 40\lfloor x \rfloor + 51 = 0$$

をみたす実数 x をすべて求めよ．

解答． まず，

$$(2x-3)(2x-17) = 4x^2 - 40x + 51 \leq 4x^2 - 40\lfloor x \rfloor + 51 = 0$$

より, $\dfrac{3}{2} \leq x \leq \dfrac{17}{2}$ であるので, $1 \leq \lfloor x \rfloor \leq 8$ である. このとき,

$$x = \frac{\sqrt{40\lfloor x \rfloor - 51}}{2}$$

であるから,

$$\lfloor x \rfloor = \left\lfloor \frac{\sqrt{40\lfloor x \rfloor - 51}}{2} \right\rfloor$$

が成り立たなくてはならない. $\lfloor x \rfloor = \{1, 2, \ldots, 8\}$ について調べることで, $\lfloor x \rfloor = 2, 6, 7, 8$ においてのみ成立することがわかる. このときの x の値はそれぞれ $\dfrac{\sqrt{29}}{2}, \dfrac{\sqrt{189}}{2}, \dfrac{\sqrt{229}}{2}, \dfrac{\sqrt{269}}{2}$ である. これらが問題の方程式をみたすことは容易にわかる. ∎

命題 1.46. 床関数と天井関数に対して, 以下の性質が成り立つ.

(a) a, b は整数で, $b > 0$ とする. a を b で割ったときの商を q, 余りを r とすると, $q = \left\lfloor \dfrac{a}{b} \right\rfloor, r = \left\{ \dfrac{a}{b} \right\} \cdot b$ が成立する.

(b) 任意の実数 x と任意の整数 n に対して, $\lfloor x+n \rfloor = \lfloor x \rfloor + n$, $\lceil x+n \rceil = \lceil x \rceil + n$ が成立する.

(c) x が整数であるとき, $\lfloor x \rfloor + \lfloor -x \rfloor = 0$ である. x が整数でないときは, $\lfloor x \rfloor + \lfloor -x \rfloor = -1$ である.

(d) 床関数は非減少関数である. すなわち, $x \leq y$ ならば $\lfloor x \rfloor \leq \lfloor y \rfloor$ である.

(e) $\left\lfloor x + \dfrac{1}{2} \right\rfloor$ は x に最も近い整数を表す.

(f) $\lfloor x \rfloor + \lfloor y \rfloor \leq \lfloor x+y \rfloor \leq \lfloor x \rfloor + \lfloor y \rfloor + 1$.

(g) $\lfloor x \rfloor \cdot \lfloor y \rfloor \leq \lfloor xy \rfloor$ が任意の非負実数 x, y に対して成り立つ.

(h) 任意の正の実数 x と正の整数 n に対して, x 以下の n の正の倍数は $\left\lfloor \dfrac{x}{n} \right\rfloor$ 個ある.

(i) 任意の実数 x と正の整数 n に対して,

$$\left\lfloor \frac{\lfloor x \rfloor}{n} \right\rfloor = \left\lfloor \frac{x}{n} \right\rfloor$$

が成り立つ.

証明. (a) から (d) までの証明は容易にできる. (e) から (i) までの部分のみ証明しよう.

(e) については, $\{x\} < \frac{1}{2}$ であれば, $\lfloor x + \frac{1}{2} \rfloor = \lfloor x \rfloor$ であり, $\{x\} > \frac{1}{2}$ であれば, $\lfloor x + \frac{1}{2} \rfloor = \lceil x \rceil$ なので, いずれの場合でも成り立つ. この性質はとても単純だがコンピュータプログラミングにおいて極めて有用な手法である.

(f) について, $x = \lfloor x \rfloor + \{x\}, y = \lfloor y \rfloor + \{y\}$ とおくと, 示すべき式は,
$$0 \leq \lfloor \{x\} + \{y\} \rfloor \leq 1$$
と同値. この式は, $0 \leq \{x\}, \{y\} < 1$ より明らか.

(g) について, 再び, $x = \lfloor x \rfloor + \{x\}, y = \lfloor y \rfloor + \{y\}$ とおく. $\lfloor x \rfloor, \lfloor y \rfloor, \{x\}, \{y\}$ はいずれも 0 以上である. すると,
$$\lfloor xy \rfloor = \lfloor (\lfloor x \rfloor + \{x\})(\lfloor y \rfloor + \{y\}) \rfloor$$
$$= \lfloor \lfloor x \rfloor \lfloor y \rfloor + \lfloor x \rfloor \{y\} + \lfloor y \rfloor \{x\} + \{x\}\{y\} \rfloor \geq \lfloor x \rfloor \lfloor y \rfloor$$
が成立する.

(h) について, $k \cdot n \leq x < (k+1)n$ なる k をとると, 条件をみたす倍数は $1 \cdot n, 2 \cdot n, \ldots, k \cdot n$ である. よって, $k \leq \frac{x}{n} < k+1$ であり, 結論が成り立つ.

(i) は (h) から直接的に導かれる. なぜなら, 整数 n の倍数も整数であるため, $\lfloor x \rfloor$ 以下の n の倍数の個数と x 以下の n の倍数の個数は変わらないからである. ∎

さらに, 命題 1.46 (f) を以下のように拡張できる.

例題 1.63. 実数 x, y に対して, 以下を示せ.
$$\lfloor 2x \rfloor + \lfloor 2y \rfloor \geq \lfloor x \rfloor + \lfloor y \rfloor + \lfloor x+y \rfloor$$

証明. $x = \lfloor x \rfloor + \{x\}, y = \lfloor y \rfloor + \{y\}$ とおく. すると,
$$\lfloor 2x \rfloor + \lfloor 2y \rfloor = 2\lfloor x \rfloor + \lfloor 2\{x\} \rfloor + 2\lfloor y \rfloor + \lfloor 2\{y\} \rfloor$$
および,
$$\lfloor x+y \rfloor = \lfloor x \rfloor + \lfloor y \rfloor + \lfloor \{x\} + \{y\} \rfloor$$
が成り立つ. よって,
$$\lfloor 2\{x\} \rfloor + \lfloor 2\{y\} \rfloor \geq \lfloor \{x\} + \{y\} \rfloor$$
を示せばよい. 対称性より, $\{x\} \geq \{y\}$ と仮定してよい. $\{x\}$ が非負実数である

ことと,$2\{x\} \geq \{x\}+\{y\}$ であることから,命題 1.46 (d) を用いると,

$$\lfloor 2\{x\}\rfloor + \lfloor 2\{y\}\rfloor \geq \lfloor 2\{x\}\rfloor \geq \lfloor \{x\}+\{y\}\rfloor$$

となる. ■

命題 1.46 (e) は具体的な変数を入れてみることで,様々な結果が得られる.

例題 1.64. 任意の正の整数 n に対して,

$$\left\lfloor \sqrt{n}+\frac{1}{2} \right\rfloor = \left\lfloor \sqrt{n-\frac{3}{4}}+\frac{1}{2} \right\rfloor$$

が成立することを示せ.

証明. 整数 k, m を

$$k = \left\lfloor \sqrt{n}+\frac{1}{2} \right\rfloor, \quad m = \left\lfloor \sqrt{n-\frac{3}{4}}+\frac{1}{2} \right\rfloor$$

として定義する.すると,$k \leq \sqrt{n}+\frac{1}{2} < k+1$ から,$k-\frac{1}{2} \leq \sqrt{n} < k+\frac{1}{2}$ となる.両辺を 2 乗すると,

$$k^2-k+\frac{1}{4} \leq n < k^2+k+\frac{1}{4}$$

となる.n が整数であることから,$k^2-k+1 \leq n \leq k^2+k$ となる.

同様に,$m \leq \sqrt{n-\frac{3}{4}}+\frac{1}{2} < m+1$ であることから,

$$m^2-m+\frac{1}{4} \leq n-\frac{3}{4} < m^2+m+\frac{1}{4}$$

であり,n が整数であることから,$m^2-m+1 \leq n \leq m^2+m$ である.これらをみたす n が存在するためには,$k=m$ でなければならない. ■

関数 $y=\lfloor x\rfloor, y=\lceil x\rceil$ のグラフは典型的な階段関数となる(実際に描いてみよ).このグラフのユニークな性質から,いくつかのおもしろい数列を作ることができる.

例題 1.65. [AIME 1985] 1000 以下の正の整数の中で,ある実数 x によって,

$$\lfloor 2x\rfloor + \lfloor 4x\rfloor + \lfloor 6x\rfloor + \lfloor 8x\rfloor$$

と書けるものはいくつあるか.

解答. 関数 f を

$$f(x) = \lfloor 2x\rfloor + \lfloor 4x\rfloor + \lfloor 6x\rfloor + \lfloor 8x\rfloor$$

で定義する．任意の正の整数 n に対して，$f(x+n) = f(x) + 20n$ が成り立つ．特に，ある整数 k がある実数 x_0 を用いて $k = f(x_0)$ と表せるとき，$k + 20n$ $(n = 1, 2, \ldots)$ も同様に $k + 20n = f(x_0) + 20n = f(x_0 + n)$ として表すことができる．この事実から，20 以下の正の整数について調べればよい．f の値が 20 以下の正の整数になりうるのは $x \in (0, 1]$ の場合のみである．

x が増加したとき，$f(x)$ の値が変化するのは $2x, 4x, 6x, 8x$ が整数となっているときのみである．さらに，この変化の際にはつねに増加する．まとめると，$f(x)$ が増加するのは $x = m/n$ $(n = 2, 4, 6, 8, 1 \leq m \leq n)$ の場合のみである．このような x の値は 12 個あり，小さい順に

$$\frac{1}{8}, \frac{1}{6}, \frac{1}{4}, \frac{1}{3}, \frac{3}{8}, \frac{1}{2}, \frac{5}{8}, \frac{2}{3}, \frac{3}{4}, \frac{5}{6}, \frac{7}{8}, 1$$

である．よって，20 個の正の整数のうち，12 個が $f(x)$ の形で表せる．$1000 = 50 \cdot 20$ であることから，$50 \cdot 12 = 600$ 個の正の整数が $f(x)$ の形で表せる． ∎

例題 1.66. [ガウス] p, q を互いに素な正の整数とする．このとき，

$$\left\lfloor \frac{p}{q} \right\rfloor + \left\lfloor \frac{2p}{q} \right\rfloor + \cdots + \left\lfloor \frac{(q-1)p}{q} \right\rfloor = \frac{(p-1)(q-1)}{2}$$

が成立することを示せ．

証明． $\gcd(p, q) = 1$ であることから，$i = 1, 2, \ldots, q-1$ に対して $\frac{ip}{q}$ は整数でなく，命題 1.46 (c) より，

$$\left\lfloor \frac{ip}{q} \right\rfloor + \left\lfloor \frac{(q-i)p}{q} \right\rfloor = p + \left\lfloor \frac{ip}{q} \right\rfloor + \left\lfloor \frac{-ip}{q} \right\rfloor = p - 1$$

となる．よって，

$$2 \left(\left\lfloor \frac{p}{q} \right\rfloor + \left\lfloor \frac{2p}{q} \right\rfloor + \cdots + \left\lfloor \frac{(q-1)p}{q} \right\rfloor \right)$$
$$= \left(\left\lfloor \frac{p}{q} \right\rfloor + \left\lfloor \frac{(q-1)p}{q} \right\rfloor \right) + \cdots + \left(\left\lfloor \frac{(q-1)p}{q} \right\rfloor + \left\lfloor \frac{p}{q} \right\rfloor \right)$$
$$= (p-1)(q-1)$$

となる．これより，問題の式が成り立つ． ∎

例題 1.67. 数列

$$\{a_n\}_{n=1}^{\infty} = \{2, 3, 5, 6, 7, 8, 10, \ldots\}$$

は完全平方数でないすべての正の整数を小さい順に並べたものである．このとき，

$$a_n = n + \left\lfloor \sqrt{n} + \frac{1}{2} \right\rfloor$$

であることを示せ．

証明1. まず，

$$\left\lfloor \sqrt{n} + \frac{1}{2} \right\rfloor^2 < n + \left\lfloor \sqrt{n} + \frac{1}{2} \right\rfloor < \left(\left\lfloor \sqrt{n} + \frac{1}{2} \right\rfloor + 1 \right)^2 \tag{†}$$

を示す．これが示されれば，整数

$$1, 2, \ldots, n + \left\lfloor \sqrt{n} + \frac{1}{2} \right\rfloor$$

にはちょうど $\left\lfloor \sqrt{n} + \frac{1}{2} \right\rfloor$ 個の完全平方数，$1^2, 2^2, \ldots, \left\lfloor \sqrt{n} + \frac{1}{2} \right\rfloor^2$ が存在することがわかるので，すべての完全平方数を消したとき，n 番目の数は

$$n + \left\lfloor \sqrt{n} + \frac{1}{2} \right\rfloor$$

となり，

$$a_n = n + \left\lfloor \sqrt{n} + \frac{1}{2} \right\rfloor$$

が示される．

(†) を示そう．$\sqrt{n}$ は整数かまたは無理数なので，$\{\sqrt{n}\} \neq \dfrac{1}{2}$ である．

$\{\sqrt{n}\} < \dfrac{1}{2}$ のとき，$k = \lfloor \sqrt{n} \rfloor$ とおく．すると，$k^2 \leq n < \left(k + \dfrac{1}{2}\right)^2$ であるから，$k^2 \leq n < k^2 + k + \dfrac{1}{4}$ が成立する．一方，

$$\left\lfloor \sqrt{n} + \frac{1}{2} \right\rfloor = \lfloor \sqrt{n} \rfloor = k$$

より，(†) は

$$k^2 < n + k < (k+1)^2 = k^2 + 2k + 1$$

と同値なので，成立する．

$\{\sqrt{n}\} > \dfrac{1}{2}$ のとき，$k = \lfloor \sqrt{n} \rfloor$ とおく．すると，$\left(k + \dfrac{1}{2}\right)^2 < n < (k+1)^2$ から，$k^2 + k + \dfrac{1}{4} < n < k^2 + 2k + 1$ である．一方，

$$\left\lfloor \sqrt{n} + \frac{1}{2} \right\rfloor = \lfloor \sqrt{n} \rfloor + 1 = k + 1$$

より, (†) は
$$(k+1)^2 < n+k+1 < (k+2)^2 = k^2+4k+4$$
と同値なので, やはり成立する. ∎

次の証明が, a_n の一般項を直接に導き出すのに役立つであろう.

証明 2. 数列 b_n を
$$\{b_n\}_{n=1}^{\infty} = \{1,1;2,2,2,2;3,3,3,3,3,3;\ldots\}$$
とおく. このとき,
$$a_n - b_n = n$$
が任意の正の整数 n で成り立つ. ここで, 完全平方数 $n^2, (n+1)^2$ の間にはちょうど $(n+1)^2 - n^2 - 1 = 2n$ 個の平方数でない整数が存在することに注意. あとは,
$$b_n = \left\lfloor \sqrt{n} + \frac{1}{2} \right\rfloor$$
を示せばよい. $b_n = k$ であれば, n は k 番目のグループに属し, $k-1$ 番目までのグループに $2 + 4 + \cdots + 2(k-1)$ 項ある. b_n までに $n-1$ 項あることから,
$$2 + 4 + \cdots + 2(b_n - 1) \leqq n - 1$$
が成り立つ. よって, b_n は不等式 $b_n(b_n - 1) \leqq n - 1$ をみたす最大の整数であるから,
$$b_n = \left\lfloor \frac{1+\sqrt{4n-3}}{2} \right\rfloor = \left\lfloor \sqrt{n - \frac{3}{4}} + \frac{1}{2} \right\rfloor = \left\lfloor \sqrt{n} + \frac{1}{2} \right\rfloor$$
である. 最後の部分は例題 1.64 の結果を用いた. ∎

定理 1.47. [ビーティ (Beatty) の定理] α, β はいずれも正の実数で無理数であり,
$$\frac{1}{\alpha} + \frac{1}{\beta} = 1$$
をみたす. このとき, 集合
$$\{a_n\}_{n=1}^{\infty} = \{\lfloor \alpha \rfloor, \lfloor 2\alpha \rfloor, \lfloor 3\alpha \rfloor, \ldots\}, \quad \{b_n\}_{n=1}^{\infty} = \{\lfloor \beta \rfloor, \lfloor 2\beta \rfloor, \lfloor 3\beta \rfloor, \ldots\}$$
は正の整数全体の集合の分割になる, つまり, $\{a_n\}_{n=1}^{\infty}, \{b_n\}_{n=1}^{\infty}$ は共通部分をもたず, 和集合が正の整数全体と一致することを示せ.

証明. まず, 共通部分をもたないことを示す. 背理法で示そう. 仮に共通部分

$k = \lfloor i\alpha \rfloor = \lfloor j\beta \rfloor$ をもつと仮定しよう. $i\alpha, j\beta$ は無理数であることから,
$$k < i\alpha < k+1, \quad k < j\beta < k+1$$
つまり,
$$\frac{i}{k+1} < \frac{1}{\alpha} < \frac{i}{k}, \quad \frac{j}{k+1} < \frac{1}{\beta} < \frac{j}{k}$$
が成り立つ. この2つの不等式を足すと,
$$\frac{i+j}{k+1} < \frac{1}{\alpha} + \frac{1}{\beta} = 1 < \frac{i+j}{k}$$
となる. すると, $k < i+j < k+1$ が導かれるが, $i+j$ が整数であるためこれは不可能. よって, 共通部分があってはならない.

次に, 任意の正の整数は a_i, b_i の少なくとも一方に含まれることを示す. 再び, 背理法によって示そう. ある正の整数 k がどちらの数列にも含まれないと仮定しよう. このとき, ある i, j が存在し,
$$i\alpha < k, \quad (i+1)\alpha > k+1, \quad j\beta < k, \quad (j+1)\beta > k+1$$
となる. すると,
$$\frac{i}{k} < \frac{1}{\alpha} < \frac{i+1}{k+1}, \quad \frac{j}{k} < \frac{1}{\beta} < \frac{j+1}{k+1}$$
であり, 2つの不等式を辺々足すと,
$$\frac{i+j}{k} < \frac{1}{\alpha} + \frac{1}{\beta} = 1 < \frac{i+j+2}{k+1}$$
が成り立つ. したがって, $i+j < k$ かつ $k+1 < i+j+2$ から, $i+j < k < i+j+1$ が成り立つことになるが, やはりこれは不可能. よって, 任意の正の整数は少なくとも一方の数列に含まれる. ∎

例題 1.68a. [USAMO 1981] 正の実数 x に対して,
$$\lfloor x \rfloor + \frac{\lfloor 2x \rfloor}{2} + \frac{\lfloor 3x \rfloor}{3} + \cdots + \frac{\lfloor nx \rfloor}{n} \leq \lfloor nx \rfloor$$
が成立することを示せ.

この例題は次の例題 1.68b で $a_i = -\lfloor ix \rfloor$ とおき, 命題 1.46 (f) を用いることで示せる.

例題 1.68b. [APMO 1999] 実数列 $a_1, a_2, a_3, \ldots$ は任意の $i, j = 1, 2, \ldots$ に対して
$$a_{i+j} \leq a_i + a_j$$

をみたす．このとき，
$$a_1 + \frac{a_2}{2} + \frac{a_3}{3} + \cdots + \frac{a_n}{n} \geqq a_n$$
が成り立つことを示せ．

証明 1. 帰納法で示す．$n = 1, 2$ の場合は明らか．ある整数 $k\ (\geqq 2)$ があり，$n \leqq k$ なる任意の n に対して成立すると仮定しよう．このとき，
$$a_1 \geqq a_1$$
$$a_1 + \frac{a_2}{2} \geqq a_2$$
$$a_1 + \frac{a_2}{2} + \frac{a_3}{3} \geqq a_3$$
$$\vdots$$
$$a_1 + \frac{a_2}{2} + \cdots + \frac{a_k}{k} \geqq a_k$$
が成立する．この不等式を辺々足すと，
$$ka_1 + (k-1)\frac{a_2}{2} + \cdots + \frac{a_k}{k} \geqq a_1 + a_2 + \cdots + a_k$$
となる．両辺に $a_1 + a_2 + \cdots + a_k$ を足すと，
$$(k+1)\left(a_1 + \frac{a_2}{2} + \cdots + \frac{a_k}{k}\right) \geqq (a_1 + a_k) + (a_2 + a_{k-1}) + \cdots + (a_k + a_1)$$
$$\geqq ka_{k+1}$$
を得る．両辺を $k+1$ で割ると，
$$a_1 + \frac{a_2}{2} + \cdots + \frac{a_k}{k} \geqq \frac{ka_{k+1}}{k+1}$$
となるので，
$$a_1 + \frac{a_2}{2} + \cdots + \frac{a_k}{k} + \frac{a_{k+1}}{k+1} \geqq a_{k+1}$$
が成り立つ．よって，$n = k+1$ でも成立するので，帰納法により示された．■

証明 2. [Andoreas Kaseorg 氏による] 帰納法により，条件式は $a_{i_1+i_2+\cdots+i_k} \leqq a_{i_1} + a_{i_2} + \cdots + a_{i_k}$ に拡張できる．組合せ的な手法により証明しよう．

順列とは，ある集合の元を適当な順番に並べたものである．正確には，集合 S から S 自身への全単射写像 π のことである．集合 $S = \{x_1, x_2, \ldots, x_n\}$ に対して，その順列 π を $y_k = \pi(x_k)$ とおくことで，$(y_1, y_2, \ldots, y_n)$ と表す．k 個の元の列 $(x_{i_1}, x_{i_2}, \ldots, x_{i_k})$ が $\pi(x_{i_1}) = x_{i_2}, \pi(x_{i_2}) = x_{i_3}, \ldots, \pi(x_{i_k}) = x_{i_1}$ をみた

すとき, π の **k-サイクル**と呼ぶことにする. n 元からなる集合の順列全体の集合を S_n とおく. S_n の元 π に対して, $f(\pi, k)$ を π の k-サイクルの個数と定義する. 明らかに,

$$1 \cdot f(\pi, 1) + 2 \cdot f(\pi, 2) + \cdots + n \cdot f(\pi, n) = n$$

である (両辺はどちらも元の個数を数えている). また, $\sum_{\pi \in S_n} f(\pi, k)$ は n 元集合の全順列における k-サイクルの総数を表し, ${}_nC_k(k-1)!(n-k)! = \dfrac{n!}{k}$ に等しく,

$$\sum_{\pi \in S_n} f(\pi, k) = {}_nC_k(k-1)!(n-k)! = \frac{n!}{k} \qquad (*)$$

となる. なぜなら,

(a) k-サイクルを作るための k 元の選び方は ${}_nC_k$ 通り.
(b) 選ばれた k 元から, k-サイクルを作る方法は $(k-1)!$ 通り.
(c) 選んでいない $n-k$ 元を並べ替えて順列を完成させる方法は $(n-k)!$ 通り.

となるからである.

よって, $(*)$ より,

$$\begin{aligned}
& a_1 + \frac{a_2}{2} + \frac{a_3}{3} + \cdots + \frac{a_n}{n} \\
&= \frac{1}{n!} \sum_{\pi \in S_n} (f(\pi,1)a_1 + f(\pi,2)a_2 + \cdots + f(\pi,n)a_n) \\
&\geq \frac{1}{n!} \sum_{\pi \in S_n} a_{1 \cdot f(\pi,1) + 2 \cdot f(\pi,2) + \cdots + n \cdot f(\pi,n)} \\
&= \frac{1}{n!} \sum_{\pi \in S_n} a_n = a_n
\end{aligned}$$

となる (S_n が $n!$ 個の元からなることを用いた). ∎

例題 1.68a, 例題 1.68b のように, 床関数と天井関数に関する多くの難問は, その関数的性質と密接な関わりがある. 詳しいことは, 続編である *105 Diophantine Equations and Integer Function Problems* を読まれたい. この章のしめくくりとして有名な**エルミート** (Hermite) **の恒等式**を紹介しよう.

命題 1.48. [エルミートの恒等式] x を実数とし, n を正の整数とする. このとき,

$$\lfloor x \rfloor + \left\lfloor x + \frac{1}{n} \right\rfloor + \left\lfloor x + \frac{2}{n} \right\rfloor + \cdots + \left\lfloor x + \frac{n-1}{n} \right\rfloor = \lfloor nx \rfloor$$

が成り立つ.

証明. x が整数であれば, 明らかに成り立つ. x が整数でない, つまり $0 < \{x\} < 1$ であると仮定しよう. このとき, $1 \leq i \leq n-1$ なるある i に対して,

$$\{x\} + \frac{i-1}{n} < 1, \quad \{x\} + \frac{i}{n} \geq 1 \qquad (*)$$

つまり,

$$\frac{n-i}{n} \leq \{x\} < \frac{n-i+1}{n} \qquad (**)$$

が成り立ち, $(*)$ より,

$$\lfloor x \rfloor = \left\lfloor x + \frac{1}{n} \right\rfloor = \cdots = \left\lfloor x + \frac{i-1}{n} \right\rfloor$$

と,

$$\left\lfloor x + \frac{i}{n} \right\rfloor = \cdots = \left\lfloor x + \frac{n-1}{n} \right\rfloor = \lfloor x \rfloor + 1$$

が成り立つ. よって,

$$\lfloor x \rfloor + \left\lfloor x + \frac{1}{n} \right\rfloor + \left\lfloor x + \frac{2}{n} \right\rfloor + \cdots + \left\lfloor x + \frac{n-1}{n} \right\rfloor$$
$$= i \lfloor x \rfloor + (n-i)(\lfloor x \rfloor + 1) = n \lfloor x \rfloor + n - i$$

となる.

一方, $(**)$ から,

$$n \lfloor x \rfloor + n - i \leq n \lfloor x \rfloor + n \{x\} = nx < n \lfloor x \rfloor + n - i + 1$$

となるので, $\lfloor nx \rfloor = n \lfloor x \rfloor + n - i$ である. これらをあわせて,

$$\lfloor x \rfloor + \left\lfloor x + \frac{1}{n} \right\rfloor + \left\lfloor x + \frac{2}{n} \right\rfloor + \cdots + \left\lfloor x + \frac{n-1}{n} \right\rfloor = n \lfloor x \rfloor + n - i$$
$$= \lfloor nx \rfloor$$

が成立する. ∎

例題 1.69. [AIME 1991] r は実数で

$$\left\lfloor r + \frac{19}{100} \right\rfloor + \left\lfloor r + \frac{20}{100} \right\rfloor + \cdots + \left\lfloor r + \frac{91}{100} \right\rfloor = 546$$

をみたす. $\lfloor 100r \rfloor$ を求めよ.

解答. 問題の式の左辺は $91 - 19 + 1 = 73$ 項ある. これらは $\lfloor r \rfloor$ または $\lfloor r \rfloor + 1$

のいずれかに等しい. しかし, $73 \cdot 7 < 546 < 73 \cdot 8$ より, $\lfloor r \rfloor = 7$ である. $546 = 73 \cdot 7 + 35$ であることから, 最初の 38 項が 7 で, 残りの 35 項が 8 である. よって,

$$\left\lfloor r + \frac{56}{100} \right\rfloor = 7, \quad \left\lfloor r + \frac{57}{100} \right\rfloor = 8$$

であるから, $7.43 \leqq r < 7.44$ より, $\lfloor 100r \rfloor = 743$ である. ∎

例題 1.70. [IMO 1968] x を実数とする. このとき,

$$\sum_{k=0}^{\infty} \left\lfloor \frac{x + 2^k}{2^{k+1}} \right\rfloor = \lfloor x \rfloor$$

を示せ.

解答. エルミートの恒等式において $n = 2$ とすると,

$$\lfloor x \rfloor + \left\lfloor x + \frac{1}{2} \right\rfloor = \lfloor 2x \rfloor$$

なので,

$$\left\lfloor x + \frac{1}{2} \right\rfloor = \lfloor 2x \rfloor - \lfloor x \rfloor$$

が成立. これを繰り返し用いると,

$$\sum_{k=0}^{\infty} \left\lfloor \frac{x + 2^k}{2^{k+1}} \right\rfloor = \sum_{k=0}^{\infty} \left\lfloor \frac{x}{2^k} + \frac{1}{2} \right\rfloor = \sum_{k=0}^{\infty} \left(\left\lfloor \frac{x}{2^k} \right\rfloor - \left\lfloor \frac{x}{2^{k+1}} \right\rfloor \right) = \lfloor x \rfloor$$

より示された. ∎

ルジャンドル (Legendre) 関数

命題 1.46 (h) を用いると, 面白い結果が得られる.

p を素数とする. 正の整数 n に対して, $n!$ の素因数分解における p の指数を $e_p(n)$ と定義する. 数論的関数 e_p を素数 p における**ルジャンドル関数**という.

以下の命題は $e_p(n)$ を計算するための公式となる.

命題 1.49. [ルジャンドルの公式] 任意の素数 p と正の整数 n に対して,

$$e_p(n) = \sum_{i \geq 1} \left\lfloor \frac{n}{p^i} \right\rfloor = \left\lfloor \frac{n}{p} \right\rfloor + \left\lfloor \frac{n}{p^2} \right\rfloor + \left\lfloor \frac{n}{p^3} \right\rfloor + \cdots$$

が成り立つ.

ここで, 十分大きい m に対して, $n < p^{m+1}$ が成り立つので, $\left\lfloor \dfrac{n}{p^{m+1}} \right\rfloor = 0$ と

なる．よって，上式の和は有限回足すことで求まる．m を $n < p^{m+1}$ をみたす最小の整数とする，つまり $m = \left\lfloor \dfrac{\ln n}{\ln p} \right\rfloor$ とする．

$$e_p(n) = \left\lfloor \frac{n}{p} \right\rfloor + \left\lfloor \frac{n}{p^2} \right\rfloor + \cdots + \left\lfloor \frac{n}{p^m} \right\rfloor$$

を示せば十分である．密接に関連した2つの証明を与える．1つ目は数論の言葉で書いたもの，2つ目は組合せ論の言葉で書いたものである．

証明 1. $n < p$ については明らかに $e_p(n) = 0$ である．$n \geq p$ のとき，$e_p(n)$ を決めるためには，$1, 2, \ldots, n$ の積のうち，p の倍数のみ考えればよい．それらは $k = \left\lfloor \dfrac{n}{p} \right\rfloor$ として，$1 \cdot p, 2 \cdot p, \ldots, k \cdot p$ であり，積は $p^k k!$ となる (命題 1.46 (h))．よって，

$$e_p(n) = \left\lfloor \frac{n}{p} \right\rfloor + e_p\left(\left\lfloor \frac{n}{p} \right\rfloor\right)$$

である．n を $\left\lfloor \dfrac{n}{p} \right\rfloor$ で置き換える．命題 1.46 (i) を用いると，

$$e_p\left(\left\lfloor \frac{n}{p} \right\rfloor\right) = \left\lfloor \frac{\left\lfloor \frac{n}{p} \right\rfloor}{p} \right\rfloor + e_p\left(\left\lfloor \frac{\left\lfloor \frac{n}{p} \right\rfloor}{p} \right\rfloor\right) = \left\lfloor \frac{n}{p^2} \right\rfloor + e_p\left(\left\lfloor \frac{n}{p^2} \right\rfloor\right)$$

となる．これを繰り返すと，

$$e_p\left(\left\lfloor \frac{n}{p^2} \right\rfloor\right) = \left\lfloor \frac{n}{p^3} \right\rfloor + e_p\left(\left\lfloor \frac{n}{p^3} \right\rfloor\right)$$

$$\vdots$$

$$e_p\left(\left\lfloor \frac{n}{p^{m-1}} \right\rfloor\right) = \left\lfloor \frac{n}{p^m} \right\rfloor + e_p\left(\left\lfloor \frac{n}{p^m} \right\rfloor\right) = \left\lfloor \frac{n}{p^m} \right\rfloor$$

となり，これらを足すことで示される． ∎

証明 2. 正の整数 i に対して，整数 t_i を $p^{t_i} \| i$ となるものとして定義する．p が素数であることから，$p^{t_1 + \cdots + t_n} \| n!$ であり，$t_{n!} = t_1 + t_2 + \cdots + t_n$ である．

一方，$\left\lfloor \dfrac{n}{p^k} \right\rfloor$ は n 以下の p^k の倍数を一度ずつ数えている．よって，$i = p^{t_i} \cdot a$ (a と p は互いに素) は和

$$\left\lfloor \frac{n}{p} \right\rfloor + \left\lfloor \frac{n}{p^2} \right\rfloor + \cdots + \left\lfloor \frac{n}{p^m} \right\rfloor$$

において, t_i 回数えられる ($\left\lfloor \frac{n}{p} \right\rfloor$, $\left\lfloor \frac{n}{p^2} \right\rfloor$, ..., $\left\lfloor \frac{n}{p^i} \right\rfloor$ において一度ずつ数えられる).
これを, 各 i ($1 \leq i \leq n$) について足すことで,
$$e_p(n) = t_1 + t_2 + \cdots + t_n = \left\lfloor \frac{n}{p} \right\rfloor + \left\lfloor \frac{n}{p^2} \right\rfloor + \cdots + \left\lfloor \frac{n}{p^m} \right\rfloor$$
を得る.

この証明は行列を用いることで, 形式的に行える. $M = (x_{i,j})$ を m 行 n 列の行列とする. ここで, m は $p^m > n$ をみたす最小の整数とする. まず,
$$x_{i,j} = \begin{cases} 1 & (p^i \mid j \text{ のとき}) \\ 0 & (\text{それ以外}) \end{cases}$$
とおく. j 列目には t_j 個の 1 があることから, M の j 列目の総和は t_j である. よって, M の要素の総和は $t_1 + t_2 + \cdots + t_n$ である.

一方, i 行目の 1 の個数は p_i の倍数の個数に等しいので, $\left\lfloor \frac{n}{p^i} \right\rfloor$ 個である. よって, M の要素の総和は $\sum_{i=1}^{m} \left\lfloor \frac{n}{p^i} \right\rfloor$ と表すこともできる. よって, やはり,
$$e_p(n) = t_1 + t_2 + \cdots + t_n = \left\lfloor \frac{n}{p} \right\rfloor + \left\lfloor \frac{n}{p^2} \right\rfloor + \cdots + \left\lfloor \frac{n}{p^m} \right\rfloor$$
である. ■

例題 1.71. s, t は正の整数で以下をみたす.
$$7^s \parallel 400!, \quad 3^t \parallel ((3!)!)!$$
このとき, $s + t$ を求めよ.

証明. ルジャンドルの公式を適用して,
$$s = e_7(400) = \left\lfloor \frac{400}{7} \right\rfloor + \left\lfloor \frac{400}{7^2} \right\rfloor + \left\lfloor \frac{400}{7^3} \right\rfloor = 57 + 8 + 1 = 66$$
となる. また, $((3!)!)! = (6!)! = 720!$ より,
$$t = e_3(720) = \left\lfloor \frac{720}{3} \right\rfloor + \left\lfloor \frac{720}{3^2} \right\rfloor + \left\lfloor \frac{720}{3^3} \right\rfloor + \left\lfloor \frac{720}{3^4} \right\rfloor + \left\lfloor \frac{720}{3^5} \right\rfloor$$
$$= 240 + 80 + 26 + 8 + 2 = 356$$
となる. よって, $s + t = 356 + 66 = 422$ である. ■

例題 1.72. $2005!$ の 10 進法表記における末尾の 0 の個数を求めよ.

解答. $10^m \| 2005!$ となるような m を求めればよい. $10^m = 2^m 5^m$ であるから, $m = \min\{e_2(2005!), e_5(2005!))\}$ である. $2 < 5$ であることから,
$$m = e_5(2005!) = \left\lfloor \frac{2005}{5} \right\rfloor + \left\lfloor \frac{2005}{5^2} \right\rfloor + \left\lfloor \frac{2005}{5^3} \right\rfloor + \left\lfloor \frac{2005}{5^4} \right\rfloor = 500$$
となる. よって, 答は 500 である. ∎

例題 1.73. [HMMT 2003] $n!$ の末尾に 290 個の 0 が並ぶ最小の正の整数 n を求めよ.

解答. 例題 1.72 で示したように,
$$290 = e_5(n) = \left\lfloor \frac{n}{5} \right\rfloor + \left\lfloor \frac{n}{5^2} \right\rfloor + \left\lfloor \frac{n}{5^3} \right\rfloor + \cdots$$
をみたす最小の n を求めればよい. 床関数がかかっていることを除けば右辺はほぼ等比数列である. よって, その総和は $\dfrac{n/5}{1 - 1/5}$ と近似される. すると,
$$290 \approx \frac{\frac{n}{5}}{1 - \frac{1}{5}}$$
から, ほぼ $n = 1160$ と推測される. 実際は $e_5(1160) = 288$ である. $e_5(n)$ の値が増加しうる, $n = 1165, 1170, \ldots$ を調べると, $n = 1170$ が最小であることがわかる. ∎

例題 1.74. m, n を正の整数とする. 以下を示せ.
(1) $m! \cdot (n!)^m$ は $(mn)!$ を割り切る.
(2) $m! n! (m+n)!$ は $(2m)! (2n)!$ を割り切る.

証明.
(1) p を素数とする. x, y は $p^x \| m! \cdot (n!)^m$, $p^y \| (mn)!$ をみたす非負整数とする. $x \leqq y$ を示せばよい. ここで, $x = e_p(m) + m e_p(n)$, $y = e_p(mn)$ であることから,
$$\sum_{i=1}^{\infty} \left\lfloor \frac{mn}{p^i} \right\rfloor \geqq \sum_{i=1}^{\infty} \left\lfloor \frac{m}{p^i} \right\rfloor + m \sum_{i=1}^{\infty} \left\lfloor \frac{n}{p^i} \right\rfloor$$
を示せばよい.

$p > n$ であるとき, 右辺の 2 番目の $\sum$ は 0 で明らかに成り立つ. 以下, $p \leqq n$ と仮定する. 正の整数 s を $p^s \leqq n < p^{s+1}$ となるように定める. 命題 1.46 (g) より,

$$\sum_{i=1}^{\infty}\left\lfloor\frac{mn}{p^i}\right\rfloor = \sum_{i=1}^{s}\left\lfloor m\cdot\frac{n}{p^i}\right\rfloor + \sum_{i=1}^{\infty}\left\lfloor\frac{m}{p^i}\cdot\frac{n}{p^s}\right\rfloor$$

$$\geq m\sum_{i=1}^{s}\left\lfloor\frac{n}{p^i}\right\rfloor + \sum_{i=1}^{\infty}\left\lfloor\frac{m}{p^i}\right\rfloor\left\lfloor\frac{n}{p^s}\right\rfloor$$

$$\geq m\sum_{i=1}^{\infty}\left\lfloor\frac{n}{p^i}\right\rfloor + \sum_{i=1}^{\infty}\left\lfloor\frac{m}{p^i}\right\rfloor$$

となるから,成立.

(2) ほぼ (1) と同様. 読者に委ねる. ∎

注意. 組合せ的に示すこともできる. たとえば,

$$\frac{(mn)!}{m!(n!)^m}$$

は mn 人を n 人ずつ m 個のグループに分ける場合の数に等しく,整数にならなくてはならない. このことから, (1) が従う.

例題 1.75. k,n を正の整数とするとき,

$$(k!)^{k^n+k^{n-1}+\cdots+k+1} \mid (k^{n+1})!$$

が成立することを示せ.

証明. 例題 1.74 を, $(n,m) = (k, k^i)$ $(0 \leq i \leq n)$ に対して適用すると,

$$k! \mid k!, \quad k!(k!)^k \mid (k^2)!, \quad (k^2)!(k!)^{k^2} \mid (k^3)!, \quad \ldots, (k^n)!(k!)^{k^n} \mid (k^{n+1})!$$

を得る. これらをかけることで,

$$k!k!(k^2)!(k^3)!\cdots(k^n)!k!^{k+k^2+\cdots+k^n} \mid k!(k^2)!(k^3)!\cdots(k^{n+1})!$$

が成り立つ. これより, 問題の式が導かれる. ∎

例題 1.76. n を 2 より大きい合成数とする. このとき,

$$_nC_1, {}_nC_2, \ldots, {}_nC_{n-1}$$

のすべてが n で割り切れることはないことを示せ.

証明. p を n の素因数とする. また, s を $p^s \leq n < p^{s+1}$ をみたす整数とする. このとき,

$$n \nmid {}_nC_{p^s} = \frac{n!}{(p^s)!(n-p^s)!}$$

を示す. $p \mid n$ より, $p \nmid {}_n\mathrm{C}_{p^s}$ であることを示せばよい. $p^k \parallel {}_n\mathrm{C}_{p^s}$ であると仮定する. このとき,

$$k = e_p(n) - e_p(p^s) - e_p(n - p^s)$$

である. $k = 0$ を示せばよい. ルジャンドルの公式より,

$$\begin{aligned}
k &= \sum_{i \geq 1} \left\lfloor \frac{n}{p^i} \right\rfloor - \sum_{i \geq 1} \left\lfloor \frac{p^s}{p^i} \right\rfloor - \sum_{i \geq 1} \left\lfloor \frac{n - p^s}{p^i} \right\rfloor \\
&= \sum_{i=1}^{s} \left\lfloor \frac{n}{p^i} \right\rfloor - \sum_{i=1}^{s} \left\lfloor \frac{p^s}{p^i} \right\rfloor - \sum_{i=1}^{s} \left\lfloor \frac{n - p^s}{p^i} \right\rfloor \\
&= \sum_{i=1}^{s} \left\lfloor \frac{n}{p^i} \right\rfloor - \sum_{i=1}^{s} \left\lfloor \frac{p^s}{p^i} \right\rfloor - \sum_{i=1}^{s} \left\lfloor \frac{n}{p^i} \right\rfloor + \sum_{i=1}^{s} \left\lfloor \frac{p^s}{p^i} \right\rfloor = 0
\end{aligned}$$

となる. ただし, $1 \leq i \leq s$ なる i に対して, $\left\lfloor \frac{p^s}{p^i} \right\rfloor$ が整数になることを用いた. 以上より, 示された. ∎

フェルマー数

$2^m + 1$ (m は 0 以上の整数) の形の素数を考えよう. 400 年ほど前, 数学者フェルマーは $2^m + 1$ が素数になるためには, m は 2 のべき乗でなくてはならないことに気づいた. 実際, $m = k \cdot h$ (k は 1 より大きい奇数) と表されるとき,

$$2^m + 1 = (2^h)^k + 1 = (2^h + 1)(2^{h(k-1)} - 2^{h(k-2)} + \cdots - 2^h + 1)$$

と分解できてしまうので, $2^m + 1$ は素数にならない.

$f_n = 2^{2^n} + 1$ ($n \geq 0$) なる整数を**フェルマー数**という. すると,

$$f_0 = 3, \quad f_1 = 5, \quad f_2 = 17, \quad f_3 = 257, \quad f_4 = 65537, \quad f_5 = 4294967297$$

となり, f_4 まではすべて素数である. フェルマーはすべての n で f_n は素数になると予想した. しかし, その約 100 年後にオイラーは $641 \mid f_5$ を示した. オイラーは以下のように示した.

$$\begin{aligned}
f_5 &= 2^{32} + 1 = 2^{28}(5^4 + 2^4) - (5 \cdot 2^7)^4 + 1 = 2^{28} \cdot 641 - (640^4 - 1) \\
&= 641(2^{28} - 639(640^2 + 1))
\end{aligned}$$

素数のフェルマー数 (フェルマー素数という) が無限に存在するかどうかは未解決問題である. この問題に関連してガウスは正 n 角形が定規とコンパスのみで作図

できるための必要十分条件は $n = 2^h p_0 \cdots p_k$ ($k \geq 0$ で $p_0 = 1, p_1, p_2, \ldots, p_k$ は相異なるフェルマー素数) となることであることを示した. ガウスは最初に正 17 角形の作図方法を発見している. 合成数のフェルマー数が無限に存在するかどうかも未解決問題である. (もちろん, 素数のフェルマー数もしくは合成数のフェルマー数のいずれか一方は無限に存在する.)

例題 1.77. $m > n$ をみたす正の整数 m, n に対して, $f_n \mid f_m - 2$ を示せ.

証明. 公式 $a^2 - b^2 = (a-b)(a+b)$ を繰り返し用いることで容易に
$$f_m - 2 = f_{m-1} f_{m-2} \cdots f_1 f_0$$
が示される. ∎

例題 1.78. 相異なる正の整数 m, n に対して, f_m, f_n は互いに素である.

証明. 例題 1.77 より, $\gcd(f_m, f_n) = \gcd(f_n, 2) = 1$ である. ∎

この結果は例題 1.22 の特別な場合でもある.

例題 1.79. 任意の正の整数 n に対して, f_n は $2^{f_n} - 2$ で割り切れることを示せ.

証明. まず,
$$2^{f_n} - 2 = 2\left(2^{2^{2^n}} - 1\right) = 2\left(\left(2^{2^n}\right)^{2^{2^n-n}} - 1\right)$$
と変形する. 2^{2^n-n} は偶数である. ここで, 任意の整数 $m, x \neq -1$ に対して, $x+1 \mid x^{2m} - 1$ であることに注意すると, $x+1 \mid x^{2^{2^n-n}} - 1$ となる. $x = 2^{2^n}$ とおくことで, 示される. ∎

例題 1.79 の結果は $2^{f_n} \equiv 2 \pmod{f_n}$ であることを示しているが, これはフェルマーの小定理の逆の反例を与えている. つまり, $2^{f_5} \equiv 2 \pmod{f_5}$ であるが, f_5 は素数ではない.

メルセンヌ (Mersenne) 数

$M_n = 2^n - 1$ (n は 1 以上の整数) の形の整数を**メルセンヌ数**という. 明らかに n が合成数であれば M_n も合成数である. よって, M_k が素数となるためには k も素数でなくてはならない. また, 1 より大きい整数 a, b によって, $n = ab$ と書けるとき, M_a, M_b はともに M_n を割り切る. しかし, n が素数で M_n が合成数となるような n は存在する. たとえば, $47 \mid M_{23}, 167 \mid M_{83}, 263 \mid M_{131}$ などである.

定理 1.50. p は奇素数とし，q を M_p の素因数とする．このとき，ある正の整数 k によって，$q = 2kp + 1$ と書ける．

証明． 合同式 $2^p \equiv 1 \pmod{q}$ と，p が素数であることから，命題 1.30 から p は $2^k \equiv 1 \pmod{q}$ をみたす正の整数 k の最小値である (言い換えると，p は $\pmod{q}$ における 2 の位数)．フェルマーの小定理より，$2^{q-1} \equiv 1 \pmod{q}$ なので，命題 1.30 を再度用いることで，$p \mid q-1$ であることがわかる．$q-1$ が偶数であることから，ある正の整数 k によって $q-1 = 2kp$ と書ける．したがって，定理の主張が成り立つ． ∎

完　全　数

正の整数 n であって，n の正の約数の総和が $2n$ であるようなものを**完全数**という．たとえば，$6, 28, 496$ は完全数である．完全数はメルセンヌ数と密接な関わりがある．最初に偶数の完全数に関する有名な結果を紹介しよう．十分条件はユークリッドが，必要条件はオイラーが示した．

定理 1.51. 正の偶数 n が完全数であることの必要十分条件は $n = 2^{k-1}M_k$ と書けることである．ただし，k は M_k が素数となるような正の整数である．

証明． 十分条件から示す．$n = 2^{k-1}(2^k - 1)$ ($M_k = 2^k - 1$ は素数) に対して，$\gcd(2^{k-1}, 2^k - 1) = 1$ であることと，関数 σ が乗法的関数であることを用いると，

$$\sigma(n) = \sigma(2^{k-1})\sigma(2^k - 1) = (2^k - 1) \cdot 2^k = 2n$$

となる．

次に必要条件を示す．n を偶数の完全数とする．このとき，$n = 2^t u$ (t は正の整数，u は奇数) と書ける．n は完全数であることから，$\sigma(n) = 2n = 2^{t+1}u$ となる．σ が乗法的関数であることを再び用いて，

$$\sigma(n) = \sigma(2^t u) = \sigma(2^t)\sigma(u) = (2^{t+1} - 1)\sigma(u)$$

となる．$\gcd(2^{t+1} - 1, 2^{t+1}) = 1$ であるから，$2^{t+1} \mid \sigma(u)$ である．つまり，ある正の整数 v を用いて $\sigma(u) = 2^{t+1}v$ と書ける．すると，$u = (2^{t+1} - 1)v$ となる．$v = 1$ を示そう．$v > 1$ であると仮定する．すると，

$$\sigma(u) \geq 1 + v + 2^{t+1} - 1 + v(2^{t+1} - 1) = (v+1)2^{t+1} > v \cdot 2^{t+1} = \sigma(u)$$

となり矛盾. よって, $v=1$ でなければならない. このとき, $u=2^{t+1}-1=M_{t+1}$ と $\sigma(u)=2^{t+1}$ が成り立つ. M_{t+1} が素数でなければ, $\sigma(u)>2^{t+1}$ となるので矛盾. よって, $n=2^{k-1}M_k$ ($k=t+1$ とおいた. M_k は素数.) である. ∎

M_k が素数であれば, k も素数であった. これを用いると定理 1.51 は, 次のように言い換えられる.

> 正の偶数 n が完全数であることの必要十分条件は M_p が素数となるある素数 p を用いて $n=2^{p-1}M_p$ と表されることである.

このことから, メルセンヌ素数と偶数の完全数は 1 対 1 に対応することがわかるだろう. 以下の 2 つは奇数の完全数に関する結果である.

定理 1.52. n が奇数の完全数であるとき, n の素因数分解は
$$n = p^a q_1^{2b_1} q_2^{2b_2} \cdots q_t^{2b_t}$$
と表される. ただし, t は 2 以上の整数で, $p, q_1, q_2, \ldots, q_t$ は素数, また a, p はいずれも 4 を法として 1 と合同.

証明. n を素因数分解して,
$$n = p_1^{a_1} p_2^{a_2} \cdots p_k^{a_k}$$
と書いたとする. n が完全数であることから,
$$\prod_{i=1}^{k} (1 + p_i + p_i^2 + \cdots + p_i^{a_i}) = 2 p_1^{a_1} \cdots p_k^{a_k}$$
となる. n が奇数であることから, $1 \leq i \leq k$ なる整数 i であって,
$$1 + p_i + p_i^2 + \cdots + p_i^{a_i} \equiv 2 \pmod{4} \qquad (*)$$
となるものがただ 1 つ存在する. このとき, a_i は奇数でなくてはならない. $a_i = 2x+1$ (x は整数) と書こう. すると, $p_i^2 \equiv 1 \pmod 4$ であるから, $(*)$ は $(x+1)(p_i+1) \equiv 2 \pmod 4$ と書ける. したがって, $p_i \equiv 1 \pmod 4$ であり x は偶数である. よって, $a_i \equiv 1 \pmod 4$ である.

$j \neq i$ と $1 \leq j \leq k$ をみたす j に対して,
$$1 + p_j + p_j^2 + \cdots + p_j^{a_j} \equiv 1 \pmod 2$$
であるから, a_j は偶数でなくてはならない. よって,

$$n = p^a q_1^{2b_1} q_2^{2b_2} \cdots q_t^{2b_t}$$

と表され，a, p は4を法として1と合同．

あとは，t が2以上であることを示せばよい．$t=1$ であったと仮定しよう．このとき，

$$(1+p+p^2+\cdots+p^a)(1+q+q^2+\cdots+q^{2b}) = 2p^a q^{2b}$$

となるので，

$$\frac{p^{a+1}-1}{p-1} \cdot \frac{q^{2b+1}-1}{q-1} = 2p^a q^{2b}$$

となる．すると，

$$2 = \frac{p - \frac{1}{p^a}}{p-1} \cdot \frac{q - \frac{1}{q^{2b}}}{q-1} < \frac{p}{p-1} \cdot \frac{q}{q-1} \leq \frac{5}{4} \cdot \frac{3}{2} = \frac{15}{8}$$

より矛盾．よって，$t \geq 2$ でなければならない． ∎

1980年，Hagis は $t \leq 7$，$n > 10^{50}$ であることを示した．奇数の完全数が存在するかどうかは，現時点では数論における未解決問題である．

第 2 章

基 本 問 題

1. 2つの等差数列 $1, 4, \ldots$ (初項 1, 公差 3) と $9, 16, \ldots$ (初項 9, 公差 7) がある．この 2 つの数列の最初の 2004 項をそれぞれ取り出してできる 2 つの集合の和集合を S とする．S に含まれる異なる数の個数はいくつか．

2. 正の整数 6 項からなる狭義単調増加の数列がある．この数列の (最初の項以外の) どの項も前の項の倍数となっており，6 項すべての和は 79 であるという．この数列の中で最も大きい数を求めよ．

3. $n^3 + 100$ が $n + 10$ で割りきれるような正の整数 n の最大値を求めよ．

4. 既約分数の問題！
   (1) n を 2 より大きい整数とする．以下の分数のうち，偶数個が既約分数であることを示せ．
   $$\frac{1}{n}, \frac{2}{n}, \ldots, \frac{n-1}{n}$$
   (2) 任意の正の整数 n に対して，以下の分数は既約分数であることを示せ．
   $$\frac{12n+1}{30n+2}$$

5. 立方体の各面に正の整数が 1 つずつ書かれている．この立方体の各頂点 P について，P を含む 3 つの面に書かれた数の積を計算し，その値を P に書く．頂点に書かれた数の和が 1001 であるとき，面に書かれた数の和を求めよ．

6. ある正の整数が合成数であり，$2, 3, 5$ のいずれでも割りきれないとき，準素数であると呼ぶことにする．準素数を小さい方から3つ挙げると，$49, 77, 91$ である．1000以下の素数は168個ある．1000以下の準素数はいくつあるか．

7. 1より大きい整数 k が与えられている．素数 p および狭義単調増加な正の整数からなる数列 $a_1, a_2, \ldots, a_n, \ldots$ が存在して，
$$p + ka_1, p + ka_2, \ldots, p + ka_n, \ldots$$
がすべて素数となるようにできることを示せ．

8. 正の整数 n が与えられたとき，$p(n)$ を n の0でない桁すべてを掛けた値とする．（n が1桁のときは，$p(n) = n$ である．）
$$S = p(1) + p(2) + \cdots + p(999)$$
とする．S の最も大きい素因数を求めよ．

9. m, n は以下の式をみたす正の整数とする．
$$\mathrm{lcm}(m, n) + \gcd(m, n) = m + n$$
このとき m, n のうち一方は他方で割りきれることを示せ．

10. $n = 2^{31} 3^{19}$ とする．n より小さい n^2 の正の約数であって，n の約数ではないようなものはいくつあるか．

11. 任意の正の整数 a, b に対して，
$$(36a + b)(a + 36b)$$
は2のべき乗でないことを示せ．

12. $n = 2006, 2007, \ldots, 4012$ のそれぞれについて，n の奇数の約数のうち最大のものを計算する．それらの総和を求めよ．

13. 27000の約数の組 (a, b) であって，a, b が互いに素であるような正の整数 a, b

を用いて, $\dfrac{a}{b}$ の形で書けるような実数の総和を求めよ.

14. 3つの整数の最小公倍数.
   (1) 正の整数の組 (a, b, c) であって, $\mathrm{lcm}(a, b) = 1000, \mathrm{lcm}(b, c) = 2000, \mathrm{lcm}(c, a) = 2000$ をみたすものはいくつあるか.
   (2) 整数 a, b, c に対して, 等式
   $$\frac{\mathrm{lcm}(a,b,c)^2}{\mathrm{lcm}(a,b)\,\mathrm{lcm}(b,c)\,\mathrm{lcm}(c,a)} = \frac{\gcd(a,b,c)^2}{\gcd(a,b)\,\gcd(b,c)\,\gcd(c,a)}$$
   が成立することを示せ.

15. x, y, z は正の整数で,
$$\frac{1}{x} - \frac{1}{y} = \frac{1}{z}$$
をみたす. x, y, z の最大公約数を h とするとき, $hxyz$ と $h(x-y)$ はともに完全平方数であることを示せ.

16. p は $3k+2$ の形の素数であり, a, b は $a^2 + ab + b^2$ が p で割りきれるような整数である. このとき, a, b はどちらも p の倍数であることを示せ.

17. 整数 27000001 はちょうど 4 つの素因数をもつ. これら素因数の和を求めよ.

18. $n! + 5$ が完全立方数になるような正の整数 n をすべて求めよ.

19. $p^2 + 11$ がちょうど 6 個の異なる (正の) 約数をもつような素数 p をすべて求めよ.

20. ある正の整数 N について, N を 7 進法で表記し, それを 10 進法で読んだときの値が, N の 2 倍になるとき, N を「7-10 二重数」であると呼ぶことにする. たとえば, 51 を 7 進法で書くと $102_{(7)}$ となるがこれは 10 進法で 102 は 51 の 2 倍なので, 51 は 7-10 二重数である. 最も大きい 7-10 二重数を求めよ.

21. a, b を整数, n を正の整数とする. $a \equiv b \pmod{n}$ が成立するとき, $a^n \equiv b^n \pmod{n^2}$ も成立することを示せ. 逆は成立するか？

22. p を素数, k は整数で $1 \leqq k \leqq p-1$ をみたすとする.
$$_{p-1}C_k \equiv (-1)^k \pmod{p}$$
を示せ.

23. p を素数とする. $2^n - n$ が p で割りきれるような正の整数 n が無限に存在することを示せ.

24. n は 4 以上の整数とする. $1! + 2! + \cdots + n!$ はある正の整数のべき乗 (正の整数 a と 2 以上の整数 b を用いて a^b と書けるような数) にならないことを示せ.

25. k を正の奇数とする. 任意の正の整数 n に対して,
$$(1 + 2 + \cdots + n) \mid (1^k + 2^k + \cdots + n^k)$$
であることを示せ.

26. p は 5 より大きい素数とする. $p - 4$ がある整数の 4 乗になることはないことを示せ.

27. n を正の整数とする. 以下の不等式を示せ.
$$\sigma(1) + \sigma(2) + \cdots + \sigma(n) \leqq n^2$$

28. 正の整数からなる空でない有限集合 S であって, 任意の S の元 i, j に対して,
$$\frac{i+j}{\gcd(i,j)}$$
もまた S の元となるようなものをすべて求めよ.

29. 2^{29} は 9 桁の正の整数であり, すべての桁が異なっている. 実際に計算する

ことなく，0以上9以下の10個の数字のうち，2^{29} の桁には入っていない数字を求めよ．

30. 1より大きい整数 n に対して，$n^5 + n^4 + 1$ は素数でないことを示せ．

31. あるいくつかの素数 (すべて異なっている必要はない) の積は，それらの和の10倍である．そのような素数の組をすべて求めよ．

32. 10桁の正の整数の各桁に0以上9以下のすべての整数が現れ，かつ11111 の倍数であるとき，その整数を面白い整数と呼ぶことにする．面白い整数は全部でいくつあるか．

33. 相異なる19個の正の整数であって，その総和は1999であり，また19個のうちのどの整数も各桁の和が等しいようなものは存在するか．

34. 素数 p, q であって，$(5^p - 2^p)(5^q - 2^q)$ が pq で割りきれるようなものをすべて求めよ．

35. どの桁も0でない正の整数 n であって，n の各桁の和が n を割りきるようなものが無限に存在することを示せ．

36. n を正の整数とする．2^n 桁の正の整数 N であって，N の各桁は等しいようなものは，少なくとも n 個の相異なる素因数をもつことを示せ．

37. 互いに素である正の整数 a, b がある．a を初項，b を公差とする等差数列，a, $a+b, a+2b, a+3b, \ldots$ を考える．
  (1) この等差数列の部分列であって，各項の素因数の集合が等しいようなものが存在することを示せ．
  (2) この等差数列の部分列であって，どの2項も互いに素であるようなものが存在することを示せ．

38. n を正の整数とする.

(1) $\gcd(n!+1, (n+1)!+1)$ を計算せよ.

(2) a, b を正の整数とする. 以下の等式を示せ.
$$\gcd(n^a - 1, n^b - 1) = n^{\gcd(a,b)} - 1$$

(3) a, b を正の整数とする. $\gcd(n^a + 1, n^b + 1)$ は $n^{\gcd(a,b)} + 1$ を割りきることを示せ.

(4) m を n と互いに素な正の整数とする. 以下の値を m, n を用いて表せ.
$$\gcd(5^m + 7^m, 5^n + 7^n)$$

39. n 進法に関する問題.

(1) 空間上の平面 P と立方体 C であって, C の各頂点と P との距離が, $0, 1, 2, \ldots, 7$ の並び替えであるようなものは存在するか.

(2) 狭義単調に増加する数列 $1, 3, 4, 9, 10, 12, 13, \ldots$ は有限個の相異なる 3 のべき乗 (非負整数乗) の和で表せる数を小さい順に並べた数列である. この数列の 100 番目の項を求めよ. ただし, 1 番目は 1, 2 番目は 3, $\ldots$ などと数える.

(3) 非負整数からなる集合 X であって, 任意の非負整数 n に対して, $n = 2a + b$ となるような S の元の組 (a, b) がただ 1 つ存在するようなものは存在するか.

40. 合同式における分数.

(1) 正の整数 a は,
$$1 + \frac{1}{2} + \frac{1}{3} + \cdots + \frac{1}{23} = \frac{a}{23!}$$
をみたす. a を 13 で割った余りを求めよ.

(2) p を 5 以上の素数とする. m, n は,
$$\frac{m}{n} = \frac{1}{1^2} + \frac{1}{2^2} + \cdots + \frac{1}{(p-1)^2}$$
をみたす互いに素な整数とする. m は p の倍数であることを示せ.

(3) p を 5 以上の素数とする. 以下を示せ.

$$p^2 \bigg| (p-1)! \left(1 + \frac{1}{2} + \cdots + \frac{1}{p-1}\right)$$

41. $x^2 + 3y$ と $y^2 + 3x$ がともに完全平方数となるような正の整数 (x, y) の組をすべて求めよ.

42. 最初の桁は何か？（最後の桁ではないぞ！ 大丈夫か？）
(1) 2^{2004} は最初の桁が 1 である 604 桁の整数である．これを用いて，集合
$$\{2^0, 2^1, 2^2, \ldots, 2^{2003}\}$$
の元のうち，最初の桁が 4 であるようなものの個数を求めよ.
(2) k を正の整数として固定する．n は正の整数であって，2^n と 5^n の最初の k 桁は一致しているという．その等しい k 桁として考えられるものをすべて求めよ.

43. 失われた桁は何でしょう？
(1) 以下の整数の 1 の位の数字をそれぞれ求めよ.
$$3^{1001} 7^{1002} 13^{1003}, \quad \underbrace{7^{7^{\cdot^{\cdot^{\cdot^7}}}}}_{7 \text{ が } 1001 \text{ 個}}$$
(2) 以下の整数の下 3 桁を求めよ.
$$2003^{2002^{2001}}$$
(3) ${}_{99}C_{19}$ は 21 桁の整数で，10 進法では，
$$107{,}196{,}674{,}080{,}761{,}936{,}xyz$$
と表される．下 3 桁 xyz を求めよ.
(4) 3 乗したときの下 3 桁が 888 となる最小の正の整数を求めよ.

44. p を 3 以上の素数とする.
$$\{a_1, a_2, \ldots, a_{p-1}\}, \{b_1, b_2, \ldots, b_{p-1}\}$$
を $(\bmod\ p)$ における既約剰余系とする（すなわち，いずれも $(\bmod\ p)$ でみ

ると, $\{1, 2, \ldots, p-1\}$ の並び替えである).
このとき,
$$\{a_1 b_1, a_2 b_2, \ldots, a_{p-1} b_{p-1}\}$$
は $(\bmod p)$ における既約剰余系ではないことを示せ.

45. p を素数とする. $(1, 2, \ldots, p-1)$ の順列
$$(a_1, a_2, \ldots, a_{p-1})$$
であって, 数列 $\{i a_i\}_{i=1}^{p-1}$ が $(\bmod p)$ において, $p-2$ 個の相異なる元を含むようなものは存在するか.

46. n を正の整数とする. $n!$ より小さい任意の正の整数は $n!$ の正の約数 n 個以下の和として表されることを示せ.

47. n を 3 以上の奇数とする. $3^n + 1$ は n で割りきれないことを示せ.

48. a, b を正の整数とする. 方程式 $ax + by + z = ab$ の非負整数解 (x, y, z) の個数は
$$\frac{1}{2}\Big((a+1)(b+1) + \gcd(a, b) + 1\Big)$$
であることを示せ.

49. 位数に関する 2 問.
  (1) p を奇素数とする. q, r は素数で, $q^r + 1$ は p で割りきれるとする. このとき, $2r \mid p-1, p \mid q^2 - 1$ の少なくとも一方は成立することを示せ.
  (2) 1 より大きい整数 a と正の整数 n が与えられている. $a^{2^n} + 1$ の任意の素因数 p に対して, $p-1$ は 2^{n+1} で割りきれることを示せ.

50. 任意の正の整数 n に対して,
$$\left\lfloor \frac{(n-1)!}{n(n+1)} \right\rfloor$$

は偶数であることを示せ.

51. 正の整数 m であって, 以下の条件をみたすような正の整数 n がただ 1 つ存在するようなものをすべて求めよ.

　　条件: 　n 個の合同な正方形にも, $n+m$ 個の合同な正方形にも分割できるような長方形が存在する.

52. 正の整数 n であって, すべての桁が 0 でないような n の倍数が存在するようなものをすべて求めよ.

第3章

上 級 問 題

1.
   a) $3, 4, 5, 6$ 個の連続した整数の 2 乗の和は平方数にはならないことを示せ．
   b) 11 個の連続した正整数であって，その 2 乗の和が平方数となるような例を挙げよ．

2. 正整数 x を 10 進法表示したときの各桁の和を $S(x)$ で表す．
   a) 任意の正整数 x に対して $\dfrac{S(x)}{S(2x)} \leqq 5$ が成り立つことを証明せよ．この評価を改良することは可能か？
   b) $\dfrac{S(x)}{S(3x)}$ は有界ではないことを証明せよ．

3. ほとんどの正整数は，2 つ以上の連続する正整数の和として表すことができる．たとえば，$24 = 7 + 8 + 9$，$51 = 25 + 26$ などである．2 つ以上の連続する正整数の和で表せないような正整数を「面白い整数」ということにする．面白い整数とはどのような数か．

4. $S = \{105, 106, \ldots, 210\}$ とおく．S の任意の n 元部分集合 T が少なくとも 1 組の互いに素でない元をもつような n の最小値を求めよ．

5. 黒板に

$$\underbrace{99\ldots 99}_{1997\text{個}}$$
という数が書かれている.

黒板に n という数が書かれているとき,まず $n=ab$ と 2 つの整数の積に分ける.さらに a と b それぞれに 2 を加えるか減らすかして得られる $a\pm 2$, $b\pm 2$ の 2 つの数を黒板に書き,n を消す.

このように 1 つの数を 2 つの数に置き換える操作を繰り返すことで,黒板に書かれた数をすべて 9 にすることは可能か?

6. d を $2,5,13$ 以外の正整数とする.集合 $\{2,5,13,d\}$ の 2 つの元 a,b であって,$ab-1$ が平方数でないようなものが存在することを示せ.

7. 2000 個のボールがある.このうち 1000 個が 10 グラムのボールであり,残りの 1000 個が 9.9 グラムのボールであることがわかっている.これらからボールの山を 2 組取り出して,ボールの個数は等しいが総重量は異なるようにしたい.天秤ばかりによる計測を最小で何回行えばよいか.

ただし,天秤ばかりは左皿に乗せた物体の総重量から右側に乗せた物体の総重量を引いた値を求める道具である.

8. a,b,c は整数で,$a,b,c,a+b-c,a+c-b,b+c-a,a+b+c$ は相異なる 7 個の素数である.これら 7 個の素数のうち,最大のものと最小のものの差を d とする.$800\in\{a+b,b+c,c+a\}$ であるとき,d としてありうる値の最大値を求めよ.

9. どのような正整数 m,n に対しても,和
$$S(m,n)=\frac{1}{m}+\frac{1}{m+1}+\cdots+\frac{1}{m+n}$$
は整数ではないことを示せ.

10. $m>n$ であるような任意の正整数 m,n に対して,
$$\operatorname{lcm}(m,n)+\operatorname{lcm}(m+1,n+1)>\frac{2mn}{\sqrt{m-n}}$$

が成り立つことを示せ．

11. 任意の非負整数は，$a<b<c$ なる正整数 a,b,c を用いて $a^2+b^2-c^2$ の形に表せることを示せ．

12. 正整数からなる狭義単調増加数列 $\{a_k\}_{k=1}^{\infty}$ であって，任意の整数 a に対し，数列 $\{a_k+a\}_{k=1}^{\infty}$ が素数を有限個しか含まないようなものは存在するか．

13. 式
$$\pm 1 \pm 2 \pm 3 \pm \cdots \pm (4n+1)$$
において符号 $+,-$ を適切に選ぶことで，$(2n+1)(4n+1)$ 以下の正の奇数をすべて表すことができることを示せ．

14. a,b を互いに素な正整数とするとき，
$$ax+by=n$$
は $n>ab-a-b$ ならば非負整数解 (x,y) をもつことを示せ．$n=ab-a-b$ の場合はどうか．

15. 整数 k,m,n はある三角形の辺の長さであるとする．$k>m>n$ および
$$\left\{\frac{3^k}{10^4}\right\}=\left\{\frac{3^m}{10^4}\right\}=\left\{\frac{3^n}{10^4}\right\}$$
が成り立つとき，$k+m+n$ としてありうる最小値を求めよ．

16. 次のような2人用ゲームを考える．最初に n 個の石が積まれている．2人のプレイヤは，先手から始めて，正整数の2乗に等しい個数の石を取り除くことを交互に繰り返す．これ以上石を取り除くことが出来なくなったプレイヤが負けである．後手に必勝戦略があるような n が無限に多く存在することを示せ．

17. 数列 $1,11,111,\ldots$ の無限部分列で，どの2つの項も互いに素であるような

ものが存在することを示せ.

18. m, n は 1 より大きな整数で, $\gcd(m, n-1) = \gcd(m, n) = 1$ をみたすという. $n_1 = mn + 1, n_{k+1} = n \cdot n_k + 1 \, (k \geq 1)$ で定まる数列 $n_1, n_2, \ldots$ の最初の $m-1$ 項すべてが素数になることはないことを示せ.

19. 正整数 m であって, その正の約数の個数の 4 乗が m に等しいようなものをすべて求めよ.

20.
    (1) 任意の 39 個の連続する正整数に対し, 各桁の和が 11 で割り切れるような整数が選び出せることを示せ.
    (2) 各桁の和が 11 で割り切れるような整数が選び出せないような 38 個の連続する正整数のうちで, 一番小さいものを答えよ.

21. $\sqrt[3]{n}$ 未満のすべての正整数が n を割り切るような整数 n の最大値を求めよ.

22. 正整数 n を固定するとき, 数列
$$2, 2^2, 2^{2^2}, 2^{2^{2^2}}, \ldots$$
は n を法として十分先では定数であることを示せ. (ただし指数の塔は $a_1 = 2$, $a_{i+1} = 2^{a_i}$ により定義される.)

23. $f_n = 2^{2^n} + 1$ とする. $n \geq 5$ のとき, $f_n + f_{n-1} - 1$ は少なくとも $n+1$ 個の素因数をもつことを示せ.

24. どのような整数も, (必ずしも異なる必要はない) 5 つの整数の 3 乗の和として表せることを示せ.

25. 整数部分・小数部分に関する 2 問.
    (1) 方程式

$$x\lfloor x\lfloor x\lfloor x\rfloor\rfloor\rfloor = 88$$

をみたすような実数 x をすべて求めよ.

(2) 方程式

$$\{x^3\} + \{y^3\} = \{z^3\}$$

は, x, y, z が整数でない有理数であるような解を無限に多くもつことを示せ.

26. n を 2 以上の整数とする. p がフェルマー数 f_n の約数であるとき, $p-1$ は 2^{n+2} で割り切れることを示せ.

27. 1つの奇数, 2つの偶数, 3つの奇数, 4つの偶数, … を小さい方から並べて得られる数列

$$\{a_n\}_{n=1}^{\infty} = \{1, 2, 4, 5, 7, 9, 10, 12, 14, 16, 17, \ldots\}$$

の第 n 項 a_n を n の式として表せ.

28. 任意の $n \geq 2$ に対し, n 個の整数からなる集合 S であって, S の相異なる任意の 2 元 a, b に対し, $(a-b)^2$ が ab を割り切るようなものが存在することを示せ.

29. $n^4 + 1$ の最大素因数が $2n$ より大きいような正整数 n が無限に多く存在することを証明せよ.

30. 正整数 k に対し, k の奇数の約数のうち最大のものを $p(k)$ と書くことにする. 任意の正整数 n に対して

$$\frac{2n}{3} < \frac{p(1)}{1} + \frac{p(2)}{2} + \cdots + \frac{p(n)}{n} < \frac{2(n+1)}{3}$$

が成り立つことを示せ.

31. p を奇素数, t を正整数とし, m を p とも $p-1$ とも互いに素であるような整数とする. a, b を p と互いに素な整数とするとき,

$$a^m \equiv b^m \pmod{p^t} \iff a \equiv b \pmod{p^t}$$

であることを示せ.

32. 7 以上の素数 p に対し，ある正整数 n および p で割り切れない整数 $x_1, \ldots, x_n, y_1, \ldots, y_n$ であって
$$x_1^2 + y_1^2 \equiv x_2^2 \pmod{p},$$
$$x_2^2 + y_2^2 \equiv x_3^2 \pmod{p},$$
$$\vdots$$
$$x_n^2 + y_n^2 \equiv x_1^2 \pmod{p}$$
をみたすものが存在することを示せ.

33. 任意の正整数 n に対して
$$\frac{\sigma(1)}{1} + \frac{\sigma(2)}{2} + \cdots + \frac{\sigma(n)}{n} \leq 2n$$
が成り立つことを示せ.

34. 連立方程式
$$x^6 + x^3 + x^3 y + y = 147^{157},$$
$$x^3 + x^3 y + y^2 + y + z^9 = 157^{147}$$
は整数解 (x, y, z) をもたないことを示せ.

35. 27 個の物体があり，重さが $1, 3, 3^2, \ldots, 3^{26}$ の並べ替えであることがわかっている．天秤ばかりを使ってそれぞれの重さを決定したい．一番少なくて何回の計測をすればよいか．

 ただし，天秤ばかりは左皿に乗せた物体の総重量から右皿に乗せた物体の総重量を引いた値を求める道具である．

36. λ を方程式 $t^2 - 1998t - 1 = 0$ の正の解とする．数列 $x_0, x_1, \ldots$ を
$$x_0 = 1, \qquad x_{n+1} = \lfloor \lambda x_n \rfloor \quad (n \geq 0)$$

により定める. x_{1998} を 1998 で割った余りを求めよ.

37. 整数からなる集合 X で次のような性質をもつものが存在するか決定せよ:

任意の整数 n に対して $a+2b=n$ をみたす $a,b \in X$ がちょうど一組存在する.

38. 正整数 n に対して整数 $\lfloor\sqrt{2^n}\rfloor$ の 1 の位を x_n として数列 $\{x_n\}$ を定める. 数列 $x_1, x_2, \ldots, x_n, \ldots$ が周期的となるかどうかを決定せよ.

39. 任意の整数 n は, 適切に k および符号 $+, -$ を選ぶことで無限に多くの方法で
$$n = \pm 1^2 \pm 2^2 \pm \cdots \pm k^2$$
と表せることを示せ.

40. 整数からなる集合 T は, どの 2 つも互いに素であるような 3 つの元を含むとき「良い集合」であるという.

n を $n \geqq 4$ なる整数とする. 正整数 m に対して, $S_m = \{m, m+1, \ldots, m+n-1\}$ とおく. すべての m に対し, S_m の任意の $f(n)$ 元部分集合が良い集合であるような $f(n)$ の最小値を求めよ.

41. 任意の正整数 a,b,c,d に対して $((abcd)!)^r$ が次に挙げる数の積で割り切れるような正整数 r の最小値を求めよ:

$$(a!)^{bcd+1}, (b!)^{acd+1}, (c!)^{abd+1}, (d!)^{abc+1},$$
$$((ab)!)^{cd+1}, ((bc)!)^{ad+1}, ((cd)!)^{ab+1}, ((ac)!)^{bd+1},$$
$$((bd)!)^{ac+1}, ((ad)!)^{bc+1}, ((abc)!)^{d+1}, ((abd)!)^{c+1},$$
$$((acd)!)^{b+1}, ((bcd)!)^{a+1}.$$

42. 最小公倍数に関する 2 問.

(1) 正整数 $a_0 < a_1 < \cdots < a_n$ に対して

$$\frac{1}{\mathrm{lcm}(a_0,a_1)} + \frac{1}{\mathrm{lcm}(a_1,a_2)} + \cdots + \frac{1}{\mathrm{lcm}(a_{n-1},a_n)} \leq 1 - \frac{1}{2^n}$$

が成り立つことを示せ.

(2) m を正整数とする. m 以下の正整数がいくつか与えられている. m 以下の任意の正整数が, 与えられた整数の 2 つでは割り切れないとき, 与えられた数の逆数の総和が $\frac{3}{2}$ より小さいことを示せ.

43. 正整数 n に対し, それを $1, 2, \ldots, n$ で割ったときの余りの合計を $r(n)$ で表す. $r(n) = r(n-1)$ をみたす n が無数に多く存在することを示せ.

44. 2 つの関連したオリンピック問題.

(1) 正整数が「ぐらぐらしている」とは, その 1 の位, 10 の位, 100 の位, と 1 の位から順に, 0 ではない数と 0 が交互に並ぶ (1 の位は 0 ではない) ことをいう. ぐらぐらした数の約数とはなりえない正整数をすべて決定せよ.

(2) 正整数が「交代的」であるとは, どの隣接する 2 つの桁の数に対しても, それらの偶奇が異なることをいう. 交代的な倍数をもつような正整数をすべて決定せよ.

45. p を奇素数とする. 数列 $\{a_n\}_{n\geq 0}$ を以下のように定める. まず $a_0 = 0$, $a_1 = 1, \ldots, a_{p-2} = p-2$ とする. $n \geq p-1$ に対しては, $a_0, \ldots, a_n$ が単調増加で長さ p の等差数列を含まないような最小の正整数を a_n とする. 任意の n に対し, a_n は n を $(p-1)$ 進法で表し p 進法で読んだ数となることを示せ.

46. ちょうど 2000 個の相異なる素数で割り切れるような自然数 n であって, n が $2^n + 1$ を割り切るようなものは存在するか.

47. 巡回的で対称的な整序可能性に関する問題.

(1) どの 2 つも互いに素であるような 3 整数 $a, b, c > 1$ であって
$$b \mid 2^a + 1, \quad c \mid 2^b + 1, \quad a \mid 2^c + 1$$

をみたすようなものが存在するかどうかを決定せよ．

(2) 素数の組 (p, q, r) であって
$$p \mid q^r + 1, \quad q \mid r^p + 1, \quad r \mid p^q + 1$$
をみたすものをすべて求めよ．

48. n を正の整数とし，$p_1, p_2, \ldots, p_n$ を 3 より大きな相異なる素数とする．$2^{p_1 p_2 \cdots p_n} + 1$ は少なくとも 4^n 個の正の約数をもつことを示せ．

49. p を素数とし，$a_0 = 0, a_1 = 1$ および漸化式
$$a_{k+2} = 2a_{k+1} - pa_k \quad (k = 0, 1, 2, \ldots)$$
で定まる無限数列 $a_0, a_1, \ldots$ を考える．この数列に -1 が現れるとき，p として可能な値をすべて求めよ．

50. $\{1, 2, \ldots, n\}$ の部分集合からなる集合 $\mathcal{F}$ は次の 2 条件をみたす：
 a) $A \in \mathcal{F}$ ならば，A はちょうど 3 つの元からなる．
 b) $\mathcal{F}$ の相異なる元 A, B は共通元を高々 1 つしかもたない．
このような $\mathcal{F}$ の元の個数の最大値を $f(n)$ と書くとき，
$$\frac{(n-1)(n-2)}{6} \leqq f(n) \leqq \frac{(n-1)n}{6}$$
が成り立つことを示せ．

51. ある n に対して
$$\frac{\tau(n^2)}{\tau(n)} = k$$
が成り立つような正整数 k をすべて決定せよ．

52. n を 2 より大きな整数とするとき，フェルマー数 f_n は $2^{n+2}(n+1)$ より大きな素因数をもつことを示せ．

# 第 4 章

基本問題の解答

1. [AMC10B 2004] 2つの等差数列 $1, 4, \ldots$ (初項 1, 公差 3) と $9, 16, \ldots$ (初項 9, 公差 7) がある．この 2 つの数列の最初の 2004 項をそれぞれ取り出してできる 2 つの集合の和集合を S とする．S に含まれる異なる数の個数はいくつか．

   解答． 両方の数列に現れる最小の数は 16 である．3 と 7 (2 つの等差数列の公差) の最小公倍数は 21 であるから，ある数が両方の数列に現れるための必要十分条件は，$16 + 21k$ (k は非負整数) の形をしていることである．$16 + 21k \leq 3 \cdot 2003 + 1$ をみたす最大の整数 k は 285 であるから，両方の数列に現れる数は 286 個ある．よって，S の元の個数は $4008 - 286 = 3722$ である．

2. [HMMT 2004] 正の整数 6 項からなる狭義単調増加の数列がある．この数列の (最初の項以外の) どの項も前の項の倍数となっており，6 項すべての和は 79 であるという．この数列の中で最も大きい数を求めよ．

   解答． この数列の項を順に $a_1, a_2, a_3, a_4, a_5, a_6$ とする．$a_4 \geq 12$ であると，$a_5 \geq 2a_4 \geq 24$, $a_6 \geq 2a_5 \geq 48$ となって $a_4 + a_5 + a_6 \geq 84$ となって問題文に反する．よって $a_4 < 12$ である．すると，最初の 4 項は $a_1 = 1, a_2 = 2, a_3 = 4, a_4 = 8$ でなくてはならない．$a_5 = ma_4 = 8m$, $a_6 = na_5 = 8mn$ (m, n は 2 以上の整数) としよう．このとき，$8m + 8mn = 79 - (1 + 2 + 4 + 8) = 64$ であり，$m(1 + n) = 8$ である．すると，条件をみたす (m, n) の組は $(2, 3)$ のみであることがわかり．$a_6 = 48$ である．

3. [AIME 1986] $n^3 + 100$ が $n + 10$ で割りきれるような正の整数 n の最大値を求めよ.

解答. n についての多項式とみて多項式の割り算を実行することにより,$n^3 + 100 = (n+10)(n^2 - 10n + 100) - 900$ となる.よって,$n^3 + 100$ が $n + 10$ で割りきれるならば,900 が $n + 10$ で割りきれなくてはならない.900 の約数のうち最大のものは 900 であり,$n + 10 = 900$ のときの n,すなわち $n = 890$ が求める最大値である.

4. 既約分数の問題!
(1) n を 2 より大きい整数とする.以下の分数のうち,偶数個が既約分数であることを示せ.
$$\frac{1}{n}, \frac{2}{n}, \ldots, \frac{n-1}{n}$$
(2) 任意の正の整数 n に対して,以下の分数は既約分数であることを示せ.
$$\frac{12n+1}{30n+2}$$

解答. (1) は偶奇の議論で,(2) はユークリッドの互除法で証明する.
(1) $\gcd(k, n) = \gcd(n-k, n)$ であるから,分数 $\dfrac{k}{n}$ が既約であることと,分数 $\dfrac{n-k}{n}$ が既約であることは同値である.任意の k について,$\dfrac{k}{n}$ と $\dfrac{n-k}{n}$ が異なれば,それらを 2 つずつの分数のペアにしていくことで偶数個の既約分数があることがわかり,ある k について $\dfrac{k}{n} = \dfrac{n-k}{n}$ であれば,$n = 2k$ でなくてはならず,$\dfrac{k}{n} = \dfrac{k}{2k} = \dfrac{1}{2}$ なので $\dfrac{k}{n}\left(= \dfrac{n-k}{n}\right)$ は既約分数ではない.よって,この場合も同様に ($\dfrac{k}{n}$ と $\dfrac{n-k}{n}$ が異なるような k についてのみ) ペアにしていくことで偶数個の既約分数があることが示される.

(2) ユークリッドの互除法により,
$$\gcd(30n+2, 12n+1) = \gcd(6n, 12n+1) = \gcd(6n, 1) = 1$$
より示された.

5. 立方体の各面に正の整数が1つずつ書かれている．この立方体の各頂点 P について，P を含む3つの面に書かれた数の積を計算し，その値を P に書く．頂点に書かれた数の和が 1001 であるとき，面に書かれた数の和を求めよ．

解答． 面に書かれた数を a,b,c,d,e,f (a と f，b と d，c と e がそれぞれ向かい合った面に書かれた数) とする．このとき，

$$1001 = abc + abe + acd + ade + bcf + bef + cdf + def$$
$$= (a+f)(b+d)(c+e)$$

である．(上式において xyz が現れるのは，x と y，y と z，z と x がすべて向かい合った面に書かれていないとき，またその時に限る．このことから，上式のような因数分解が思いつく．) $1001 = 7 \cdot 11 \cdot 13$ であり，$a+f, b+d, c+e$ は 1 よりも大きいので，$\{a+f, b+d, c+e\} = \{7, 11, 13\}$ である．よって，$a+b+c+d+e+f = 7+11+13 = 31$ である．

6. [AMC12A 2005] ある正の整数が合成数であり，$2, 3, 5$ のいずれでも割りきれないとき，準素数であると呼ぶことにする．準素数を小さい方から3つ挙げると，$49, 77, 91$ である．1000 以下の素数は 168 個ある．1000 以下の準素数はいくつあるか．

解答． 1000 未満の整数の中で，$\left\lfloor \dfrac{999}{2} \right\rfloor = 499$ 個が 2 の倍数，$\left\lfloor \dfrac{999}{3} \right\rfloor = 333$ 個が 3 の倍数，$\left\lfloor \dfrac{999}{5} \right\rfloor = 199$ 個が 5 の倍数，$\left\lfloor \dfrac{999}{6} \right\rfloor = 166$ 個が 6 の倍数，$\left\lfloor \dfrac{999}{10} \right\rfloor = 99$ 個が 10 の倍数，$\left\lfloor \dfrac{999}{15} \right\rfloor = 66$ 個が 15 の倍数，$\left\lfloor \dfrac{999}{30} \right\rfloor = 33$ 個が 30 の倍数である．このうち，包除の原理により $2, 3, 5$ のうち少なくとも1つで割りきれる数は

$$499 + 333 + 199 - 166 - 99 - 66 + 33 = 733$$

個ある．残りの $999 - 733 = 266$ 個のうち，165 個は $2, 3, 5$ のいずれとも異なる素数であり，1 は素数でも合成数でもない．よって，$266 - 165 - 1 = 100$ 個の準素数がある．

7. 1 より大きい整数 k が与えられている．素数 p および狭義単調増加な正の整

数からなる数列 $a_1, a_2, \ldots, a_n, \ldots$ が存在して,
$$p + ka_1, p + ka_2, \ldots, p + ka_n, \ldots$$
がすべて素数となるようにできることを示せ.

解答. 鳩の巣原理により, 簡潔な証明が得られる. 無限羽の鳩が出てきても, その鳩たちが入る巣箱は有限個なので, 戸惑うことはない.

各 $i = 1, 2, \ldots, k-1$ に対して, P_i を k で割って i 余るようなすべての素数の集合とする. (k 自身を除く) 各素数は $P_1, P_2, \ldots, P_{k-1}$ のいずれかに含まれる. 素数が無限に存在することから, 少なくとも1つの集合は無限集合である. それを P_i としよう. P_i の元を小さい方から順に $x_1, x_2, \ldots, x_n, \ldots$ とし, $p = x_1$ とする. また, 各正の整数 n について,
$$a_n = \frac{x_{n+1} - p}{k}$$
とする. すると, $n = 1, 2, \ldots$ と動かしたとき, $p + ka_n$ は x_2 から始まり P_i の元のみを動く. 数列 $\{a_n\}$ は正の整数からなり, 狭義単調増加であるので, これは問題の条件をみたす.

8. [AIME 1994] 正の整数 n が与えられたとき, $p(n)$ を n の0でない桁すべてを掛けた値とする. (n が1桁のときは, $p(n) = n$ である.)
$$S = p(1) + p(2) + \cdots + p(999)$$
とする. S の最も大きい素因数を求めよ.

解答. 1000未満の正の整数を (必要ならば先頭にいくつか0を補うことで) 3桁の整数とみたとき, それら3桁の積の総和は,
$$(0 \cdot 0 \cdot 0 + 0 \cdot 0 \cdot 1 + \cdots + 9 \cdot 9 \cdot 9) - 0 \cdot 0 \cdot 0 = (0 + 1 + \cdots + 9)^3 - 0$$
となる. しかしながら, $p(n)$ を計算する際に, 0である桁は掛けないので, 上式の0は1に置き換えて計算しなくてはならない. ($0 \cdot 0 \cdot 0$ の部分は $1 \cdot 1 \cdot 1$ となるが, 後で同じ数を引かれるので, そのままでよい.) よって,
$$S = 46^3 - 1 = (46 - 1)(46^2 + 46 + 1) = 3^3 \cdot 5 \cdot 7 \cdot 103$$
より, 最大の素因数は103である.

9. [Russia 1995] m, n は以下の式をみたす正の整数とする．
$$\mathrm{lcm}(m,n) + \gcd(m,n) = m + n$$
このとき m, n のうち一方は他方で割りきれることを示せ．

解答． $d = \gcd(m,n)$ とおき，$m = ad, n = bd$ (a, b は正の整数) とする．このとき，$\gcd(a,b) = 1$ であり，
$$\mathrm{lcm}(m,n) = \frac{mn}{\gcd(m,n)} = abd$$
である．問題の式は $abd + d = ad + bd$ となり，このことから直ちに，$ab - a - b + 1 = 0, (a-1)(b-1) = 0$ がわかる．よって，$a = 1, b = 1$ の少なくとも一方が成り立つので，$m = d, n = bd = bm$ もしくは，$n = d, m = an$ が成り立つ．

別解． 2次方程式 $x^2 - (m+n)x + mn = 0$ を考える．解と係数の関係により，m, n はこの方程式の2つの解である．$\mathrm{lcm}(m,n) \cdot \gcd(m,n) = mn$ と問題の式から，再び解と係数の関係により，$\mathrm{lcm}(m,n), \gcd(m,n)$ もこの方程式の2つの解である．よって，$\{\mathrm{lcm}(m,n), \gcd(m,n)\} = \{m, n\}$ である．$\mathrm{lcm}(m,n)$ は $\gcd(m,n)$ で割りきれることから，結論が成り立つ．

10. [AIME 1995] $n = 2^{31} 3^{19}$ とする．n より小さい n^2 の正の約数であって，n の約数ではないようなものはいくつあるか．

解答． $n = p^r q^s$ (p, q は異なる素数) としたとき，$n^2 = p^{2r} q^{2s}$ であり，n^2 は
$$(2r+1)(2s+1)$$
個の約数をもつ．n より小さい n^2 の約数 d に対応して，n より大きい n^2 の約数 $\dfrac{n^2}{d}$ が存在することに注意して，n^2 の約数から n を除いて考えると，n^2 の約数で n より小さいのは
$$\frac{(2r+1)(2s+1) - 1}{2} = 2rs + r + s$$
個である．n は n 自身も含めて $(r+1)(s+1)$ 個の約数をもち，n の約数は n^2 の約数でもあるので，n^2 の約数のうち，
$$2rs + r + s - ((r+1)(s+1) - 1) = rs$$
個が n より小さく n の約数でもない．$r = 31, s = 19$ の場合は，$rs = 589$

である.

別解 (Chengde Feng 氏による). n^2 の正の約数 d であって，n より小さいが n を割りきらないようなものは，

$$d = \begin{cases} 2^{31+a}3^{19-b} & (2^a < 3^b \text{のとき}) \\ 2^{31-a}3^{19+b} & (2^a > 3^b \text{のとき}) \end{cases}$$

と書ける．ここで，a, b は $1 \leq a \leq 31, 1 \leq b \leq 19$ となるような整数である．正の整数 a, b について，$2^a = 3^b$ となることはないので，そのような約数の数は $19 \cdot 31 = 589$ である．

11. [APMO 1998] 任意の正の整数 a, b に対して，

$$(36a+b)(a+36b)$$

は 2 のべき乗でないことを示せ．

解答． $a = 2^c \cdot p, b = 2^d \cdot q$ (c, d は非負整数，p, q は奇数) とおく．一般性を失うことなく，$c \geq d$ と仮定してよい．このとき，

$$36a + b = 36 \cdot 2^c p + 2^d q = 2^d(36 \cdot 2^{c-d}p + q)$$

より，

$$(36a+b)(a+36b) = 2^d(36 \cdot 2^{c-d}p + q)(a+36b)$$

であり，1 より大きい奇数の約数 $36 \cdot 2^{c-d}p + q$ をもつ．よって，これは 2 のべき乗でない．

12. $n = 2006, 2007, \ldots, 4012$ のそれぞれについて，n の奇数の約数のうち最大のものを計算する．それらの総和を求めよ．

解答． 正の整数 n に対して，$p(n)$ を n の約数のうち最大のものとする．ある非負整数 k を用いて，$n = 2^k \cdot p(n)$ と書ける．正の整数 n_1, n_2 に対して，$p(n_1) = p(n_2)$ であるとき，一方は他方の 2 倍以上である．

$2007, 2008, \ldots, 4012$ のうちの 2 つを選んでも，一方が他方の 2 倍以上になることはないので，$p(2007), p(2008), \ldots, p(4012)$ は相異なる 2006 個の奇数である．また，これらの奇数はすべて集合 $\{1, 3, 5, \ldots, 4011\}$ のいずれかの元である．この集合は 2006 個の元からなることから，

$\{p(2007), p(2008), \ldots, p(4012)\} = \{1, 3, 5, \ldots, 4011\}$

が成立する．よって，求める総和は，

$p(2006) + 1 + 3 + 5 + \cdots + 4011 = 1003 + 2006^2 = 1003 \cdot 4013 = 4025039$

である．

13. 27000 の約数の組 (a, b) であって，a, b が互いに素であるような正の整数 a, b を用いて，$\dfrac{a}{b}$ の形で書けるような実数の総和を求めよ．

解答． $27000 = 2^3 3^3 5^3$ であるから，各 $\dfrac{a}{b}$ はすべて $2^a 3^b 5^c$ (a, b, c は -3 以上 3 以下の整数) の形で書ける．

よって，問題のような実数はすべて，

$$(2^{-3} + 2^{-2} + \cdots + 2^3)(3^{-3} + 3^{-2} + \cdots + 3^3)(5^{-3} + 5^{-2} + \cdots + 5^3)$$

を展開したときに一度ずつ現れる．

ゆえに，求める総和は，

$$\frac{1}{2^3 3^3 5^3} \cdot \frac{2^7 - 1}{2 - 1} \cdot \frac{3^7 - 1}{3 - 1} \cdot \frac{5^7 - 1}{5 - 1} = \frac{(2^7 - 1)(3^7 - 1)(5^7 - 1)}{2^6 3^3 5^3}$$

である．

14. 3 つの整数の最小公倍数．

(1) 正の整数の組 (a, b, c) であって，$\mathrm{lcm}(a, b) = 1000, \mathrm{lcm}(b, c) = 2000, \mathrm{lcm}(c, a) = 2000$ をみたすものはいくつあるか．

(2) 整数 a, b, c に対して，等式

$$\frac{\mathrm{lcm}(a, b, c)^2}{\mathrm{lcm}(a, b)\mathrm{lcm}(b, c)\mathrm{lcm}(c, a)} = \frac{\gcd(a, b, c)^2}{\gcd(a, b)\gcd(b, c)\gcd(c, a)}$$

が成立することを示せ．

解答．

(1) $1000, 2000$ はどちらも $2^m 5^n$ の形なので，a, b, c もこの形でなくてはならない．そこで，

$$a = 2^{m_1} 5^{n_1}, b = 2^{m_2} 5^{n_2}, c = 2^{m_3} 5^{n_3}$$

(m_i, n_i ($i = 1, 2, 3$) は非負整数) とおく．このとき，

$$\max\{m_1, m_2\} = 3, \quad \max\{m_2, m_3\} = 4, \quad \max\{m_3, m_1\} = 4 \quad (*)$$

および,

$$\max\{n_1, n_2\} = 3, \quad \max\{n_2, n_3\} = 3, \quad \max\{n_3, n_1\} = 3 \quad (**)$$

が成立する.

$(*)$ より, $m_3 = 4$ かつ m_1, m_2 の一方は 3 でなくてはならない. 残った1つは $0, 1, 2, 3$ のいずれかである. そのような (m_1, m_2, m_3) は $(0, 3, 4), (1, 3, 4), (2, 3, 4), (3, 0, 4), (3, 1, 4), (3, 2, 4), (3, 3, 4)$ の7つである.

$(**)$ より, n_1, n_2, n_3 の少なくとも2つは3であり, 残りは $0, 1, 2, 3$ のいずれかである. そのような (n_1, n_2, n_3) は $(3, 3, 0), (3, 3, 1), (3, 3, 2), (3, 0, 3), (3, 1, 3), (3, 2, 3), (0, 3, 3), (1, 3, 3), (2, 3, 3), (3, 3, 3)$ の10個ある.

(m_1, m_2, m_3) と (n_1, n_2, n_3) は独立して選べることから, 問題の条件をみたす (a, b, c) は全部で, $7 \cdot 10 = 70$ 個ある.

(2) $a = p_1^{\alpha_1} p_2^{\alpha_2} \cdots p_n^{\alpha_n}$, $b = p_1^{\beta_1} p_2^{\beta_2} \cdots p_n^{\beta_n}$, $c = p_1^{\gamma_1} p_2^{\gamma_2} \cdots p_n^{\gamma_n}$ ($p_1, p_2, \ldots, p_n$ は相異なる素数, $\alpha_1, \ldots, \alpha_n, \beta_1, \ldots, \beta_n, \gamma_1, \ldots, \gamma_n$ は非負整数) とおく.

すると,

$$\frac{\mathrm{lcm}(a,b,c)^2}{\mathrm{lcm}(a,b)\,\mathrm{lcm}(b,c)\,\mathrm{lcm}(c,a)}$$
$$= \frac{\prod_{i=1}^{n} p_i^{2\max\{\alpha_i, \beta_i, \gamma_i\}}}{\prod_{i=1}^{n} p_i^{\max\{\alpha_i, \beta_i\}} \prod_{i=1}^{n} p_i^{\max\{\beta_i, \gamma_i\}} \prod_{i=1}^{n} p_i^{\max\{\gamma_i, \alpha_i\}}}$$
$$= \prod_{i=1}^{n} p_i^{2\max\{\alpha_i, \beta_i, \gamma_i\} - \max\{\alpha_i, \beta_i\} - \max\{\beta_i, \gamma_i\} - \max\{\gamma_i, \alpha_i\}}$$

および

$$\frac{\gcd(a,b,c)^2}{\gcd(a,b)\gcd(b,c)\gcd(c,a)}$$
$$= \frac{\prod_{i=1}^{n} p_i^{2\min\{\alpha_i, \beta_i, \gamma_i\}}}{\prod_{i=1}^{n} p_i^{\min\{\alpha_i, \beta_i\}} \prod_{i=1}^{n} p_i^{\min\{\beta_i, \gamma_i\}} \prod_{i=1}^{n} p_i^{\min\{\gamma_i, \alpha_i\}}}$$

$$= \prod_{i=1}^{n} p_i^{2\min\{\alpha_i,\beta_i,\gamma_i\}-\min\{\alpha_i,\beta_i\}-\min\{\beta_i,\gamma_i\}-\min\{\gamma_i,\alpha_i\}}$$

が成り立つ.

よって, 非負整数 α, β, γ に対して,

$$2\max\{\alpha,\beta,\gamma\} - \max\{\alpha,\beta\} - \max\{\beta,\gamma\} - \max\{\gamma,\alpha\}$$
$$= 2\min\{\alpha,\beta,\gamma\} - \min\{\alpha,\beta\} - \min\{\beta,\gamma\} - \min\{\gamma,\alpha\}$$

が成立することを示せばよい.

対称性より, $\alpha \leqq \beta \leqq \gamma$ と仮定してよく, この両辺とも $-\beta$ に等しいことが容易に示される.

(2) の証明の結果として,

$$\frac{\operatorname{lcm}(a,b)\operatorname{lcm}(b,c)\operatorname{lcm}(c,a)}{\operatorname{lcm}(a,b,c)^2} \quad \text{と} \quad \frac{\gcd(a,b)\gcd(b,c)\gcd(c,a)}{\gcd(a,b,c)^2}$$

は等しい整数であることがわかる.

15. [UK 1998] x, y, z は正の整数で,

$$\frac{1}{x} - \frac{1}{y} = \frac{1}{z}$$

をみたす. x, y, z の最大公約数を h とするとき, $hxyz$ と $h(x-y)$ はともに完全平方数であることを示せ.

解答. $x = ha, y = hb, z = hc$ とおこう. すると, a, b, c は正の整数で, $\gcd(a,b,c) = 1$ である. 次に, $\gcd(a,b) = g$ とおく. $a = ga', b = gb'$ (a', b' は正の整数) とおくと,

$$\gcd(a', b') = \gcd(a' - b', b') = \gcd(a', a' - b') = 1$$

である. ここで, g と c がともに $d > 1$ で割りきれると, a, b, c のすべてが d で割りきれることになって, $\gcd(a,b,c) = 1$ に矛盾する. よって, $\gcd(g, c) = 1$ である. 問題文の条件式から,

$$\frac{1}{a} - \frac{1}{b} = \frac{1}{c} \Leftrightarrow c(b-a) = ab \Leftrightarrow c(b'-a') = a'b'g$$

が成立する. よって, $c \mid a'b'g$ であるが, c と g は互いに素であるから, $c \mid a'b'$ である. また, $a'b' \mid c(b'-a')$ であるが, $a'b'$ と $b'-a'$ は互いに素である

から，$a'b' \mid c$ である．ゆえに，$a'b' = c$ であり，$b' - a' = g$ である．
すると，
$$hxyz = h^4 abc = h^4 g^2 a'b'c = h^4 g^2 a'^2 b'^2 = (h^2 g a' b')^2$$
$$h(y-x) = h^2(b-a) = h^2 g(b'-a') = h^2 g^2 = (hg)^2$$
より，いずれも完全平方数である．

16. p は $3k+2$ の形の素数であり，a,b は $a^2 + ab + b^2$ が p で割りきれるような整数である．このとき，a,b はどちらも p の倍数であることを示せ．
解答． もし，a が p で割りきれるなら，$0 \equiv a^2 + ab + b^2 \equiv b^2 \pmod{p}$ より，b^2 は p で割りきれるので b も p で割りきれ，証明が終了する．

a は p で割りきれないと仮定しよう．$a^3 - b^3 = (a-b)(a^2 + ab + b^2)$ が p で割りきれることより，$a^3 \equiv b^3 \pmod{p}$ (このことから，b も p で割りきれないこともわかる)．よって，
$$a^{3k} \equiv b^{3k} \pmod{p}$$
である．フェルマーの小定理により，$a^{p-1} \equiv b^{p-1} \equiv 1 \pmod{p}$ であるから，
$$a^{3k+1} \equiv b^{3k+1} \pmod{p}$$
である．a,b はいずれも p と互いに素であることから，$a \equiv b \pmod{p}$ である．すると，$0 \equiv a^2 + ab + b^2 \equiv 3a^2 \pmod{p}$ から，$3a^2 \equiv 0 \pmod{p}$．$p \neq 3$ なので，a が p で割りきれることになってしまい矛盾．以上より，題意は示された．

17. [HMMT 2005] 整数 27000001 はちょうど4つの素因数をもつ．これら素因数の和を求めよ．
解答． 恒等式 $x^3 + 1 = (x+1)(x^2 - x + 1)$，$x^2 - y^2 = (x+y)(x-y)$ を用いることにより，
$$27000001 = 300^3 + 1 = (300+1)(300^2 - 300 + 1)$$
$$= 301(300^2 + 2 \cdot 300 + 1 - 900)$$
$$= 301\big((300+1)^2 - 900\big) = 301(301^2 - 30^2)$$

$$= 301 \cdot 331 \cdot 271 = 7 \cdot 43 \cdot 271 \cdot 331$$

よって，求める素因数の和は，$7 + 43 + 271 + 331 = 652$ である．

18. $n! + 5$ が完全立方数になるような正の整数 n をすべて求めよ．

解答． 求める n は $n = 5$ のみである．

実際に調べることで，$n = 1, 2, 3, 4, 6, 7, 8, 9$ について $n! + 5$ は完全立方数でないこと，および $5! + 5 \, (= 125)$ は完全立方数であることは確かめられる．

$n > 9$ なる n で，$n! + 5$ が完全立方数になったとしよう．このとき，$n! + 5$ は 5 の倍数であることから，125 の倍数でもある．しかしながら，$n > 9$ のとき，$n!$ は 125 の倍数であるのに対して，5 は 125 の倍数ではないので，これは不可能．

よって，$n = 5$ のみ条件をみたす．

別解． $n = 1, 2, \ldots, 6$ を調べる．$n \geq 7$ のとき，$n! + 5 \equiv 5 \pmod{7}$ である．5 は $\pmod 7$ における立方剰余ではないので，立方数ではない．($\pmod 7$ での立方剰余は $0, \pm 1$ のみである．)

19. [Russia 1995] $p^2 + 11$ がちょうど 6 個の異なる (正の) 約数をもつような素数 p をすべて求めよ．

解答． $p \neq 3$ のとき，$p^2 \equiv 1 \pmod{3}$ であり，$p^2 + 11$ は 3 で割りきれる．同様に $p \neq 2$ のとき，$p^2 \equiv 1 \pmod{2}$ であり，$p^2 + 11$ は 2 で割りきれる．$p^2 + 11$ は 4 でも割りきれる．よって，$p^2 + 11$ は 12 で割りきれるが，12 自身で約数を 6 個 $(1, 2, 3, 4, 6, 12)$ もち，また $p^2 + 11 > 12$ である．ゆえに，$p = 2, 3$ の場合のみを調べればよい．$p = 2$ のとき，$p^2 + 11 = 15$ で約数は $1, 3, 5, 15$ の 4 個．$p = 3$ のとき，$p^2 + 11 = 20$ で約数は $1, 2, 4, 5, 10, 20$ の 6 個である．以上より，$p = 3$ が唯一の解である．

20. [AIME 2001] ある正の整数 N について，N を 7 進法で表記し，それを 10 進法で読んだときの値が，N の 2 倍になるとき，N を「7-10 二重数」であると呼ぶことにする．たとえば，51 を 7 進法で書くと $102_{(7)}$ となるがこれ

は 10 進法で 102 は 51 の 2 倍なので，51 は 7-10 二重数である．最も大きい 7-10 二重数を求めよ．

解答． $N = a_k 7^k + a_{k-1} 7^{k-1} + \cdots + a_2 7^2 + a_1 7^1 + a_0 \ (a_k \neq 0)$ を 7-10 二重数とする．言い換えると，$2N = a_k 10^k + a_{k-1} 10^{k-1} + \cdots + a_2 10^2 + a_1 10^1 + a_0$ である．よって，

$$a_k(10^k - 2 \cdot 7^k) + a_{k-1}(10^{k-1} - 2 \cdot 7^{k-1})$$
$$+ \cdots + a_1(10 - 2 \cdot 7) + a_0(1 - 2) = 0$$

a_i の係数が負になるのは $i = 0, i = 1$ の部分のみで，他はすべて正であるから，k は 2 以上である．$i > 2$ では a_i の係数は 314 以上であり，a_i はすべて 6 以下の非負整数なので，$k = 2, 2a_2 = 4a_1 + a_0$ でなくてはならない．考えうる最大の 7-10 二重数を得るために，$a_2 = 6$ としてみよう．すると，$12 = 4a_1 + a_0$ となり，a_1 を最大にするためには，$a_1 = 3, a_0 = 0$ とすればよい．以上より，最大の 7-10 二重数は $6 \cdot 49 + 3 \cdot 7 = 315$ である．

21. a, b を整数，n を正の整数とする．$a \equiv b \pmod{n}$ が成立するとき，$a^n \equiv b^n \pmod{n^2}$ も成立することを示せ．逆は成立するか？

解答． $a \equiv b \pmod{n}$ から，ある整数 q を用いて，$a = b + qn$ と書ける．二項定理により，

$$a^n - b^n = (b + qn)^n - b^n$$
$$= {}_n C_1 b^{n-1} qn + {}_n C_2 b^{n-2} q^2 n^2 + \cdots + {}_n C_n q^n n^n$$
$$= n^2 (b^{n-1} q + {}_n C_2 b^{n-2} q^2 + \cdots + {}_n C_n q^n n^{n-2})$$

である．よって，$a^n \equiv b^n \pmod{n^2}$ である．

逆は成立しない．たとえば，$3^4 \equiv 1^4 \pmod{4^2}$ であるが，$3 \not\equiv 1 \pmod 4$ である．

22. p を素数，k は整数で $1 \leq k \leq p-1$ をみたすとする．

$${}_{p-1} C_k \equiv (-1)^k \pmod{p}$$

を示せ．

解答． k についての帰納法で示す．$k = 1$ のとき，

$$_{p-1}C_1 = p - 1 \equiv -1 \pmod{p}$$

より成立. $k = i - 1\ (2 \leq i \leq p - 1)$ のときに成立すると仮定しよう. よく知られた事実 (正しいことも容易に確認できる)

$$_{p-1}C_i + {}_{p-1}C_{i-1} = {}_pC_i$$

を用いると,系 1.10 から

$$_{p-1}C_i + {}_{p-1}C_{i-1} \equiv 0 \pmod{p}$$

である. 帰納法の仮定より,

$$_{p-1}C_i \equiv -{}_{p-1}C_{i-1} \equiv -(-1)^{i-1} \equiv (-1)^i \pmod{p}$$

であるから, $k = i$ のときも成立する. 以上より, すべての k で成立する.

別解. $k!$ と p は互いに素であることと,

$$_{p-1}C_k = \frac{(p-1)(p-2)\cdots(p-k)}{k!}$$

であることから

$$(p-1)(p-2)\cdots(p-k) \equiv (-1)^k \cdot k! \pmod{p}$$

を示せば十分である. これは明らかに成立する.

23. p を素数とする. $2^n - n$ が p で割りきれるような正の整数 n が無限に存在することを示せ.

解答. $p = 2$ のとき, 任意の偶数 n について, $2^n - n$ は p で割りきれる. p は奇数であると仮定しよう. フェルマーの小定理により, $2^{p-1} \equiv 1 \pmod{p}$ であり, k を正の整数として,

$$2^{(p-1)2k} \equiv 1 \equiv (p-1)^{2k} \pmod{p}$$

が成立する. よって, $n = (p-1)^{2k}$ とすれば, $2^n - n$ は p で割りきれる.

24. n は 4 以上の整数とする. $1! + 2! + \cdots + n!$ はある正の整数のべき乗 (正の整数 a と 2 以上の整数 b を用いて a^b と書けるような数) にならないことを示せ.

解答. $n = 4$ のとき, $1! + 2! + 3! + 4! = 33$ は正の整数のべき乗でない.

$k \geq 5$ のとき，$k! \equiv 0 \pmod{10}$ であるから，
$$1! + 2! + 3! + 4! + \cdots + n! \equiv 3 \pmod{10}$$
なので，完全平方数になることはなく，整数の偶数乗になることもない．

奇数乗になることがないことを示そう．$n < 9$ については直接調べることにより確かめられる．$k \geq 9$ のときは，$k!$ が 27 の倍数であり，$1!+2!+\cdots+8!$ は 9 の倍数であるが 27 の倍数ではない．よって，$1! + 2! + \cdots + n!$ は立方数やある整数のべき乗 (指数は 3 以上) になることもない．

25. k を正の奇数とする．任意の正の整数 n に対して，
$$(1+2+\cdots+n) \mid (1^k + 2^k + \cdots + n^k)$$
であることを示せ．

解答． n が奇数か偶数かで場合分けする．

n が奇数のとき，$n = 2m+1$ とおこう．$1+2+\cdots+n = (m+1)(2m+1)$ である．すると，
$$1^k + 2^k + \cdots + n^k$$
$$= 1^k + 2^k + \cdots + (2m+1)^k$$
$$= \left(1^k + (2m+1)^k\right) + \left(2^k + (2m)^k\right) + \cdots + \left(m^k + (m+2)^k\right) + (m+1)^k$$
である．k が奇数であることから，x^k+y^k は $x+y$ で割りきれ，$i = 1, 2, \ldots, m$ について，$i^k+(2m+2-i)^k$ は $2m+2$ で割りきれる．よって，$1^k+2^k+\cdots+n^k$ は $m+1$ で割りきれる．同じようにして，
$$1^k + 2^k + \cdots + n^k$$
$$= 1^k + 2^k + \cdots + (2m+1)^k$$
$$= \left(1^k + (2m)^k\right) + \left(2^k + (2m-1)^k\right) + \cdots + \left(m^k + (m+1)^k\right)$$
$$\quad + (2m+1)^k$$
から，$i = 1, 2, \ldots, m$ について $i^k + (2m+1-i)^k$ は $2m+1$ で割りきれる．よって，$1^k+2^k+\cdots+n^k$ は $2m+1$ で割りきれる．$\gcd(m+1, 2m+1) = 1$ であるから，$1^k + 2^k + \cdots + n^k$ は $(m+1)(2m+1)$ で割りきれる．

n が偶数のときも上の証明とほぼ同様であるので．こちらは読者に委ねよ

う (実際の数学オリンピックの試験などではこのように書かずにちゃんと書くこと！).

26. p は 5 より大きい素数とする. $p-4$ がある整数の 4 乗になることはないことを示せ.

解答. ある正の整数 q を用いて, $p-4 = q^4$ となったとしよう. このとき, $q > 1$ であって, $p = q^4 + 4$ である. すると,

$$p = q^4 + 4q^2 + 4 - 4q^2 = (q^2+2)^2 - (2q)^2$$
$$= (q^2 - 2q + 2)(q^2 + 2q + 2)$$

を得る. $p > 5$, $q > 1$ より, $(q-1)^2 = q^2 - 2q + 1 > 0$ であって, $q^2 + 2q + 2 > q^2 - 2q + 2 > 1$ であるので, これは p が素数であることに矛盾する.

27. n を正の整数とする. 以下の不等式を示せ.

$$\sigma(1) + \sigma(2) + \cdots + \sigma(n) \leq n^2$$

解答. 左辺の i 番目の項 $\sigma(i)$ は i の正の約数の総和であるが, そのような約数を各 i についてすべて書いたとしよう. このとき, $1 \leq d \leq n$ なる整数 d について, i が d の倍数であるときに限り d が書かれるので, 全部で d は $\left\lfloor \dfrac{n}{d} \right\rfloor$ 回書かれる. すると,

$$(\text{左辺}) = 1 \left\lfloor \frac{n}{1} \right\rfloor + 2 \left\lfloor \frac{n}{2} \right\rfloor + \cdots + n \left\lfloor \frac{n}{n} \right\rfloor$$
$$\leq 1 \cdot \frac{n}{1} + 2 \cdot \frac{n}{2} + \cdots + n \cdot \frac{n}{n} = n^2$$

より題意は示された.

28. [APMO 2004] 正の整数からなる空でない有限集合 S であって, 任意の S の元 i, j に対して,

$$\frac{i+j}{\gcd(i,j)}$$

もまた S の元となるようなものをすべて求めよ.

解答. 条件をみたす S は, $S = \{2\}$ のみである. これを示そう.

$i = j$ として，$\dfrac{i+j}{\gcd(i,j)} = \dfrac{2i}{i} = 2$ は S の元である．S にこれ以外の元が含まれないことを示そう．S に 2 以外の元が含まれていたと仮定して，そのうち最小のものを s とする．

s が奇数のとき，$\dfrac{s+2}{\gcd(s,2)} = s+2$ は S の元で奇数である．同じようにして，$s+4, s+6, \ldots$ も S の元であることになってしまい，S が有限集合であることに反する．

よって，s は偶数でなくてはならない．$\dfrac{s+2}{\gcd(s,2)} = \dfrac{s}{2} + 1$ は S の元であるが，$s > 2, 2 < \dfrac{s}{2} + 1 < s$ であるので，s の最小性に反する．

注意． 問題の条件に，「i, j は異なっていなくてはならない」という条件を加えたらどうなるだろうか？ Kevin Modzelewski 氏はこの問題の答を，$\{a+1, a(a+1)\}$ (a は 1 より大きい整数) の形のすべての集合であることを示した．この証明を読者に委ねよう．

29. 2^{29} は 9 桁の正の整数であり，すべての桁が異なっている．実際に計算することなく，0 以上 9 以下の 10 個の数字のうち，2^{29} の桁には入っていない数字を求めよ．

解答． $2^3 \equiv -1 \pmod{9}$ であるから，$2^{29} \equiv (2^3)^9 \cdot 2^2 \equiv -4 \equiv 5 \pmod 9$ である．よって，2^{29} の各桁の和を 9 で割ると 5 余り，0 から 9 までの和は 9 で割りきれるので，欠けている桁は 4 である (実際，$2^{29} = 536870912$ である).

30. 1 より大きい整数 n に対して，$n^5 + n^4 + 1$ は素数でないことを示せ．

解答． 与えられた式は，

$$n^5 + n^4 + 1 = n^5 + n^4 + n^3 - n^3 - n^2 - n + n^2 + n + 1$$
$$= (n^2 + n + 1)(n^3 - n + 1)$$

と因数分解される．$n > 1$ であるから，これは 1 より大きい 2 つの整数の積である．

上記の因数分解がなぜ思いつくのか，不思議に思う読者もいるだろう．実際，複素数の知識を少しだけ必要とする．これについて説明しよう．$x = 1, \omega, \omega^2$

($\omega = \cos 120° + i \sin 120°$) は $x^3 - 1 = (x-1)(x^2+x+1) = 0$ の3つの解である. さらに正確に, ω, ω^2 は $x^2+x+1 = 0$ の2つの解である. $\omega^3 = 1$ であることから, $\omega^5 + \omega^4 + 1 = \omega^2 + \omega + 1 = 0$ である. よって, ω, ω^2 は $x^5 + x^4 + 1 = 0$ の解である. ゆえに, $n^5 + n^4 + 1$ は $n^2 + n + 1$ で割りきれなくてはならない. この議論によって, 問題文の4と5をそれぞれ, 3で割って1, 2余る (それぞれ4, 5以上の) 正の整数に置き換えることができる.

31. [Hungary 1995] あるいくつかの素数 (すべて異なっている必要はない) の積は, それらの和の10倍である. そのような素数の組をすべて求めよ.

解答. 明らかに, 2と5はそれぞれ少なくとも1つずつ入っていなくてはならない. そして, $10(2+5) \neq 2 \cdot 5$ より, 少なくとも素数が3つ以上はなくてはならない. (2, 5を1つずつ除いた) 残りを $p_1 \leq p_2 \leq \cdots \leq p_n$ とする. 与えられた条件から,

$$p_1 + p_2 + \cdots + p_n + 7 = p_1 p_2 \cdots p_n \qquad (*)$$

である.

x, y を2以上の整数とすると,

$$0 \leq (x-1)(y-1) - 1 = xy - x - y$$

より, $x + y \leq xy$ である. $x_1, x_2, \ldots, x_k$ を2以上の整数として, この結果を繰り返し用いることにより,

$$x_1 \cdot x_2 \cdots x_k \geq x_1 \cdot x_2 \cdots x_{k-1} + x_k \geq \cdots \geq x_1 + x_2 + \cdots + x_k$$

である. よって, いくつかの2以上の整数の積はそれらの和以上である.

これを利用して,

$$p_1 + p_2 + \cdots + p_n + 7 = p_1 p_2 \cdots p_n \geq (p_1 + p_2 + \cdots + p_{n-1}) p_n$$

となる. $s = p_1 + p_2 + \cdots + p_{n-1}$ とおくと, この不等式は $s + p_n + 7 \geq s p_n$ すなわち,

$$(s-1)(p_n - 1) \leq 8$$

となる.

$s = 0$ となる場合もある. この場合, $2, 5, p_n$ 以外に素数がなく, $(*)$ は,

$p_n + 7 = p_n$ となって矛盾. よって, $s \geqq 2$ であり, $p_n - 1 \leqq 8$ であるから, $p_n = 2, 3, 5, 7$ の場合を調べればよい.

$p_n = 2$ のとき, (*) は $2n + 7 = 2^n$ となるが, 左辺は奇数, 右辺は偶数なので矛盾.

$p_n = 3$ のとき, $p_n - 1 = 2$ であって $s - 1 \leqq 4$ である. $\{p_1, p_2, \ldots, p_{n-1}\}$ として考えられるものは $\{2\}, \{3\}, \{2, 2\}, \{2, 3\}$ のみであってこれらが条件をみたさないことは容易に調べられる.

$p_n = 5$ のとき, $p_n - 1 = 4$ であって, $s - 1 \leqq 2$ である. よって, 残った素数は 2 のみか 3 のみのいずれかで, これらを調べることにより, 後者の方のみ解 $\{2, 3, 5, 5\}$ が見つかる.

$p_n = 7$ のとき, $p_n - 1 = 6$, よって, $(s-1)6 \leqq 8$. $\therefore s = 2$ よって $\{2, 7\}$ であるがこれは不適.

よって, 条件をみたす素数の組は $\{2, 3, 5, 5\}$ のみである.

32. [Russia 1998] 10 桁の正の整数の各桁に 0 以上 9 以下のすべての整数が現れ, かつ 11111 の倍数であるとき, その整数を面白い整数と呼ぶことにする. 面白い整数は全部でいくつあるか.

解答. 3456 個ある.

$n = \overline{abcdefghij}$ を 10 桁の面白い整数とする. n の各桁は $0, 1, \ldots, 9$ でなくてはならないので, (mod 9) で

$$n \equiv a + b + c + d + e + f + g + h + i + j \equiv 0 + 1 + 2 + \cdots + 9 \equiv 0$$

つまり, n は 9 の倍数である. 9 と 11111 は互いに素であることから, n は $9 \cdot 11111 = 99999$ の倍数である. $x = \overline{abcde}$, $y = \overline{fghij}$ とおくと, $n = 10^5 x + y$ であり,

$$0 \equiv n \equiv 10^5 x + y \equiv x + y \pmod{99999}$$

であるが, $0 < x + y < 2 \cdot 99999$ なので, n が面白いことと, $x + y = 99999$ であることは同値である. よって, (筆算における繰り上がりを考えることにより) $a + f = b + g = \cdots = e + j = 9$ でなくてはならない.

$(0, 9), (1, 8), \ldots, (4, 5)$ から $(a, f), (b, g), \ldots, (e, j)$ を割り当てる方法は, $5! = 120$ 通りあり, 各ペアは入れ替えてもよい. たとえば, (b, g) は $(0, 9)$

にも $(9,0)$ にもなりうる．この入れ替え方は $2^5 = 32$ 通りある．よって，合計 $32 \cdot 120$ 通りあるが，最初の桁 a が 0 になってはならないので，それを除かなくてはならない．対称性より $a = 0, 1, \ldots, 9$ であるものはすべて同数なので，面白い整数は全部で $\dfrac{9}{10} \cdot 32 \cdot 120 = 3456$ 個ある．

33. 相異なる 19 個の正の整数であって，その総和は 1999 であり，また 19 個のうちのどの整数も各桁の和が等しいようなものは存在するか．

解答．「存在しない」が答である．存在すると仮定して矛盾を導こう (背理法)．S を問題の条件をみたす 19 個の正の整数からなる集合とする．S のどの整数の各桁の和も k であるとする．

これらの整数の平均は $\dfrac{1999}{19} < 106$ であるので，少なくとも 1 つは 105 以下であり，各桁の和 k は 18 (99 のときにとる) 以下である．

各整数 n について，n は $(\mathrm{mod}\ 9)$ において n の各桁の和と合同なので，S の元の総和と S の元それぞれの各桁の和の総和は $(\mathrm{mod}\ 9)$ で合同であり，

$$1999 \equiv 19k \pmod{9}$$

から，$k \equiv 1 \pmod 9$ を得る．よって，$k = 1, 10$ のいずれかである．

$k = 1$ であると，S の元はすべて $1, 10, 100, 1000$ のいずれかであり，19 個の相異なる元がとれない．よって，$k = 10$ でなくてはならない．各桁の和が 10 であるような正の整数を小さい方から 20 個を書くと，

$$19, 28, 37, \ldots, 109, 118, 127, \ldots, 190, 208$$

である．最初の 9 個の和は，

$$(10 + 20 + \cdots + 90) + (9 + 8 + \cdots + 1) = 450 + 45 = 495$$

であり，次の 9 個の和は

$$(900) + (10 + 20 + \cdots + 80) + (9 + 8 + \cdots + 1) = 900 + 360 + 45 = 1305$$

よって，最初の 18 個の和は 1800 である．$1800 + 190 \neq 1999$ より，S の中で最大の元は 208 以上である．また，小さい方から 18 個の和は 1800 以上なので，S の元の和は $1800 + 208 = 2008 \ (> 1999)$ 以上である．これは S の元の和が 1999 であることに矛盾する．

34. [Bulgaria 1995] 素数 p, q であって，$(5^p - 2^p)(5^q - 2^q)$ が pq で割りきれるようなものをすべて求めよ．

解答． 条件をみたすものは，$(p, q) = (3, 3), (3, 13), (13, 3)$ である．これらが条件をみたすことは容易に確かめられる．

これら以外に条件をみたすものが存在しないことを示そう．対称性より，$p \leq q$ と仮定してよい．$(5^p - 2^p)(5^q - 2^q)$ は奇数であることから，$3 \leq p \leq q$ である．

ある素数 k が $5^k - 2^k$ を割りきるとき，フェルマーの小定理により，$3 \equiv 5 - 2 \equiv 5^k - 2^k \pmod{k}$ であるから，$k = 3$ でなくてはならない．

$p > 3$ のとき，上記の考察より p は $5^q - 2^q$ を割りきるので，$5^q \equiv 2^q \pmod{p}$ である．フェルマーの小定理により，$5^{p-1} \equiv 2^{p-1} \pmod{p}$ である．系 1.23 により

$$5^{\gcd(p-1, q)} \equiv 2^{\gcd(p-1, q)} \pmod{p}$$

である．$q \geq p$ であるから，$\gcd(p-1, q) = 1$ であって，直前の合同式から $5 \equiv 2 \pmod{p}$, つまり $p = 3$ となるがこれは矛盾．

よって，$p = 3$ でなくてはならず，$q = 3$ のときは上述の解 $(p, q) = (3, 3)$ を得る．$q > 3$ のとき，上記の考察より q は $5^p - 2^p = 5^3 - 2^3 = 9 \cdot 13$ を割りきる．ゆえに，$q = 13$ でなくてはならない．これにより，上述の解 $(p, q) = (3, 13)$ を得る．

35. どの桁も 0 でない正の整数 n であって，n の各桁の和は n を割りきるようなものが無限に存在することを示せ．

解答． 正の整数 n に対して，

$$a_n = \underbrace{11\cdots 1}_{3^n}$$

とする．a_n が a_n の各桁の和である 3^n で割りきれることを示せば十分である．

n に関する帰納法で示そう．$n = 1$ のとき，$a_n = 111$ であって，これは 3 で割りきれるので，成立．$n = k$ について成立すると仮定しよう．a_{k+1} を考える．

$$a_{k+1} = \underbrace{11\cdots 1}_{3^{k+1}} = \underbrace{11\cdots 1}_{3^k}\underbrace{11\cdots 1}_{3^k}\underbrace{11\cdots 1}_{3^k}$$
$$= \underbrace{11\cdots 1}_{3^k}(10^{2\cdot 3^k} + 10^{3^k} + 1)$$
$$= a_k \cdot 1\underbrace{0\cdots 0}_{3^k-1}1\underbrace{0\cdots 0}_{3^k-1}1$$

であって, $1\underbrace{0\cdots 0}_{3^k-1}1\underbrace{0\cdots 0}_{3^k-1}1$ は 3 で割りきれ, a_k は 3^k で割りきれることから, a_{k+1} は 3^{k+1} で割りきれる. よって, $n = k+1$ でも成立するので, 帰納法により示された.

36. n を正の整数とする. 2^n 桁の正の整数 N であって, N の各桁は等しいようなものは, 少なくとも n 個の相異なる素因数をもつことを示せ.

解答. 問題文のような整数 (N とする) は
$$N = k \cdot \frac{10^{2^n} - 1}{10 - 1} = k(10+1)(10^2+1)\cdots(10^{2^{n-1}}+1)$$
と書ける. よって, $10^{2^h} + 1$ ($h = 0, 1, \ldots, n-1$) はどの 2 つも互いに素であることを示せば十分である. 実際, $h_1 > h_2$ のとき,
$$10^{2^{h_2}} + 1 \mid 10^{2^{h_1}} - 1$$
$$= 9 \cdot (10+1)(10^2+1)\cdots(10^{2^{h_2}}+1)\cdots(10^{2^{h_1-1}}+1)$$
より,
$$\gcd(10^{2^{h_2}}+1, 10^{2^{h_1}}+1) = \gcd(10^{2^{h_1}}-1, 10^{2^{h_1}}+1)$$
$$= \gcd(2, 10^{2^{h_1}}+1) = 1$$
である.

注意. $\gcd(10^{2^{h_1}}+1, 10^{2^{h_2}}+1) = 1$ を示す別の方法もある. p が $10^{2^{h_2}}+1$ を割りきるとき, p は奇数でなくてはならない. $10^{2^{h_2}} \equiv -1 \pmod{p}$ であるから,
$$10^{2^{h_1}} \equiv \left(10^{2^{h_2}}\right)^{2^{h_1-h_2}} \equiv (-1)^{2^{h_1-h_2}} \equiv 1 \pmod{p}$$
よって, p は $10^{2^{h_1}} - 1$ を割りきる. p は奇数であるから, p は $10^{2^{h_1}} + 1$ を

割りきらない．

37. 互いに素である正の整数 a, b がある．a を初項，b を公差とする等差数列，a, $a+b$, $a+2b$, $a+3b$, ... を考える．

  (1) この等差数列の部分列であって，各項の素因数の集合が等しいようなものが存在することを示せ．

  (2) この等差数列の部分列であって，どの 2 項も互いに素であるようなものが存在することを示せ．

解答 1.

  (1) $\gcd(a, b) = 1$ であるから，a は $(\bmod\ b)$ で逆元をもつ．すなわち，$ax \equiv 1 \pmod{b}$ となる正の整数 x が存在する．正の整数 n について，$s_n = (a+b)(ax)^n$ とおく．$s_n \equiv a \pmod{b}$ であるから，s_n はすべて問題の等差数列の項に含まれる．また，明らかにこれらの項は同一の素因数 (すなわち，$a, x, a+b$ の素因数) からなる．

  (2) どの 2 項も互いに素という問題の条件に加えて，すべての項が a とも互いに素となるような部分列を帰納的に構成していこう．$t_1 = a + b$ とする．このとき，$\gcd(t_1, a) = 1$ である．$k \geq 1$ に対して，$t_1, t_2, \ldots, t_k$ がすでに定められていて，$\gcd(t_i, t_j) = 1$ ($1 \leq i < j \leq k$) および，$\gcd(a, t_i) = 1$ が成立するとしよう．t_{k+1} を
$$t_{k+1} = t_1 t_2 \cdots t_k b + a$$
として定める．$t_1, t_2, \ldots, t_k$ は 1 より大きく相異なるので，t_{k+1} は問題の等差数列の項であり，容易に $1 \leq i \leq k$ に対して，$t_{k+1} > t_i$ となることが確かめられる．また，帰納法の仮定と $\gcd(a, b) = 1$ から $\gcd(t_{k+1}, a) = 1$ も容易に示せる．後は，$1 \leq i \leq k$ に対して，$\gcd(t_{k+1}, t_i) = 1$ を示せばよく，
$$\gcd(t_{k+1}, t_i) = \gcd(t_1 t_2 \cdots t_k b + a, t_i) = \gcd(a, t_i) = 1$$
より成立する．よって，このように t_n を構成していけば問題のような部分列が得られる．

解答 2 (Sherry Gong 氏による)．この別解ではオイラーの定理を用いる．

  (1) $x_n = (a+b)^{n\varphi(b)+1}$ は問題の条件をみたすことを示す．この数列の各

項の素因数はすべて $a+b$ の素因数の集合に一致するので，十分大きい整数 n に対して，x_n は問題の等差数列に含まれることを示せばよい．オイラーの定理により，

$$x_n \equiv a^{n\varphi(b)+1} \equiv a^{n\varphi(b)} \cdot a \equiv a \pmod{b}$$

である．よって，$x_n = a + kb$ の形に書けるので，十分大きい n について，x_n は問題の等差数列に含まれる．

(2) $y_1 = a, y_2 = a+b$ とおく．明らかに $\gcd(y_1, y_2) = 1$ である．問題の等差数列の部分列 $y_1 < y_2 < \cdots < y_k$ であって，どの 2 つも互いに素なものが存在したとしよう．y_{k+1} を

$$y_{k+1} = y_1 y_2 \cdots y_k a^{z_{k+1}\varphi(b)-k+1} + b$$

として定める．ただし，z_{k+1} とは，$y_{k+1} > y_k$ が成立するようにとった十分大きい整数である．

y_{k+1} は問題の等差数列の項であって，$y_1, y_2, \ldots, y_k$ のいずれとも互いに素であることを示そう．このようにして，帰納的に構成していくことで問題の条件をみたす部分列が得られる．

まず，$y_i \equiv a \pmod{b}$ なので，

$$y_{k+1} \equiv a^k a^{z_{k+1}\varphi(b)-k+1} \equiv a \pmod{b}$$

であるから，y_{k+1} は問題の等差数列の項であり，$1 \leq i \leq k$ に対して，y_i は問題の等差数列の項であるから，

$$\gcd(y_{k+1}, y_i) = \gcd(b, y_i) = \gcd(b, a) = 1$$

である．よって，示された．

注意． 上記の証明を互いに素な (正とは限らない) 整数 a, b についての場合に改良できる．また (1) では，$\gcd(a, b)$ は 1 でなくてもよい．なぜなら，与えられた等差数列のすべての項を $\gcd(a, b)$ で割ればよいからである．

38. n を正の整数とする．

(1) $\gcd(n!+1, (n+1)!+1)$ を計算せよ．

(2) a, b を正の整数とする．以下の等式を示せ．

4. 基本問題の解答

$$\gcd(n^a - 1, n^b - 1) = n^{\gcd(a,b)} - 1$$

(3) a, b を正の整数とする．$\gcd(n^a + 1, n^b + 1)$ は $n^{\gcd(a,b)} + 1$ を割りきることを示せ．

(4) m を n と互いに素な正の整数とする．以下の値を m, n を用いて表せ．

$$\gcd(5^m + 7^m, 5^n + 7^n)$$

解答． 解答において，ユークリッドの互除法と系 1.23 を用いる．

(1) ユークリッドの互除法により，

$$\gcd(n! + 1, (n+1)! + 1) = \gcd(n! + 1, (n+1)! + 1 - (n+1)(n! + 1))$$
$$= \gcd(n! + 1, n) = 1$$

である．

(2) 一般性を失うことなく，$a \geq b$ としてよい．すると，

$$\gcd(n^a - 1, n^b - 1) = \gcd(n^{a-b} - 1 + n^{a-b}(n^b - 1), n^b - 1)$$
$$= \gcd(n^{a-b} - 1, n^b - 1)$$

が成り立つ．$\gcd(a, b) = \gcd(a - b, b)$ が成り立つことを考えると，$\gcd(n^a - 1, n^b - 1)$ を求める手順は，$\gcd(a, b)$ を求める手順と同じようにできる．$d = \gcd(a, b)$ としよう．互除法を繰り返すことにより，$\gcd(a, b)$ は $\gcd(d, 0)$ の形に変形できる．したがって，同様の手順で，$\gcd(n^a - 1, n^b - 1)$ は $\gcd(n^d - 1, n^0 - 1) = n^d - 1$ と変形できる．

この問題の別の解き方を紹介しよう．a, b はともに $\gcd(a, b)$ で割りきれるので，多項式 $x^a - 1, x^b - 1$ はともに $x^{\gcd(a,b)} - 1$ で (多項式の割り算の意味で) 割りきれる．よって，$n^a - 1, n^b - 1$ はともに $n^{\gcd(a,b)} - 1$ で (整数の割り算の意味で) 割りきれるから，

$$n^{\gcd(a,b)} - 1 \mid \gcd(n^a - 1, n^b - 1)$$

である．また，整数 m が $n^a - 1$ と $n^b - 1$ の両方を割りきるとき，$n^a \equiv 1 \equiv 1^a, n^b \equiv 1 \equiv 1^b \pmod{m}$ である．明らかに m と n は互いに素で，系 1.23 により $n^{\gcd(a,b)} \equiv 1 \pmod{m}$ である．よって，$n^{\gcd(a,b)} - 1$ は m で割りきれる．つまり，

$$\gcd(n^a - 1, n^b - 1) \mid n^{\gcd(a,b)} - 1$$

以上より，$n^{\gcd(a,b)} - 1 = \gcd(n^a - 1, n^b - 1)$ である．

(3) m が $2^a + 1, 2^b + 1$ の両方を割りきるとする．m は奇数である．m が $2^{\gcd(a,b)} + 1$ を割りきることを示せば十分である．$2^a \equiv 2^b \equiv -1 \pmod{m}$ より，
$$2^{2a} \equiv 1, \quad 2^{2b} \equiv 1 \pmod{m}$$
である．系 1.23 より，$2^{\gcd(2a,2b)} \equiv 1 \pmod{m}$，すなわち m は $2^{\gcd(2a,2b)} - 1 = 2^{2\gcd(a,b)} - 1$ を割り切り，
$$m \mid (2^{\gcd(a,b)} - 1)(2^{\gcd(a,b)} + 1)$$
である．m が $2^{\gcd(a,b)} + 1$ を割りきるなら証明は終了する．以降，m は $2^{\gcd(a,b)} + 1$ を割りきらないと仮定しよう．すると，
$$\gcd(2^{\gcd(a,b)} - 1, 2^{\gcd(a,b)} + 1) = \gcd(2, 2^{\gcd(a,b)} - 1) = 1$$
であるから，m は $2^{\gcd(a,b)} - 1$ を割りきらなくてはならない．(2) の証明により $2^{\gcd(a,b)} - 1$ は $2^a - 1$ を割りきるので，m は $2^a - 1$ を割りきる．仮定より m は $2^a + 1$ を割りきるので，m は $\gcd(2^a - 1, 2^a + 1) = 2$ を割りきる．m は奇数であったので，$m = 1$ でなくてはならない．しかし，これは m が $2^{\gcd(a,b)} + 1$ を割りきらないという仮定に反する．

よって，m は $2^{\gcd(a,b)} + 1$ を割りきらなくてはならない．

(4) $s_n = 5^n + 7^n$ とする．$n \geq 2m$ のとき，
$$s_n = s_m s_{n-m} - 5^m 7^m s_{n-2m}$$
なので，$\gcd(s_m, s_n) = \gcd(s_m, s_{n-2m})$ である．

同様に，$m < n < 2m$ のとき，
$$s_n = s_m s_{n-m} - 5^{n-m} 7^{n-m} s_{2m-n}$$
なので，$\gcd(s_m, s_n) = \gcd(s_m, s_{2m-n})$ である．

ユークリッドの互除法と同様の方法により，$m + n$ が偶数のときは，$\gcd(s_m, s_n) = \gcd(s_1, s_1) = 12$ であり，$m + n$ が奇数のときは，$\gcd(s_m, s_n) = \gcd(s_0, s_1) = 2$ である．

注． 興味のある読者は，(3) の一般化すなわち，$\gcd(n^a + 1, n^b + 1)$ と $n^{\gcd(a,b)} + 1$ の関係を調べてみよ．

39. n 進法に関する問題.

(1) 空間上の平面 P と立方体 C であって，C の各頂点と P との距離が，$0, 1, 2, \ldots, 7$ の並び替えであるようなものは存在するか．

(2) [AIME 1986] 狭義単調に増加する数列 $1, 3, 4, 9, 10, 12, 13, \ldots$ は有限個の相異なる 3 のべき乗 (非負整数乗) の和で表せる数を小さい順に並べた数列である．この数列の 100 番目の項を求めよ．ただし，1 番目は 1，2 番目は 3，$\ldots$ などと数える．

(3) 非負整数からなる集合 X であって，任意の非負整数 n に対して，$n = 2a + b$ となるような S の元の組 (a, b) がただ 1 つ存在するようなものは存在するか．

解答. (1) は 2 進法で，(2) は 3 進法で，(3) は 4 進法で考えればよい．

(1) 答は「存在する」である．座標空間における，単位立方体 S として，$(0,0,0), (0,0,1), (0,1,0), (0,1,1), (1,0,0), (1,0,1), (1,1,0), (1,1,1)$ を頂点とする立方体をとる．これらの座標は，$0, 1, \ldots, 7$ の 2 進法表示に対応する．平面 P を $x + 2y + 4z = 0$ として定めよう．P と (a, b, c) の距離は $\dfrac{|a + 2b + 4c|}{\sqrt{1^2 + 2^2 + 4^2}}$ であり，(a, b, c) に S の各頂点を代入したとき，分子はその頂点の 2 進法表示がそのまま現れる．よって，S の頂点と P の距離は順に，

$$0, \frac{1}{\sqrt{21}}, \frac{2}{\sqrt{21}}, \frac{3}{\sqrt{21}}, \frac{4}{\sqrt{21}}, \frac{5}{\sqrt{21}}, \frac{6}{\sqrt{21}}, \frac{7}{\sqrt{21}}$$

である．S と P に対し，(a, b, c) を $(\sqrt{21}a, \sqrt{21}b, \sqrt{21}c)$ に移す変換を施す．すると，距離は $\sqrt{21}$ 倍され，P は不変，S の移った先の立方体を C とすることで，問題の条件をみたす．

(2) 正の整数が問題の数列の項であることと，その整数の 3 進法表示が 0 と 1 のみからなることは同値である．正の整数を 2 進法で書いて，それを 3 進法として読んだ値に対応させる写像を考えよう．いくつかの小さい整数における対応関係は以下のようになる．

$$1 = 1_{(2)} \iff 1_{(3)} = 1$$
$$2 = 10_{(2)} \iff 10_{(3)} = 3$$
$$3 = 11_{(2)} \iff 11_{(3)} = 4$$
$$4 = 100_{(2)} \iff 100_{(3)} = 9$$
$$5 = 101_{(2)} \iff 101_{(3)} = 10$$
$$\vdots$$

この写像は，正の整数を小さい順にならべた数列と問題文の数列が対応している．つまり，k 番目の正の整数は，問題の数列の k 番目に対応する (2 進法で小さい順に並んでいる数列を 3 進法で読んでも小さい順に並んでいることに注意)．

すると，100 番目の数は，

$$100 = 1100100_{(2)} \iff 1100100_{(3)} = 981$$

である．

(3) X を 4 進法においてどの桁も 0 か 1 であるような非負整数全体の集合とする．このとき，任意の非負整数 n が $n = 2a + b$ $(a, b \in X)$ と一意に書けることを示す．n の 4 進法表記での桁数を d とし，$n = \overline{n_d n_{d-1} \cdots n_1}_{(4)}$ とおこう．ただし，n_i は 4 進法で書いたときの各桁を表す．ここで，ある $a, b \in X$ が $2a + b = n$ (∗) をみたしたとする．$2a$ のどの位も 2 以下であり，b のどの位も 1 以下であることから，(∗) の左辺の計算において，どの位も繰り上がりは生じない．よって，$a = \overline{a_d a_{d-1} \cdots a_1}_{(4)}, b = \overline{b_d b_{d-1} \cdots b_1}_{(4)}$ とおくと，$n_i = 2a_i + b_i$ $(1 \leqq i \leqq d)$ が成り立つ．a_i, b_i は 0 または 1 なので，各 i に対して，このような a_i, b_i はただ 1 つに定まる ($n_i = 0, 1, 2, 3$ について確かめてみよ)．

上記のようにして定めた a_i, b_i を各桁に並べて a, b を作れば問題の条件をみたす．

40. 合同式における分数．

(1) [ARML 2002] 正の整数 a は，

$$1 + \frac{1}{2} + \frac{1}{3} + \cdots + \frac{1}{23} = \frac{a}{23!}$$

をみたす. a を 13 で割った余りを求めよ.

(2) p を 5 以上の素数とする. m, n は,

$$\frac{m}{n} = \frac{1}{1^2} + \frac{1}{2^2} + \cdots + \frac{1}{(p-1)^2}$$

をみたす互いに素な整数とする. m は p の倍数であることを示せ.

(3) [Wolstenholme の定理] p を 5 以上の素数とする. 以下を示せ.

$$p^2 \Big| (p-1)! \left(1 + \frac{1}{2} + \cdots + \frac{1}{p-1}\right)$$

解答.

(1) a について解くと,

$$a = 23! + \frac{23!}{2} + \cdots + \frac{23!}{23}$$

となる. 右辺の各項は整数で, $\frac{23!}{13}$ 以外は 13 で割りきれる. ウィルソンの定理により,

$$a \equiv \frac{23!}{13} \equiv 12! \cdot 14 \cdot 15 \cdots 23$$

$$\equiv 12! \cdot 10! \equiv \frac{(12!)^2}{11 \cdot 12} \equiv 2^{-1} \equiv 7 \pmod{13}$$

より, 答は 7 である.

(2) まず,

$$((p-1)!)^2 \frac{m}{n} \equiv ((p-1)!)^2 \left(\frac{1}{1^2} + \frac{1}{2^2} + \cdots + \frac{1}{(p-1)^2}\right)$$

が整数であることと,

$$\{1^{-1}, 2^{-1}, \ldots, (p-1)^{-1}\}$$

は $(\bmod\ p)$ において, $\{1, 2, \ldots, p-1\}$ と合同であることに注意しておこう. 命題 1.18(f) とウィルソンの定理により,

$$((p-1)^2)\left(\frac{1}{1^2} + \frac{1}{2^2} + \cdots + \frac{1}{(p-1)^2}\right)$$

$$\equiv (-1)^2 (1^2 + 2^2 + \cdots + (p-1)^2)$$

$$\equiv \frac{(p-1)p(2p-1)}{6} \equiv 0 \pmod{p}$$

($p \geqq 5$ であることから, $\gcd(6, p) = 1$ であることに注意). よって, p は整数 $\dfrac{((p-1)!)^2 m}{n}$ を割りきる. n は $(p-1)!^2$ の約数である (問題文の式の右辺を通分することを考えればよい) ことと, $\gcd((p-1)!, p) = 1$ であることから, p は m を割りきる.

(3) 整数 S を
$$S = (p-1)!\left(1 + \frac{1}{2} + \cdots + \frac{1}{p-1}\right)$$
として定める. すると,
$$2S = (p-1)!\sum_{i=1}^{p-1}\left(\frac{1}{i} + \frac{1}{p-i}\right) = (p-1)!\sum_{i=1}^{p-1}\frac{p}{i(p-i)}$$
であり,
$$T = \sum_{i=1}^{p-1}\frac{(p-1)!}{i(p-i)}$$
とおくと, 右辺は $p \cdot T$ と表される. $2S$ は整数で, p は T の $\sum$ 内の各項の分子と互いに素なので, T 自身も整数である. $p > 3$ であるから, $\gcd(p, 2) = 1$ であって, p は S を割りきる. よって, p が T を割りきることを示せば十分である. (2) から $(p-1)!\sum_{i=1}^{p-1}-i^{-2} \equiv (p-1)!mn^{-1}$ となり, また $p \mid m$ と $\gcd(m,n) = 1$ から $(p-1)!mn^{-1} \equiv 0$ なので,
$$T \equiv (p-1)!\sum_{i=1}^{p-1}(i(p-i))^{-1} \equiv (p-1)!\sum_{i=1}^{p-1}-i^{-2}$$
$$\equiv (p-1)!mn^{-1} \equiv 0 \pmod{p}$$
である.

41. $x^2 + 3y$ と $y^2 + 3x$ がともに完全平方数となるような正の整数 (x, y) の組をすべて求めよ.

解答. 条件をみたす (x, y) は $(1, 1), (11, 16), (16, 11)$ のみであることを示す. これらが条件をみたすことは容易に確かめられる. よって, その他に条件をみたす (x, y) が存在しないことを示せばよい.

不等式

$$x^2+3y \geq (x+2)^2, \quad y^2+3x \geq (y+2)^2$$

を辺々足して整理すると, $0 \geq x+y+8$ となってしまうので, 2つが同時に成立することはない. よって, $x^2+3y < (x+2)^2, y^2+3x < (y+2)^2$ の少なくとも1つは成立する. 一般性を失うことなく, $x^2+3y < (x+2)^2$ と仮定してよい. $x^2 < x^2+3y < (x+2)^2$ であるから, $x^2+3y = (x+1)^2$ である. すると, $3y = 2x+1$ が成り立つので, 非負整数 k を用いて $x = 3k+1, y = 2k+1$ とおける. よって, $y^2+3x = 4k^2+13k+4$ である. $k > 5$ のとき,

$$(2k+3)^2 < 4k^2+13k+4 < (2k+4)^2$$

であるから, y^2+3x は平方数にならない. $k = 1, 2, 3, 4$ の場合を調べることは容易で, その結果, どの場合も平方数でないことがわかる. $k = 0$ の場合は, $y^2+3x = 4 = 2^2$, $k = 5$ の場合は, $y^2+3x = 13^2$ である. x^2+3y の値はそれぞれ, $2^2, 17^2$ であり, いずれも平方数である. (x, y) の値はそれぞれ, $(1, 1), (16, 11)$ である.

42. 最初の桁は何か？ (最後の桁ではないぞ！ 大丈夫か？)

(1) [AMC12B 2004] 2^{2004} は最初の桁が 1 である 604 桁の整数である. これを用いて, 集合

$$\{2^0, 2^1, 2^2, \ldots, 2^{2003}\}$$

の元のうち, 最初の桁が 4 であるようなものの個数を求めよ.

(2) k を正の整数として固定する. n は正の整数であって, 2^n と 5^n の最初の k 桁は一致しているという. その等しい k 桁として考えられるものをすべて求めよ.

解答.

(1) 問題文にある集合を S とする. 2 通りの解法を紹介しよう.

- **1つめの解法**：与えられた桁数の 2 のべき乗のうち, 最小のものの最初の桁は 1 である. 任意の $n \leq 603$ に対して, n 桁の S の元であって, 最初の桁が 1 であるようなものが存在する. さらに, 2^k の最初の桁が 1 であるとき, 2^{k+1} の最初の桁は 2, 3 のいずれかであり, 2^{k+2} の最初の桁は 4, 5, 6, 7 のいずれかである. よって,

S の元で最初の桁が 1 であるものは 603 個, 最初の桁が $2,3$ であるものは 603 個, 最初の桁が $4,5,6,7$ であるものは 603 個ある. よって, 残った $2004 - 3 \cdot 603 = 195$ 個のみ, 最初の桁が $8,9$ である. 2^k の最初の桁が $8,9$ のいずれかの場合, またそのときに限り, 2^{k-1} の最初の桁が 4 である. よって, S の元で最初の桁が 4 であるものは, 195 個である.

- **2つめの解法**：集合 S を桁数が同じものごとに

$$\{2^0, 2^1, 2^2, 2^3; 2^4, 2^5, 2^6; 2^7, \ldots, 2^{2003}\}$$

と分割する. 各ブロックの最初の項の最初の桁は 1 である. 2^{2004} の最初の桁が 1 であることから, S には 603 桁以下のすべての 2 のべきが存在する. S は 603 個のブロックに分割される. あるブロックが 3 つの元からなる場合は, その 3 つの最初の桁は順に, 1, 2 または 3, 5 または 6 または 7 である. また, あるブロックが 4 つの元からなる場合は, その 4 つの最初の桁は順に, 1, 2, 4, 8 または 9 となる. よって, 最初の桁が 4 である元の個数は, 4 つの元からなるブロックの個数に等しい. 3 つの元からなるブロックが x 個, 4 つの元からなるブロックが y 個あるとする. S の元が 2004 個あることから, $3x + 4y = 2004$ であり, ブロックが 603 個あることから, $x + y = 603$ である.

これらを解いて, $x = 408$, $y = 195$ である.

(2) s, t はそれぞれ, $10^s < 2^n < 10^{s+1}$, $10^t < 5^n < 10^{t+1}$ をみたす唯一の正の整数とする. $a = \dfrac{2^n}{10^s}$, $b = \dfrac{5^n}{10^t}$ とおく. 明らかに $1 < a < 10$, $1 < b < 10$ であって, $ab = 10^{n-s-t}$ である. ab は 10 のべき乗で, $1 < ab < 10^2$ より, $ab = 10$ でなくてはならない. よって,

$$\min(a, b) < \sqrt{ab} = \sqrt{10} < \max(a, b)$$

である. このことから, 共通する最初の k 桁は $\sqrt{10}$ の最初の k 桁である. (たとえば, $k = 1$ の場合は, $2^5 = 32$, $5^5 = 3125$ の最初の 1 桁は $\sqrt{10}$ の最初の 1 桁に一致する.)

(2) に関する訳者注. この問題では, 任意の k に対して, $2^n, 5^n$ の最初の k 桁が一致するような n が存在するかどうかについて証明することは求められ

4. 基本問題の解答

ていないが，これは正しく (少々困難ではあるが) 証明することができる．

(2) の実例構成．

補題 1． k 桁の正の整数 m が任意に与えられたとき，ある正の整数 n をとれば，2^n の最初の k 桁が m となる．また，そのような m は無限に存在する．

補題 1 の証明． 2^n の最初の k 桁が m になることは，

$$m \cdot 10^s \leq 2^n < (m+1) \cdot 10^s$$

となるような整数 s が存在することと同値であり，両辺に $\log_{10}$ をとることで，

$$s + \log_{10} m \leq n \log_{10} 2 < s + \log_{10}(m+1)$$

となる．$\log_{10} 2$ が無理数であることに注意すると，$n \log_{10} 2$ の小数部分の値は n を動かしたとき 0 以上 1 未満の区間に均等に分布することから，補題は成立する． ∎

では，本題の証明に戻ろう．正の整数 k を固定しておこう．$\sqrt{10}$ は無理数なので，その小数表示には 0 でない桁と 9 でない桁がどちらも無限に存在する (つまり，あるところから先がすべて 0 であったり，すべて 9 であったりすることはない)．したがって，$k_1, k_2 \, (> k)$ であって，$\sqrt{10}$ の小数第 k_1 位は 0 でなく，小数第 k_2 位が 9 でないようなものが存在する．k' として，k_1, k_2 のいずれよりも大きい整数をとる．

a を $\sqrt{10}$ の最初の k' 桁とする．補題 1 より，ある整数 n をとることで，2^n の最初の k' 桁を a にすることができる．すなわち，

$$a \cdot 10^s \leq 2^n < (a+1) \cdot 10^s$$

となるような正の整数 s が存在する．すると，

$$\frac{1}{(a+1)10^s} < \frac{1}{2^n} \leq \frac{1}{a \cdot 10^s}$$

が成立する．両辺に 10^n をかけることで，

$$\frac{10^n}{(a+1)10^s} < 5^n \leq \frac{10^n}{a \cdot 10^s}$$

となる．a が $\sqrt{10}$ の最初の k' 桁であることから，$\sqrt{10} \cdot 10^{k'-1} - 1 < a \leq \sqrt{10} \cdot 10^{k'-1}$ であり，このことから，

$$\frac{10^n}{(a+1)10^s} \geq \frac{10^n}{(\sqrt{10}\cdot 10^{k'-1}+1)10^s}$$
$$\frac{10^n}{a\cdot 10^s} < \frac{10^n}{(\sqrt{10}\cdot 10^{k'-1}-1)10^s}$$

であり，これを用いると，

$$\frac{10^n}{(\sqrt{10}\cdot 10^{k'-1}+1)10^s} < 5^n < \frac{10^n}{(\sqrt{10}\cdot 10^{k'-1}-1)10^s}$$

が成立することがわかる．$x = \sqrt{10}\cdot 10^{k'-1}$ とおくと，不等式，$\frac{1}{x-1} \leq \frac{1}{x} + \frac{2}{x^2}$, $\frac{1}{1+x} \geq \frac{1}{x} - \frac{1}{x^2}$ が成立することから，

$$(左辺) \geq 10^{n-s}\left(\frac{1}{x} - \frac{1}{x^2}\right)$$
$$(右辺) \leq 10^{n-s}\left(\frac{1}{x} + \frac{2}{x^2}\right)$$

であって，これにより，

$$\sqrt{10}\cdot 10^{n-s-k'} - 10^{n-s-2k'+1} < 5^n < \sqrt{10}\cdot 10^{n-s-k'} + 2\cdot 10^{n-s-2k'+1}$$

となる．ゆえに，5^n の最初の $\min\{k_1, k_2\}$ 桁は $\sqrt{10}$ と一致する．$k < \min\{k_1, k_2\}$ であったので，$2^n, 5^n$ の最初の k 桁はいずれも $\sqrt{10}$ の最初の k 桁である．以上により，示された．

43. 失われた桁は何でしょう？

(1) 以下の整数の 1 の位の数字をそれぞれ求めよ．

$$3^{1001}\, 7^{1002}\, 13^{1003},\ \underbrace{7^{7^{\cdot^{\cdot^{\cdot^7}}}}}_{7\ \text{が}\ 1001\ \text{個}}$$

(2) 以下の整数の下 3 桁を求めよ．

$$2003^{2002^{2001}}$$

(3) $_{99}C_{19}$ は 21 桁の整数で，10 進法では，

$$107,196,674,080,761,936,xyz$$

と表される．下 3 桁 xyz を求めよ．

(4) 3乗したときの下3桁が888となる最小の正の整数を求めよ．

解答．

(1) 答は順番に，9, 3 である．それを示そう．

前半については，

$$3^{1001}7^{1002}13^{1003} \equiv 3^{1000}91^{1002}3 \cdot 13$$
$$\equiv 81^{250}91^{1002} \cdot 39 \equiv 9 \pmod{10}$$

である．後半は，$7^{2k} \equiv 1 \pmod 4$ より $7^{2k+1} \equiv 3 \pmod 4$ なので，

$$\underbrace{7^{7^{\cdot^{\cdot^{\cdot^7}}}}}_{7 \text{ が } 1000 \text{ 個}} \equiv 3 \pmod 4$$

であって，$7^4 \equiv 1 \pmod{10}$ より，

$$\underbrace{7^{7^{\cdot^{\cdot^{\cdot^7}}}}}_{7 \text{ が } 1001 \text{ 個}} \equiv 7^3 \equiv 3 \pmod{10}$$

である．

(2) 答は，241 である．

$\varphi(1000) = 400$ と，

$$2003^{2002^{2001}} \equiv 3^{2002^{2001}} \pmod{1000}$$

より，$2002^{2001} \equiv 2^{2001} \pmod{400}$ を求めればよい．$400 = 16 \cdot 25$ と，2^{2001} が 16 で割りきれることにより，ある整数 k を用いて，$2^{2001} \equiv 16k \pmod{400}$ と表される．系 1.21 より，$2^{1997} \equiv k \pmod{25}$ である．$\varphi(25) = 20$ より，

$$k \equiv 2^{1997} \equiv 2^{2000}(2^{-1})^3 \equiv (2^{-1})^3 \equiv 22 \pmod{25}$$

であり，$k = 22$ である．よって，$2002^{2001} \equiv 2^{2001} \equiv 16k \equiv 352 \pmod{400}$ であって，

$$2003^{2002^{2001}} \equiv 3^{2002^{2001}} \equiv 3^{352} \equiv 9^{176} \equiv (10-1)^{176} \pmod{1000}$$

である．二項定理により，

$$(10-1)^{176} \equiv {}_{176}C_2 \cdot 10^2 - {}_{176}C_1 \cdot 10 + 1$$

$$\equiv 0 - 760 + 1 \equiv 241 \pmod{1000}$$

である．

(3) 答は 594 である．

まず，先に y, z を計算しよう．
$$_{99}C_{19} = \frac{99!}{19!80!} = \frac{99 \cdot 98 \cdots 81}{19!}$$
であり，$100 = 4 \cdot 25$ より，$_{99}C_{19}$ を $4, 25$ で割った余りを求めればよい．

ここで，
$$\frac{99 \cdot 98 \cdots 81}{19!}$$
$$= \frac{99 \cdot 98 \cdots 96 \cdot 95 \cdot 94 \cdots 91 \cdot 90 \cdot 89 \cdots 86 \cdot 85 \cdot 84 \cdots 81}{4! \cdot 5 \cdot 6 \cdots 9 \cdot 10 \cdot 11 \cdots 14 \cdot 15 \cdot 16 \cdots 19}$$
$$= \frac{19 \cdot 18 \cdot 17 \cdot 99 \cdots 96 \cdot 94 \cdots 91 \cdot 89 \cdots 86 \cdot 84 \cdots 81}{3!4! \cdot 6 \cdots 9 \cdot 11 \cdots 14 \cdot 16 \cdots 19}$$
である．
整数 $\dfrac{99 \cdots 96 \cdot 94 \cdots 91 \cdot 89 \cdots 86 \cdot 84 \cdots 81}{4! \cdot 6 \cdots 9 \cdot 11 \cdots 14 \cdot 16 \cdots 19}$ を $\pmod{25}$ の世界でみたとき，$99 \equiv -1, 98 \equiv -2, \ldots \pmod{25}$ などにより，分母と分子は打ち消しあうので，右辺は
$$\frac{99 \cdot 98 \cdots 81}{19!} \equiv \frac{19 \cdot 18 \cdot 17}{3!} \equiv 19 \pmod{25}$$
である．同様の方法で，$_{99}C_{19} \pmod{4}$ も計算できるが，ここでは，$_{99}C_{19}$ の 2 のべき数を計算して，
$$\sum_{n=1}^{\infty} \left\lfloor \frac{99}{2^n} \right\rfloor - \sum_{n=1}^{\infty} \left\lfloor \frac{19}{2^n} \right\rfloor - \sum_{n=1}^{\infty} \left\lfloor \frac{80}{2^n} \right\rfloor = 95 - 16 - 78 = 1$$
となることから，$_{99}C_{19} \equiv 2 \pmod{4}$ がわかる．

よって，$_{99}C_{19} \equiv 94 \pmod{100}$ がわかり，$y = 9, z = 4$ である．

最後に x を求めよう．求まっていない桁は x のみなので，$\pmod 9$ で各桁の和をみる手段が有効である．
$$e_3(_{99}C_{19}) = \sum_{n=1}^{\infty} \left\lfloor \frac{99}{3^n} \right\rfloor - \sum_{n=1}^{\infty} \left\lfloor \frac{19}{3^n} \right\rfloor - \sum_{n=1}^{\infty} \left\lfloor \frac{80}{3^n} \right\rfloor$$
$$= 48 - 8 - 36 = 4$$

より，$_{99}C_{19} \equiv 0 \pmod 9$ であり，$\pmod 9$ において，

$$1+0+7+1+9+6+6+7+4+0+8$$
$$+0+7+6+1+9+3+6+x+9+4 \equiv 0$$

なので，$x \equiv 5 \pmod 9$ である．x は 1 桁の整数なので，$x = 5$ である．

(4) 答は 192 である．

求める整数を n とおく．立方数を $\pmod{10}$ で調べることで，ある整数の 3 乗の下 1 桁が 8 であるとき，元の数の下 1 桁は 2 でなくてはならないことがわかる．つまり，非負整数 k を用いて $n = 10k + 2$ とおける．すると，

$$n^3 = (10k+2)^3 = 1000k^3 + 600k^2 + 120k + 8$$

であり，十の位に影響する項は $120k$ で，

$$88 \equiv n^3 \equiv 120k + 8 \pmod{100}$$

より $80 \equiv 120k \pmod{100}$ である．系 1.21 より $8 \equiv 12k \pmod{10}$，$4 \equiv 6k \pmod 5$ である．よって，$4 \equiv k \pmod 5$ であり，$k = 5m+4$ とおける．すると，$\pmod{1000}$ で，

$$888 \equiv n^3 \equiv 600(5m+4)^2 + 120(5m+4) + 8$$
$$\equiv 9600 + 600m + 488 \equiv 600m + 88$$

となる．上式が成り立つ m を $1, 2, 3, \ldots$ と探していくと，$m = 3$ のときに初めて成り立つことがわかり，$k = 5 \cdot 3 + 4 = 19$，$n = 10 \cdot 19 + 2 = 192$ である．（実際，$192^3 = 7077888$ である．）

(3) の別解． 本解と同様に $_{99}C_{19}$ が $11, 7$ の両方で割りきれることが示される．命題 1.44(b), (c), (d) を用いることで，

$$x + y + z \equiv 0 \pmod 9$$
$$x - y + z \equiv 0 \pmod{11}$$
$$\overline{xyz} + 1 \equiv 0 \pmod 7$$

であるから，

$$x + y + z \equiv 0 \pmod{9}$$
$$x - y + z \equiv 0 \pmod{11}$$
$$2x + 3y + z + 1 \equiv 0 \pmod{7}$$

である．x, y, z が 1 桁の整数なので，最初の式から $x+y+z = 0, 9, 18, 27$ であることがわかる．$x+y+z = 0, 27$ は x, y, z がそれぞれ，すべて 0，すべて 9 の場合のみにとりうるが，これらは 3 番目の式をみたさないので不適．2 番目の式から $x-y+z = 0, 11$ であることがわかる．$(x+y+z)+(x-y+z)$ が偶数であることから，$(x+y+z, x-y+z) = (9, 11), (18, 0)$ のみ考えられ，前者は $y < 0$ となるので不適．後者の場合を考えよう．$(x+z, y) = (9, 9)$ となる．これを 3 番目の式に代入すると，$0 \equiv x + 3y + (x+z) + 1 \equiv x + 2 \pmod{7}$ より，$x = 5, z = 4$ がわかる．以上より $\overline{xyz} = 594$ である．

注意． (3) を解く際に犯しがちなミスとして以下のものがある．

$$_{99}C_{19} = \frac{99 \cdot 98 \cdots 81}{19!} \equiv \frac{19 \cdot 18 \cdots 1}{19!} \equiv 1 \pmod{8}$$

19! は 8 と互いに素ではないので，この式の割り算を (mod 8) の世界で考えることはできない．（これについては，系 1.21 あたりをみていただきたい．）

44. p を 3 以上の素数とする．

$$\{a_1, a_2, \ldots, a_{p-1}\}, \{b_1, b_2, \ldots, b_{p-1}\}$$

を $(\bmod\ p)$ における既約剰余系とする（すなわち，いずれも $(\bmod\ p)$ でみると，$\{1, 2, \ldots, p-1\}$ の並び替えである）．
このとき，

$$\{a_1 b_1, a_2 b_2, \ldots, a_{p-1} b_{p-1}\}$$

は $(\bmod\ p)$ における既約剰余系ではないことを示せ．

解答． ウィルソンの定理により，

$$a_1 a_2 \cdots a_{p-1} \equiv b_1 b_2 \cdots b_{p-1} \equiv (p-1)! \equiv -1 \pmod{p}$$

である．すると，

$$(a_1b_1)(a_2b_2)\cdots(a_{p-1}b_{p-1})$$
$$\equiv a_1a_2\cdots a_{p-1}b_1b_2\cdots b_{p-1} \equiv (-1)^2 \equiv 1 \pmod{p-1}$$

なので，$\{a_1b_1, a_2b_2, \ldots, a_{p-1}b_{p-1}\}$ は $\pmod p$ における既約剰余系ではない．（ウィルソンの定理により，既約剰余系になるためには全積が $\pmod p$ で -1 と合同になることが必要だから．）

45. p を素数とする．$(1, 2, \ldots, p-1)$ の順列

$$(a_1, a_2, \ldots, a_{p-1})$$

であって，数列 $\{ia_i\}_{i=1}^{p-1}$ が $\pmod p$ において，$p-2$ 個の相異なる元を含むようなものは存在するか．

解答． 答は，「存在する」である．実例を構成しよう．

各 i $(1 \leq i \leq p-2)$ について，$\gcd(i, p) = 1$ であるから，i は $\pmod p$ における逆元をもつ．よって，$ix \equiv i+1 \pmod p$ は $\pmod p$ で唯一の解をもつ．a_i $(1 \leq a_i \leq p-1)$ を $ia_i \equiv i+1 \pmod p$ をみたす，唯一の整数として定める．

このとき，$1 \leq i < j \leq p-2$ で，$a_i \neq a_j$ となることを示そう．ある $1 \leq i < j \leq p-2$ で，$a_i = a_j$ $(= a$ とする$)$ となったとしよう．すると，

$$ia_i \equiv i+1 \pmod p, \quad ja_j \equiv j+1 \pmod p$$

であるから，

$$0 \equiv a(j-i) \equiv ja_j - ia_i \equiv j-i \pmod p$$

である．これは，$0 < j-i < p-2$ より不可能である．

a_{p-1} を $a_1, a_2, \ldots, a_{p-2}$ のいずれでもない唯一の 1 以上 $p-1$ 以下の整数にすることで，題意の順列を得る．

注意． 基本問題 44 より，$\{a_1, 2a_2, 3a_3, \ldots, (p-1)a_{p-1}\}$ は既約剰余系ではなく，基本問題 45 より，$\{a_1, 2a_2, 3a_3, \ldots, (p-1)a_{p-1}\}$ の元を $\pmod p$ で同一視したときの元の個数の最大値が $p-2$ であることがわかる．

46. [Paul Erdös] n を正の整数とする．$n!$ より小さい任意の正の整数は $n!$ の正

の約数 n 個以下の和として表されることを示せ.

解答 1. 各 $k = 1, 2, \ldots, n$ について, $a_k = \dfrac{n!}{k!}$ とする.

$2 \leq k \leq n$ を固定し $a_k \leq m < a_{k-1}$ なる整数 m が与えられたとしよう. 整数 $d = a_k \left\lfloor \dfrac{m}{a_k} \right\rfloor$ を考える. すると, $0 \leq m - d < a_k$ である. さらに, $s = \left\lfloor \dfrac{m}{a_k} \right\rfloor < \dfrac{a_{k-1}}{a_k} = k$ とすると,

$$\frac{n!}{d} = \frac{a_k k!}{a_k s} = \frac{k!}{s}$$

は整数である. よって, m から d ($n!$ の約数) を引くことで a_k よりも小さい整数が得られる.

さて, $m < n! = a_1$ を任意に定めたとしよう. すると, $n!$ の約数を高々 1 回引くことで, a_2 より小さい整数を得る. 次に, $n!$ の約数を高々 1 回引くことで a_3 より小さい整数を得る. これを同様に繰り返していくことで, m は $n!$ の正の約数高々 n 個の和として表される.

解答 2. 帰納法で示す. $n = 3$ のとき, 成立することは容易に示せる. $n - 1$ で成立すると仮定しよう. $1 < k < n!$ としよう. k を n で割った商を k', 余りを q とする. すると, $k = k'n + q, 0 \leq q < n$ であるから,

$$0 \leq k' < \frac{k}{n} < \frac{n!}{n} = (n-1)!$$

である. 帰納法の仮定により, 整数 $s \leq n - 1$ と $d'_1 < d'_2 < \cdots < d'_s$ が存在し, $d'_i \mid (n-1)!$ と $k' = d'_1 + d'_2 + \cdots + d'_s$ が各 $i = 1, 2, \ldots, s$ で成り立つ. このとき, $k = nd'_1 + nd'_2 + \cdots + nd'_s + q$ である. $d_i = nd'_i$ ($i = 1, 2, \ldots, s$) としておく. これら d_i は, $n!$ の約数である. $q = 0$ であれば, $k = d_1 + d_2 + \cdots + d_s$ となる.

$q \neq 0$ であれば, $d_{s+1} = q$ として, $k = d_1 + d_2 + \cdots + d_s + d_{s+1}$ である. ここで, $q < n$ であるから, $d_{s+1} \mid n!$ である. $s + 1 \leq n$ なので, これは n でも主張が成り立つことを示している.

以上により任意の n で主張は成り立つ.

47. n を 3 以上の奇数とする. $3^n + 1$ は n で割りきれないことを示せ.

解答. ある 3 以上の奇数 n で, $3^n + 1$ が n で割りきれたとしよう.

n の最小の素因数を p とする. 3^n+1 は p で割りきれる. つまり, $3^n \equiv -1 \pmod{p}$ であり, $3^{2n} \equiv 1 \pmod{p}$ である. フェルマーの小定理により, $3^{p-1} \equiv 1 \pmod{p}$ であるから, 系 1.23 より

$$3^{\gcd(2n,p-1)} \equiv 1 \pmod{p}$$

である. p の最小性より, $\gcd(n, p-1) = 1$ である. また, n が奇数であるから, $p-1$ は偶数である. よって, $\gcd(2n, p-1) = 2$ であるから, $3^2 \equiv 1 \pmod{p}$ が成立する. しかし, これは 8 が p で割りきれなくてはならず矛盾する (p が奇素数だから).

48. a, b を正の整数とする. 方程式 $ax + by + z = ab$ の非負整数解 (x, y, z) の個数は

$$\frac{1}{2}\Big((a+1)(b+1) + \gcd(a,b) + 1\Big)$$

であることを示せ.

解答. 問題の方程式の解は, $ax + by \leq ab$ $(*)$ をみたす. 逆に, $(*)$ の解 (x, y) について, $z = ab - ax - by$ とおくことで, 問題の方程式の解を得る.

よって, $(*)$ の非負整数解の個数を数えればよい. 明らかに, このような解は座標平面上における, x 軸, y 軸, 直線 $ax + by = ab$ に囲まれた領域 (R とする) の内部または周上の格子点 (x 座標と y 座標が整数である点) と対応する.

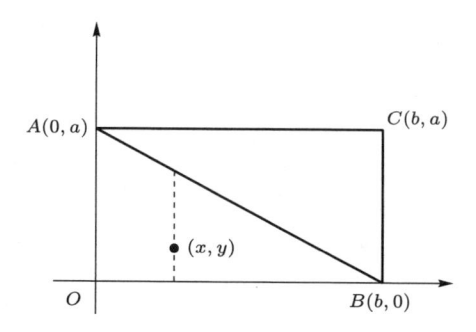

図で, 長方形 $CAOB$ の内部または周上にある格子点の個数は $(a+1)(b+1)$ である. R はこの長方形の左下の三角形 AOB である. 線分 AB 上の格子点の個数を d とする. R の内部または周上の格子点の個数は, 対称性より

$$\frac{1}{2}(a+1)(b+1) + \frac{d}{2}$$

d を求めよう. 対角線 AB は直線 $ax + by = ab$ に他ならず, 変形して, $y = a - \frac{a}{b}x$ となる. 分数,

$$\frac{1 \cdot a}{b}, \frac{2 \cdot a}{b}, \dots, \frac{b \cdot a}{b}$$

の中で整数であるものは, $\gcd(a,b)$ 個であり, $A(0,a)$ を数えることで, $d = \gcd(a,b) + 1$ であることがわかる. これを代入することで, 題意は示された.

49. 位数に関する 2 問.

(1) p を奇素数とする. q, r は素数で, $q^r + 1$ は p で割りきれるとする. このとき, $2r \mid p-1, p \mid q^2 - 1$ の少なくとも一方は成立することを示せ.

(2) 1 より大きい整数 a と正の整数 n が与えられている. $a^{2^n} + 1$ の任意の素因数 p に対して, $p-1$ は 2^{n+1} で割りきれることを示せ.

解答. 命題 1.30 を繰り返し適用する.

(1) $d = \mathrm{ord}_p(q)$ ((mod p) における q の位数) とおく. $p \mid q^r + 1$ と $p > 2$ より,

$$q^r \equiv -1 \not\equiv 1 \pmod{p}$$

であり,

$$q^{2r} \equiv (-1)^2 \equiv 1 \pmod{p}$$

である. 上記の合同式より, d は $2r$ を割りきるが, r を割りきらない. r は素数なので, $d = 2$ または $d = 2r$ である. $d = 2r$ のとき, フェルマーの小定理と命題 1.30 より $2r = d \mid p - 1$. $d = 2$ のとき, $q^2 \equiv 1 \pmod{p}$ なので $p \mid q^2 - 1$ となる.

(2) 定理 1.50 の証明と同様である.

合同式 $a^{2^n} \equiv -1 \pmod{p}$ より,

$$a^{2^{n+1}} = \left(a^{2^n}\right)^2 \equiv 1 \pmod{p}$$

命題 1.30 より, $\mathrm{ord}_p(a)$ は 2^{n+1} の約数である. $a^{2^n} \equiv -1 \pmod{p}$ なので, $\mathrm{ord}_p(a) = 2^{n+1}$ である. 明らかに, $\gcd(a, p) = 1$ であるか

ら，フェルマーの小定理より $a^{p-1} \equiv 1 \pmod{p}$ である．命題 1.30 より，$p-1$ は 2^{n+1} で割りきれる．

注． $a = 2$ とすることで，p がフェルマー数 f_n の素因数のとき，$p-1$ は 2^{n+1} で割りきれる．

50. [APMO 2004] 任意の正の整数 n に対して，
$$\left\lfloor \frac{(n-1)!}{n(n+1)} \right\rfloor$$
は偶数であることを示せ．

解答． $n = 1, 2, \ldots, 6$ で結果が成り立つことは直接調べることで確かめられる．以下，$n \geqq 6$ と仮定する．3 つの場合を考える．

1 つめは，$n = p$ (素数) の場合である．$n+1 = p+1$ は偶数なので，$n+1 = 2 \cdot \dfrac{p+1}{2}$ は $(n-1)! = (p-1)!$ を割りきり，
$$\frac{(n-1)!}{n+1} = \frac{(p-1)!}{p+1}$$
は偶数である．この値を k としよう．$k+1$ は奇数である．ウィルソンの定理により，
$$k+1 \equiv \frac{(p-1)!}{p+1} + 1 \equiv \frac{-1}{1} + 1 \equiv 0 \pmod{p}$$
である．よって，$\dfrac{k+1}{p}$ は奇数であり，
$$\frac{\frac{(p-1)!}{p+1} + 1}{p} = \frac{(p-1)!}{p(p+1)} + \frac{1}{p}$$
は奇数である．すると，
$$\left\lfloor \frac{(n-1)!}{n(n+1)} \right\rfloor = \left\lfloor \frac{(p-1)!}{p(p+1)} \right\rfloor$$
は偶数である．

2 番目の場合は，$n+1 = p$ (素数) の場合である．この場合，$n = p-1$ は偶数であるから，$n = 2 \cdot \dfrac{p-1}{2}$ は $(n-1)! = (p-2)!$ を割りきり，
$$\frac{(n-1)!}{n} = \frac{(p-2)!}{p-1}$$
は偶数である．この値を k' とおく．ウィルソンの定理により，

$$k' + 1 \equiv \frac{(p-2)!}{p-1} + 1 \equiv \frac{(p-1)!}{(p-1)^2} + 1 \equiv -1 + 1 \equiv 0 \pmod{p}$$

であるから，$\dfrac{k'+1}{p}$ は奇数であり，

$$\frac{\frac{(p-2)!}{p-1}+1}{p} = \frac{(p-2)!}{p(p-1)} + \frac{1}{p}$$

は奇数である．ゆえに，

$$\left\lfloor \frac{(n-1)!}{n(n+1)} \right\rfloor = \left\lfloor \frac{(p-2)!}{p(p-1)} \right\rfloor$$

は偶数である．

3番目の場合として，$n, n+1$ の両方が合成数である場合を考える．この場合，$(n-1)!$ は $n, n+1$ の両方で割りきれることが容易に確かめられる．$\gcd(n, n+1) = 1$ より，$(n-1)!$ は $n(n+1)$ で割りきれるので，

$$\frac{(n-1)!}{n(n+1)}$$

は整数である．ルジャンドル関数を用いることで，この整数が偶数であることが容易に示される．

51. [ARML 2002] 正の整数 m であって，以下の条件をみたすような正の整数 n がただ 1 つ存在するようなものをすべて求めよ．

条件： n 個の合同な正方形にも，$n+m$ 個の合同な正方形にも分割できるような長方形が存在する．

解答． 整数 m が条件をみたすことと，m が集合

$$S = \{8, p, 2p, 4p \mid p \text{ は奇素数}\,\}$$

に含まれることは同値である．これを示そう．

一般性を失うことなく，長方形 $ABCD$ は一辺 1 の正方形 $n+m$ 個に分割でき，かつ一辺 $x\,(> 1)$ の正方形 n 個に分割できるとして議論を進める．長方形 $ABCD$ の辺の長さは整数であるから，x は有理数である．$x = \dfrac{a}{b}$ (a, b は互いに素な整数) としよう．$x > 1$ から $a > b$ であり，長方形 $ABCD$ の面積について方程式を立てて，

$$(n+m) \cdot 1 = n \cdot \left(\frac{a}{b}\right)^2$$

となる．この方程式を解くと，
$$n = \frac{mb^2}{a^2 - b^2} = \frac{mb^2}{(a+b)(a-b)}$$
となる．$\gcd(a,b) = 1$ から，$\gcd(b, a+b) = \gcd(b, a-b) = 1$ であり，m は $(a+b)(a-b)$ で割りきれる．$a+b$ と $a-b$ の偶奇は同じである．m が1より大きい奇数の約数を2つもつとき，$m = ijk$ ($j > 1, k > 1$ は奇数) と書ける．このとき，$(a+b, a-b) = (j, k), (jk, 1)$ はそれぞれ，$n = \dfrac{i(j-k)^2}{4}, \dfrac{i(jk-1)^2}{4}$ という異なる2種類の n の値を与え，n の一意性に反する．よって，m は1より大きい奇数の約数を高々1つしかもたないので，$m = 2^c, 2^c \cdot p$ (c は非負整数, p は奇素数) のいずれかの形で表せる．この2つを場合分けして考える．

まず，$m = 2^c$ の形の場合を考えよう．$c = 0, 1, 2$ のときは条件をみたさないことは容易に示される．$c > 3$ のとき，$(a-b, a+b) = (2, 4), (2, 8)$ の場合を考えるとそれぞれ，$n = 2^{c-3}, 9 \cdot 2^{c-4}$ となって，n の一意性に反する．$c = 3$ のとき，$m = 8$ であって，$(a, b) = (2, 4), n = 1$ が唯一の解である．

次に $m = 2^c \cdot p$ のときを考える．最初の場合と同様 (ただし，今回は $(a+b, a-b) = (1, p)$ の場合も考える) に，$c \leq 2$ が示される．この場合，$m = p, 2p, 4p$ であって，それぞれ以下の表のような唯一の解をもつ．

m	$(a+b, a-b)$	(a, b)	n
p	$(p, 1)$	$\left(\dfrac{p+1}{2}, \dfrac{p-1}{2}\right)$	$\dfrac{(p-1)^2}{4}$
$2p$	$(p, 1)$	$\left(\dfrac{p+1}{2}, \dfrac{p-1}{2}\right)$	$\dfrac{(p-1)^2}{2}$
$4p$	$(p, 1)$ か $(2p, 2)$	$\left(\dfrac{p+1}{2}, \dfrac{p-1}{2}\right)$ か $(p+1, p-1)$	$(p-1)^2$

52. 正の整数 n であって，すべての桁が0でないような n の倍数が存在するようなものをすべて求めよ．

解答． 求める n は10の倍数でないすべての正の整数であることを示す．問題の条件をみたす n を良い整数と呼ぶことにしよう．n が10の倍数であれば，n の倍数の末尾に0が並ぶので，n は良い整数ではない．他のすべての正の整数が良い整数であることを示す．n を10で割りきれない正の整数と

する．いくつかに場合分けして考えよう．

最初の場合として，k を正の整数として，$n = 2^k, 5^k$ のいずれかの形で書ける場合を考えよう．例題 1.53 で示したように k 桁の n の倍数であって，すべての桁が 0 でないようなものが存在する．よって，n は良い整数である．

次に，n が 10 と互いに素な場合を考えよう．この場合，n はすべての桁が 1 である倍数をもつ．実際，オイラーの定理により，

$$10^{\varphi(9n)} \equiv 1 \pmod{9n}$$

なので，

$$\underbrace{11\ldots 1}_{\varphi(9n)} = \frac{10^{\varphi(9n)} - 1}{9}$$

は n で割りきれる．

最後に，$n = a^s \cdot m$ ($a = 2, 5$, m は 10 と互いに素) の場合を考えよう．最初の場合で考えたように，s 桁の a^s の倍数であって，すべての桁が 0 でないものが存在する．そのような倍数を $t = \overline{a_{s-1}a_{s-2}\ldots a_0}$ としよう．t を 1 つ，2 つ，… と順番に並べた数列，

$$\overline{a_{s-1}a_{s-2}\ldots a_0}, \overline{a_{s-1}a_{s-2}\ldots a_0 a_{s-1}a_{s-2}\ldots a_0}, \ldots$$

を考える．この数列の長さは無限なので，$\pmod{m}$ で合同になる 2 項が存在する．それを，i 番目と j 番目としよう ($i < j$)．すると，

$$\underbrace{\overline{a_{s-1}a_{s-2}\ldots a_0 \ldots a_{s-1}a_{s-2}\ldots a_0}}_{\overline{a_{s-1}a_{s-2}\ldots a_0} \text{が } j-i \text{ 個ある}} \underbrace{\overline{00\ldots 0}}_{0 \text{ が } si \text{ 個}} \equiv 0 \pmod{m}$$

である．$\gcd(m, 10) = \gcd(m, a^s) = 1$ なので，$t = \overline{a_{s-1}a_{s-2}\ldots a_0}$ は a^s で割りきれる．よって，

$$\underbrace{\overline{a_{s-1}a_{s-2}\ldots a_0 \ldots a_{s-1}a_{s-2}\ldots a_0}}_{\overline{a_{s-1}a_{s-2}\ldots a_0} \text{が } j-i \text{ 個ある}}$$

は $n = a^s \cdot m$ で割りきれ，かつどの桁も 0 でない．

第 5 章

上級問題の解答

1. [MOSP 1998]
    a) $3, 4, 5, 6$ 個の連続した整数の 2 乗の和は平方数にはならないことを示せ.
    b) 11 個の連続した正整数であって,その 2 乗の和が平方数となるような例を挙げよ.

    証明. $s(n, k) = n^2 + (n+1)^2 + \cdots + (n+k-1)^2$ とおく.

    a) $s(n-1, 3) = (n-1)^2 + n^2 + (n+1)^2 = 3n^2 + 2$ である.したがって $s(n-1, 3) \equiv 2 \pmod{3}$ より $s(n-1, 3)$ は平方数にはならない.

    $s(n, 4) = 4(n^2 + 3n + 3) + 2$ より $s(n, 4) \equiv 2 \pmod 4$ であるから $s(n, 4)$ は平方数にはならない.

    $s(n-2, 5) = 5(n^2 + 2)$ である.よって $s(n-2, 5) \equiv 2, 3 \pmod 4$ であるから $s(n-2, 5)$ は平方数にはならない.

    $s(n-2, 6) = 6n^2 + 6n + 19$ である.$n^2 + n = n(n+1)$ は偶数なので $s(n-2, 6) \equiv 6n(n+1) + 19 \equiv 3 \pmod 4$ であるから $s(n-2, 6)$ は平方数にはならない.

    以上により,$3, 4, 5, 6$ 個の連続した整数の 2 乗の和は平方数にはならないことが示された.

    b) $s(n-5, 11) = 11(n^2 + 10)$ である.$11(n^2 + 10)$ が平方数となる n を見つければよい.まず 11 が $n^2 + 10$ を割り切るので,$n^2 - 1 \equiv n^2 + 10 \equiv 0 \pmod{11}$,つまり $n-1$ または $n+1$ が 11 で割り切れなければならない.したがって $n = 11m \pm 1$ (m は整数) とおける.このとき

$s(n-5, 11) = 11((11m \pm 1)^2 + 10) = 11^2(11m^2 \pm 2m + 1)$ である．$m = 2$ のとき $11m^2 + 2m + 1 = 49$ が平方数となり，所望の例 $s(18, 11) = 77^2$ が見つかる．

2. [MOSP 1998] 正整数 x を 10 進法表示したときの各桁の和を $S(x)$ で表す．
  a) 任意の正整数 x に対して $\dfrac{S(x)}{S(2x)} \leqq 5$ が成り立つことを証明せよ．この評価を改良することは可能か？
  b) $\dfrac{S(x)}{S(3x)}$ は有界ではないことを証明せよ．

証明．
  a) x の各桁の数を d で表すと，$S(2x) = \sum S(2d)$ が成り立つ (2 桁にわたる繰り上がりがないので)．各 d に対して $S(d) \leqq 5S(2d)$ が成り立つのは明らかなので，
$$\frac{S(x)}{S(2x)} = \frac{\sum S(d)}{\sum S(2d)} \leqq 5$$
が成り立つ．$S(5) = 5S(10)$ なのでこの評価は改良することができない．

　また，命題 1.45 (d) を適用して $S(x) = S(10x) \leqq S(5)S(2x) = 5S(2x)$ としてもよい．
  b) $p_k = \underbrace{33\ldots3}_{k}4$ とおく．このとき
$$3p_k = 3(\underbrace{33\ldots3}_{k+1}+1) = \underbrace{99\ldots9}_{k+1}+3 = 1\underbrace{00\ldots0}_{k}2$$
である．よって
$$\frac{S(p_k)}{S(3p_k)} = \frac{3k+4}{3}$$
で，これは有界ではないので示された．

3. ほとんどの正整数は，2 つ以上の連続する正整数の和として表すことができる．たとえば，$24 = 7+8+9$, $51 = 25+26$ などである．2 つ以上の連続する正整数の和で表せないような正整数を「面白い整数」ということにする．面白い整数とはどのような数か．

解答. 整数 n が面白い数であることと n が 2 のべきであること，つまりある非負整数 k を用いて $n = 2^k$ と書けることは同値であることを示そう．

まず n が面白い数ではないとしよう．このときある正整数 m, k を用いて
$$n = m + (m+1) + \cdots + (m+k) = \frac{(k+1)(2m+k)}{2} \quad (*)$$
と表せる．$k+1, 2m+k$ の偶奇は異なるので，これらの一方は 3 以上の奇数であり，したがって n は 3 以上の奇数の約数をもつ．これより任意の正整数 k に対して 2^k は面白い数であるとわかる．

あとはそれ以外の正整数 n は面白い数ではないことを示せばよい．そのような n は非負整数 h と 3 以上の奇数 l を用いて $n = 2^h \cdot l$ と書ける ($2^{h+1} \neq l$ であることに注意)．$2^{h+1} < l$ ならば，$(*)$ において
$$k = 2^{h+1} - 1, \qquad m = \frac{l - k}{2} = \frac{l + 1 - 2^{h+1}}{2}$$
ととることができるので n は面白い数ではない．また，$2^{h+1} > l$ ならば，$(*)$ において
$$k = l - 1, \qquad m = \frac{2^{h+1} - k}{2} = \frac{2^{h+1} + 1 - l}{2}$$
ととることができるので n は面白い数ではない．以上で，n が 3 以上の奇数の約数をもてば n は面白い数ではないことが示された．

4. $S = \{105, 106, \ldots, 210\}$ とおく．S の任意の n 元部分集合 T が少なくとも 1 組の互いに素でない元をもつような n の最小値を求めよ．

解答. 最小値は $n = 26$ である．

正整数 k に対して，S の元で k の倍数であるもの全体の集合を A_k と書くことにする．また，$P = \{2, 3, 5, 7, 11\}$ とし，
$$A = \bigcup_{k \in P} A_k = A_2 \cup A_3 \cup A_5 \cup A_7 \cup A_{11}$$
とおく．包除の原理より，A の元の個数は次のようになる：
$$|A| = \sum_{k \in P} |A_k| - \sum_{i < j \in P} |A_i \cap A_j| + \sum_{i < j < k \in P} |A_i \cap A_j \cap A_k|$$
$$- \sum_{i < j < k < l \in P} |A_i \cap A_j \cap A_k \cap A_l| + \left| \bigcap_{k \in P} A_k \right|$$

$$= 137 - 66 + 16 - 1 + 0$$
$$= 86.$$

$13 \cdot 17 = 221 > 210$ であるから，S の元のうちで A に含まれない合成数は $13^2 = 169$ だけである．したがって S は 87 個の合成数と 19 個の素数からなる．

さて，S のどのような 26 元部分集合も，互いに素でない 2 元をもつことを示そう．S の素数は高々 19 個なので，26 数のうち少なくとも 7 つは合成数であり，したがってそれらのうち少なくとも 6 つは A に属する．鳩の巣原理よりこれらの少なくとも 2 つは同一の $A_k (k \in P)$ に属する．その 2 数は k を公約数にもつので互いに素ではない．

最後に，S の 25 元部分集合であって，どの 2 数も互いに素であるようなものを構成する．P を S に含まれる素数全体とすると，集合
$$P \cup \{11^2, 5^3, 2^7, 3^2 \cdot 17, 13^2, 7 \cdot 29\}$$
$$= P \cup \{121, 125, 128, 153, 169, 203\}$$
は 25 個の数からなる集合であり，これらの数はすべて互いに素である．

5. [St.Petersburg 1997] 黒板に
$$\underbrace{99\ldots99}_{1997 \text{ 個}}$$
という数が書かれている．

黒板に n という数が書かれているとき，まず $n = ab$ と 2 つの整数の積に分ける．さらに a と b それぞれに 2 を加えるか減らすかして得られる $a \pm 2$, $b \pm 2$ の 2 つの数を黒板に書き，n を消す．

このように 1 つの数を 2 つの数に置き換える操作を繰り返すことで，黒板に書かれた数をすべて 9 にすることは可能か？

解答． 不可能であることを示す．

$a + 2 \equiv a - 2 \pmod{4}$ であることに注目して，数を 4 で割った余りを考える．$n \equiv 3 \pmod{4}$ なる n を 2 つの整数の積 ab に分けたとき，4 を法として a と b の一方が 1 と，他方が 3 と合同である．a が 1 と合同であるとす

ると，$a \pm 2 \equiv 3 \pmod 4$ である．

最初に書かれている数

$$\underbrace{99\ldots 99}_{1997 \text{ 個}}$$

は 4 を法として 3 と合同なので，操作の過程でつねに 4 を法として 3 と合同な数が残る．したがってすべての数が 9 になることはありえない．

6. [IMO 1986] d を $2, 5, 13$ 以外の正整数とする．集合 $\{2, 5, 13, d\}$ の 2 つの元 a, b であって，$ab - 1$ が平方数でないようなものが存在することを示せ．

証明その 1. $2 \cdot 5 - 1 = 3^2, 2 \cdot 13 - 1 = 5^2, 5 \cdot 13 - 1 = 8^2$ であるから，集合 $\{2d - 1, 5d - 1, 13d - 1\}$ に平方数でないものが存在することを示す．主張が偽であると仮定する．つまり整数 a, b, c が

$$2d - 1 = a^2, \qquad 5d - 1 = b^2, \qquad 13d - 1 = c^2$$

をみたすとする．このとき a は奇数なので $a^2 \equiv 1 \pmod 8$，したがって $d \equiv 1 \pmod 4$ であり，b, c は偶数である．$b = 2y, c = 2z$ とおく．$5d = b^2 + 1, 13d = c^2 + 1$ であるから $8d = c^2 - b^2$ を得る．したがって

$$d = \frac{4y^2 + 1}{5} = \frac{4z^2 + 1}{13} = \frac{4z^2 - 4y^2}{8} = \frac{z^2 - y^2}{2}$$

である．$d \equiv 1 \pmod 4$ より $z^2 - y^2 \equiv 2 \pmod 4$ となるが，これは不可能である．以上により示された．

証明その 2. 16 を法として考える．$n = 0, 1, \ldots, 7, 8$ に対して $n^2 \pmod{16}$ を計算することで，任意の平方数は 16 を法として

$$0, 1, 4, 9$$

のいずれかに合同であることがわかる．

$2d - 1$ が平方数であるとすると，$2d$ は 16 を法として 2 または 10 に合同，したがって d は 1, 5, 9, 13 のいずれかに合同であることがわかる．これらの d に対して $5d - 1, 13d - 1$ を計算すると，次のようになる（値は 16 を法として考えたもの）：

d	$5d-1$	$13d-1$
1	4	**12**
5	**8**	0
9	**12**	4
13	0	**8**

それぞれ太字で表した部分の数が平方数になりえないので示された.

7. [Russia 2001] 2000 個のボールがある. このうち 1000 個が 10 グラムのボールであり, 残りの 1000 個が 9.9 グラムのボールであることがわかっている. これらからボールの山を 2 組取り出して, ボールの個数は等しいが総重量は異なるようにしたい. 天秤ばかりによる計測を最小で何回行えばよいか.

ただし, 天秤ばかりは左皿に乗せた物体の総重量から右側に乗せた物体の総重量を引いた値を求める道具である.

証明. 少なくとも 1 回の計測をしなければならないことは明らかである. 1 回の計測で十分であることを示す.

2000 個のボールを, それぞれ 667 個, 667 個, 666 個からなるボールの山 H_1, H_2, H_3 に分ける. まず H_1 と H_2 を比べる. これらの総重量が異なるならば H_1 と H_2 が求めるものである. H_1 と H_2 の総重量が等しいとしよう. H_1 からボールを 1 つ取り除いたものを H_1' として, H_1' と H_3 の総重量が異なることを示せばよい.

そうでないとすると, H_1' と H_3 は等しい個数の 10 グラムのボールを含まねばならない. この個数を n とする. 同様に H_1 と H_2 も等しい個数の 10 グラムのボールを含む. その個数は n または $n+1$ である. H_1, H_2, H_3 に含まれる 10 グラムのボールの個数の合計は $3n$ または $3n+2$ であるが, これが 1000 と等しくなることは不可能である. よって示された.

8. [China 2001] a, b, c は整数で, $a, b, c, a+b-c, a+c-b, b+c-a, a+b+c$ は相異なる 7 個の素数である. これら 7 個の素数のうち, 最大のものと最小のものの差を d とする. $800 \in \{a+b, b+c, c+a\}$ であるとき, d としてあ

りうる値の最大値を求めよ．

解答その1. 1594 が解である．

まず，a, b, c はすべて奇素数である．実際たとえば a が偶数であるとすると，偶数の素数は1つしかないので $b, c, a+b+c$ はすべて奇数でなくてはならないがこれは矛盾である．よって7つの素数はすべて奇数であり，したがって3以上である．

さて，$a+b = 800$ であるとしてよい．このとき $a+b-c \geq 3$ なので $c \leq 797$ である．よって $a+b+c = 800+c \leq 1597$ なので $d \leq 1597-3 = 1594$ である．

$a = 13, b = 787, c = 797$ とすれば $d = 1594$ が実現される．このとき 13, 787, 797 以外の4つの素数は 3, 23, 1571, 1597 である．

解答その2. $a+b = 800$ としても一般性を失わない．明らかに a, b はいずれも奇数である．3つの数 $c, a+b-c = 800-c, a+b+c = 800+c$ はいずれも素数である．これらを3を法として考えると，ちょうど1つが0と合同であることが簡単に確かめられる．したがってこれらのうち1つは3であるから，c は3または797である．

$c = 3$ のときは $d \leq a+b+c-3 = 800$ であり，$c = 797$ のときは $d \leq a+b+c-3 = 1594$ である．あとは1つめの解法と同様である．

9. どのような正整数 m, n に対しても，和
$$S(m,n) = \frac{1}{m} + \frac{1}{m+1} + \cdots + \frac{1}{m+n}$$
は整数ではないことを示せ．

証明. $S(m,n)$ が整数になったと仮定する．$\ell = \mathrm{lcm}(m, m+1, \ldots, m+n)$ とおく．$m, n \geq 1$ なので ℓ は偶数であり，
$$\ell S(m,n) = \frac{\ell}{m} + \frac{\ell}{m+1} + \cdots + \frac{\ell}{m+n}$$
が成り立つ．

仮定より左辺は偶数なので，右辺には少なくとも2つの奇数 $\dfrac{\ell}{m+i_1}$, $\dfrac{\ell}{m+i_2}$ (ただし $i_1 < i_2$ とする) が存在する．d を $2^d \| \ell$ となるようにとると，これらは奇数 k_1, k_2 を用いて $m+i_1 = 2^d \cdot k_1$, $m+i_2 = 2^d \cdot k_2$ と書ける．

このとき $2^d(k_1+1)$ は $m+i_1$ と $m+i_2$ の間の数なので $m, m+1, \ldots, m+n$ のいずれかに等しく, k_1 が奇数なので 2^{d+1} で割り切れる. よって $2^{d+1} \mid \ell$ でなければならないが, これは d の取り方に反する. 以上により示された.

10. [St.Petersburg 2001] $m > n$ であるような任意の正整数 m, n に対して,
$$\mathrm{lcm}(m,n) + \mathrm{lcm}(m+1, n+1) > \frac{2mn}{\sqrt{m-n}}$$
が成り立つことを示せ.

証明. $m = n + k$ とおく. このとき
$$\mathrm{lcm}(m,n) + \mathrm{lcm}(m+1, n+1) = \frac{mn}{\gcd(m,n)} + \frac{(m+1)(n+1)}{\gcd(m+1, n+1)}$$
$$> \frac{mn}{\gcd(n+k,n)} + \frac{mn}{\gcd(m+1, n+1)}$$
$$= \frac{mn}{\gcd(k,n)} + \frac{mn}{\gcd(n+k+1, n+1)}$$
$$= \frac{mn}{\gcd(k,n)} + \frac{mn}{\gcd(k, n+1)}$$

である. $\gcd(k,n), \gcd(k, n+1)$ は互いに素であり, いずれも k の約数なので, $\gcd(k,n)\gcd(k,n+1) \le k$ である. よって相加相乗平均の不等式より
$$\mathrm{lcm}(m,n) + \mathrm{lcm}(m+1, n+1) > \frac{mn}{\gcd(k,n)} + \frac{mn}{\gcd(k, n+1)}$$
$$\ge 2mn\sqrt{\frac{1}{\gcd(k,n)\gcd(k, n+1)}} \ge 2mn\sqrt{\frac{1}{k}} = \frac{2mn}{\sqrt{m-n}}$$

を得る.

11. 任意の非負整数は, $a < b < c$ なる正整数 a, b, c を用いて $a^2 + b^2 - c^2$ の形に表せることを示せ.

証明その1. k を非負整数とする.

まず k を偶数とする. $k = 2n$ とおく. $n > 1$ のときは
$$2n = (3n)^2 + (4n-1)^2 - (5n-1)^2$$
および $3n < 4n - 1 < 5n - 1$ よりよい. $n = 0, 1$ のときは
$$0 = 3^2 + 4^2 - 5^2, \quad 2 = 5^2 + 11^2 - 12^2$$

よりよい．

次に k を奇数とする．$n > 2$ のとき，
$$2n + 3 = (3n + 2)^2 + (4n)^2 - (5n + 1)^2$$
および $3n + 2 < 4n < 5n + 1$ より $k = 2n + 3$ は条件をみたす．残りの場合も
$$1 = 4^2 + 7^2 - 8^2, \qquad 3 = 4^2 + 6^2 - 7^2$$
$$5 = 4^2 + 5^2 - 6^2, \qquad 7 = 6^2 + 14^2 - 15^2$$
よりよい．

証明その2． より一般的な方法を紹介しよう．連続する平方数の差は，1次関数的に増加していくことに注目する．

k を非負整数とする．a を k と偶奇が異なる十分大きな正整数とする．b を $k = a^2 + b^2 - (b+1)^2$ となるように定める．つまり $b = \dfrac{a^2 - k - 1}{2}$ とする．a と k の偶奇が異なるので b は整数であり，また a を十分大きくとれば，$a < b$ が成り立つ．よってこの a, b と $c = b + 1$ が条件をみたす．

12. 正整数からなる狭義単調増加数列 $\{a_k\}_{k=1}^{\infty}$ であって，任意の整数 a に対し，数列 $\{a_k + a\}_{k=1}^{\infty}$ が素数を有限個しか含まないようなものは存在するか．

注． $a_k = k!$ という数列を思いつくことは自然であるが，これでは $a = \pm 1$ に対処するのが難しい．この数列を修正する 2 つの方法を紹介する．

解答その1． 存在する．実際，正整数 k に対して $a_k = (k!)^3$ とおこう．まず $a = \pm 1$ のときは，$x^3 \pm 1 = (x \pm 1)(x^2 \mp x + 1)$ なので，$k \geq 3$ に対して $(k!)^3 \pm 1$ は合成数である．また，$|a| > 1$ ならば，$k \geq |a|$ に対して a は $k!$ を割り切るので，a は $a_k + a$ を割り切る．よってそのような k に対して $a_k + a$ は合成数である．また $a = 0$ のときも，$k \geq 2$ ならば $(k!)^3$ が合成数であることは明らかである．

解答その2． (Kevin Modzelewski 氏による) $a_k = (2k)! + k$ とおく．$k \geq |a|$ かつ $k \geq 2 - a$ なる整数 k に対し，$2 \leq k + a \leq 2k$ である．よってそのようなすべての k に対して，$a_k + a$ は $k + a$ で割り切れるので合成数である．

13. 式
$$\pm 1 \pm 2 \pm 3 \pm \cdots \pm (4n+1)$$
において符号 $+, -$ を適切に選ぶことで，$(2n+1)(4n+1)$ 以下の正の奇数をすべて表すことができることを示せ．

証明. n に関する帰納法により示す．$n=1$ のときは

$$+1-2+3+4-5=1, \qquad -1+2+3+4-5=3,$$
$$+1+2+3+4-5=5, \qquad -1+2-3+4+5=7,$$
$$-1-2+3+4+5=9, \qquad +1-2+3+4+5=11,$$
$$-1+2+3+4+5=13, \qquad +1+2+3+4+5=15$$

よりよい．

$n=k$ での成立を仮定して，$n=k+1$ のときを考える．$-(4k+2)+(4k+3)+(4k+4)-(4k+5)=0$ なので $n=k$ に対して表せていた奇数はすべて $n=k+1$ に対しても表せる．よって帰納法の仮定より $(2k+1)(4k+1)$ 以下の正の奇数はすべて表せる．よって，$(2k+1)(4k+1) < m \leq (2k+3)(4k+5)$ なる奇数 m が表せることを示せばよい．

$(2k+3)(4k+5)-(2k+1)(4k+1)=16k+14$ であるから，このような奇数 m は $8k+7$ 個ある．これらは次のいずれかの形でちょうど1通りに表示できるのでよい：

$(2n+3)(4n+5) = +1+2+\cdots+(4n+5),$

$(2n+3)(4n+5) - 2k$
$\quad = +1+2+\cdots+(k-1)-k+(k+1)+\cdots+(4n+4)+(4n+5)$
$$(1 \leq k \leq 4n+5),$$

$(2n+1)(4n+5) - 2l$
$\quad = +1+2+\cdots+(l-1)-l+(l+1)+\cdots+(4n+4)-(4n+5)$
$$(1 \leq l \leq 4n+1).$$

14. a, b を互いに素な正整数とするとき，

$$ax + by = n$$

は $n > ab - a - b$ ならば非負整数解 (x, y) をもつことを示せ. $n = ab - a - b$ の場合はどうか.

証明その1. $ax + by = n$ をみたす非負整数解 (x, y) が存在するとき n は**表示可能**であるということにする.

まず $n = ab - a - b$ が表示可能ではないことを示す. 非負整数 x, y に対して $ab - a - b = ax + by$ が成り立つと仮定する. この方程式を a を法として考えることで, $-b \equiv by \pmod{a}$ がわかる. a と b は互いに素なので, $y \equiv -1 \pmod{a}$ が成り立つ. 同様に $x \equiv -1 \pmod{b}$ が成り立つ. x, y は非負なので $x \geq b - 1, y \geq a - 1$ でなければならないが, このとき

$$ab - a - b = n = ax + by \geq a(b-1) + b(a-1) = 2ab - a - b$$

となり矛盾する. これにより $n = ab - a - b$ は表示可能ではないことが示された.

次に, $n > ab - a - b$ なる n が表示可能であることを示す. a と b は互いに素なので, 命題 1.24 より

$$\{n, n-b, n-2b, \ldots, n-(a-1)b\}$$

は a を法としたときの完全剰余系を与える. したがって $n - yb \equiv 0 \pmod{a}$ なる $0 \leq y \leq a - 1$ がただ1つ存在する. $x = \dfrac{n - yb}{a}$ とすれば $ax + by = n$ であり, $x > \dfrac{(ab - a - b) - (a-1)b}{a} = -1$ なので x は非負整数である. これより n が表示可能であることが示された.

証明その2. 次の主張を示す:

$m + n = ab - a - b$ なる整数 m, n に対して, m と n のうちちょうど一方が表示可能である.

主張が示されたとしよう. $n > ab - a - b$ ならば m は負なので明らかに表示可能ではない. よって主張より n は表示可能である. $n = ab - a - b$ のときは $m = 0$ であり, これは明らかに表示可能である ($x = y = 0$ とすればよい).

よって主張より n は表示可能ではない.

あとは主張を示せばよい．ベズーの恒等式により，$ax+by=n$ なる整数 (x,y) が存在する．$ax+by = a(x-bt)+b(y+at)$ であるから，x を b の倍数だけ増減させることが可能である．したがって $0 \leq x \leq b-1$ が成り立つとしてよい．さらに，$n = ax+by$ が表示可能であることは条件 $0 \leq x \leq b-1$ のもとで表示可能であることと同値である．$0 \leq x, s \leq b-1$ なる整数 x, s および整数 y, t を用いて

$$n = ax + by, \qquad m = as + bt$$

と書く．n, m が表示可能であることは，それぞれ y, t が非負であることと同値である．ここで

$$ax + by + as + bt = m + n = ab - a - b,$$

つまり

$$ab - (x+s+1)a - (y+t+1)b = 0$$

が成り立つ．a と b は互いに素なので，b は $x+s+1$ を割り切らなければならない．$1 \leq x+s+1 \leq 2b-1$ なので $x+s+1 = b$ である．したがって $ab - ba - (y+t+1)b = 0$，すなわち $y+t = -1$ を得る．これより y と t のうちちょうど一方が非負であることがわかり主張が従う．

15. [China 2003] 整数 k, m, n はある三角形の辺の長さであるとする．$k > m > n$ および

$$\left\{\frac{3^k}{10^4}\right\} = \left\{\frac{3^m}{10^4}\right\} = \left\{\frac{3^n}{10^4}\right\}$$

が成り立つとき，$k+m+n$ としてありうる最小値を求めよ．

解答． 問題の条件は $k > m > n$, $k < m+n$ および

$$3^k \equiv 3^m \equiv 3^n \pmod{10^4}$$

と書くことができる．さらに最後の条件は

$$3^k \equiv 3^m \equiv 3^n \pmod{2^4} \quad \text{かつ} \quad 3^k \equiv 3^m \equiv 3^n \pmod{5^4}$$

と同値である．$d_1 = \text{ord}_{2^4} 3$, $d_2 = \text{ord}_{5^4} 3$, $d = \text{lcm}(d_1, d_2)$ とおくと，命題 1.30 より最後の条件は $k \equiv m \equiv n \pmod{d}$ と同値である．

$d_1 = 4$ であることは容易に確かめられる．$d_2 = 500$ であることを示そう．まず d_2 は $\varphi(5^4) = 500$ を割り切る．よって $d_2 \neq 500$ であるとすれば d_2 は $\dfrac{500}{2} = 250$ または $\dfrac{500}{5} = 100$ を割り切る．したがって

a) $3^{250} \not\equiv 1 \pmod{5^4}$,

b) $3^{100} \not\equiv 1 \pmod{5^4}$

を示せばよい．a) は $3^{250} \equiv 3^2 \equiv -1 \pmod 5$ よりよい．また二項定理より
$$3^{100} \equiv (10-1)^{50} \equiv \binom{50}{48} \cdot 10^2 - \binom{50}{49} \cdot 10 + 1 \not\equiv 1 \pmod{5^4}$$
となるので b) もよい．これで $d_2 = 500$ であることが示された．

$d = 500$ となるので $k-m, m-n$ はともに 500 の倍数である．$m-n = 500s, k-m = 500t$ とおく．$m = 500s+n, k = 500(s+t)+n$ である．条件 $k < m+n$ は $500t < n$ と言い換えられ，$k+m+n = 500(2s+t)+3n$ である．よって $k+m+n$ の最小値は $s=t=1, n=501$ のときの 3003 である．

16. [Baltic 1996] 次のような 2 人用ゲームを考える．最初に n 個の石が積まれている．2 人のプレイヤは，先手から始めて，正整数の 2 乗に等しい個数の石を取り除くことを交互に繰り返す．これ以上石を取り除くことが出来なくなったプレイヤが負けである．後手に必勝戦略があるような n が無限に多く存在することを示せ．

証明． そのような n が有限個しか存在しないと仮定する．そのうち最大のものを N とする．$n > N$ ならば先手に必勝戦略があることになる．

ゲームの先手を $\mathcal{P}_1$，後手を $\mathcal{P}_2$ で表すことにする．$n = (N+1)^2 - 1$ のときを考える．$n > N$ なので $\mathcal{P}_1$ に必勝戦略があるはずである．この必勝戦略を考え最初にとる石の個数を x とする．このとき $x \leq N^2$ なので，残った石の個数は $(N+1)^2 - 1 - x \geq (N+1)^2 - 1 - N^2 = 2N > N$ より N よりも多い．$n > N$ なる状況は先手に必勝戦略があるのだったから，この状況でプレイヤ $\mathcal{P}_2$ に必勝戦略があるはずである．すると両者に必勝戦略があることになり矛盾する．以上で後手に必勝戦略があるような n が無限に多く存在することが示された．

17. [MOSP 1997] 数列 $1, 11, 111, \ldots$ の無限部分列で、どの2つの項も互いに素であるようなものが存在することを示せ。

証明その1. この数列の第 n 項を x_n で表す。このとき $x_{n+1} - 10x_n = 1$ であるから $\gcd(x_{n+1}, x_n) = 1$ である。所望の無限列の存在を示すためには、どの2項も互いに素であるようなどんな長さの有限部分列に対しても1つ元を付け加えられることを示せばよい。x_n は x_{mn} を割り切ることに注意する。p をすでに部分列に現れた添え字の積とすれば、部分列の任意の数は x_p を割り切る。したがって x_{p+1} を付け加えることができるので、示された。

証明その2. 上述の解法と同じ記号を用いる。$x_n = \dfrac{10^n - 1}{9}$ であることに注意する。基本問題 38 (2) より、
$$\gcd(x_m, x_n) = \frac{\gcd(10^m - 1, 10^n - 1)}{9} = \frac{10^{\gcd(m,n)} - 1}{9}$$
なので、$\gcd(m, n) = 1$ ならば $\gcd(x_m, x_n) = 1$ が成り立つ。よって添え字が素数であるような元を選び出した部分列 $\{x_p\}$ が条件をみたす。

18. m, n は1より大きな整数で、$\gcd(m, n-1) = \gcd(m, n) = 1$ をみたすという。$n_1 = mn + 1$, $n_{k+1} = n \cdot n_k + 1$ $(k \geq 1)$ で定まる数列 $n_1, n_2, \ldots$ の最初の $m - 1$ 項すべてが素数になることはないことを示せ。

証明. 任意の正整数 k に対して
$$n_k = n^k m + n^{k-1} + \cdots + n + 1 = n^k m + \frac{n^k - 1}{n - 1}$$
が成り立つことはすぐにわかる。特に
$$n_{\varphi(m)} = n^{\varphi(m)} \cdot m + \frac{n^{\varphi(m)} - 1}{n - 1}$$
である。Euler の定理より m は $n^{\varphi(m)} - 1$ を割り切り、また $\gcd(m, n-1) = 1$ なので、
$$m \left| \frac{n^{\varphi(m)} - 1}{n - 1} \right..$$
したがって m が $n_{\varphi(m)}$ を割り切ることになる。$\varphi(m) \leq m - 1$ なので $n_{\varphi(m)}$ は素数ではない。以上で示された。

19. [Ireland 1999] 正整数 m であって、その正の約数の個数の4乗が m に等し

いようなものをすべて求めよ.

解答. 正整数 m に対して条件が成り立つとすると, m は 4 乗数なので, その素因数分解は非負整数 $a_2, a_3, a_5, a_7, \ldots$ を用いて $m = 2^{4a_2} 3^{4a_3} 5^{4a_5} 7^{4a_7} \cdots$ とおける. m の正の約数の個数は
$$(4a_2 + 1)(4a_3 + 1)(4a_5 + 1)(4a_7 + 1) \cdots$$
に等しい. この数は奇数なので m も奇数, したがって $a_2 = 0$ であり,
$$1 = \frac{4a_3 + 1}{3^{a_3}} \cdot \frac{4a_5 + 1}{5^{a_5}} \cdot \frac{4a_7 + 1}{7^{a_7}} \cdots = x_3 x_5 x_7 \cdots$$
が成り立つ (ただし各奇素数 p に対して $x_p = \dfrac{4a_p + 1}{p^{a_p}}$ とおいた). $p = 3$, $p = 5$, $p > 5$ の 3 つの場合に対して x_p を調べる.

まず $p = 3$ のときを考える. $a_3 = 1$ ならば $x_3 = \dfrac{5}{3}$ である. $a_3 = 0$ または 2 ならば $x_3 = 1$ である. $a_3 > 2$ のときは, **ベルヌーイの不等式**より
$$3^{a_3} = (8 + 1)^{a_3/2} > 8 \cdot \frac{a_3}{2} + 1 = 4a_3 + 1$$
となるので $x_3 < 1$ である.

次に $p = 5$ のときを考える. $a_5 = 0$ または 1 ならば $x_5 = 1$ である. $a_5 \geqq 2$ のときはベルヌーイの不等式より
$$5^{a_5} = (24 + 1)^{a_5/2} > 24 \cdot \frac{a_5}{2} + 1 = 12a_5 + 1$$
であるから
$$x_5 < \frac{4a_5 + 1}{12a_5 + 1} \leqq \frac{9}{25}$$
が成り立つ.

最後に $p > 5$ のときを考える. $a_p = 0$ ならば $x_p = 1$ である. $a_p = 1$ のときは $p^{a_p} = p > 5 = 4a_p + 1$ なので $x_p < 1$ である. $a_p \geqq 2$ のときは, 再びベルヌーイの不等式により $p^{a_p} > 5^{a_p} > 12a_p + 1$ となり, $x_p < \dfrac{9}{25}$ が成り立つ.

さて, $a_3 \neq 1$ であるとすると任意の p に対して $x_p \leqq 1$ が成り立つので, すべての p に対して $x_p = 1$ でなければならない. これは $a_3 \in \{0, 2\}$ かつ $a_5 \in \{0, 1\}$ かつ $a_7 = a_{11} = \cdots = 0$ であることを意味する. よってこの場合は $m = 1^4, (3^2)^4, 5^4, (3^2 \cdot 5)^4$ が解となる.

$a_3 = 1$ の場合を考える. このとき 3 は $m = 5^4 (4a_5 + 1)^4 (4a_7 + 1)^4 \cdots$ を

割り切るので，ある 5 以上の素数 p' に対して $3 \mid 4a_{p'}+1$ が成り立つ．よって $a_{p'} \geqq 2$ なので $x_{p'} \leqq \dfrac{9}{25}$ となり，

$$x_3 x_5 x_7 \cdots \leqq \dfrac{5}{3} \cdot \dfrac{9}{25} < 1$$

より矛盾する．

以上をまとめて $m = 1, 5^4, 3^8, 3^8 \cdot 5^4$ が解である．

20. [Romania 1999]

(1) 任意の 39 個の連続する正整数に対し，各桁の和が 11 で割り切れるような整数が選び出せることを示せ．

(2) 各桁の和が 11 で割り切れるような整数が選び出せないような 38 個の連続する正整数のうちで，一番小さいものを答えよ．

証明． 正整数 n に対し，その各桁の和を $d(n)$ で表すことにする．$d(n)$ が 11 で割り切れるような n を「悪い整数」と呼ぶ．まず次のことがわかる：

a) n の 1 の位が 0 のとき，$n, n+1, \ldots, n+9$ は 1 の位だけが異なる．よって $d(n), d(n+1), \ldots, d(n+9)$ は公差が 1 の等差数列である．したがってもし $d(n) \not\equiv 1 \pmod{11}$ ならばこれらのうち 1 つが悪い整数になる．

b) n の 10 進法表記が k 個の連続する 9 で終わっているとする．このとき $d(n+1) = d(n) + 1 - 9k$ である．実際 n に 1 を加えると下 k 桁の連続する 9 がすべて 0 に置き換わり，その次の桁に 1 加わる．

c) n の 1 の位が 0 で，$d(n) \equiv d(n+10) \equiv 1 \pmod{11}$ であるとしよう．$n+9$ の 10 進法表記が k 個の連続する 9 で終わっているとする．このとき $2 \equiv d(n+10) - d(n+9) \equiv 1 - 9k \pmod{11}$ なので $k \equiv 6 \pmod{11}$ である．

(1) 39 個の連続する正整数で，悪い整数を含まないものがあるとしよう．最初の 10 個の数のうちで少なくとも 1 つは 1 の位が 0 である．それを n とすれば，$n, \ldots, n+9$ には悪い整数はないので $d(n) \equiv 1 \pmod{11}$ でなければならない．同様に $d(n+10) \equiv 1 \pmod{11}$ かつ $d(n+20) \equiv 1 \pmod{11}$ でなければならない．c) より $n+9$ と $n+19$ の両方の 10 進法表記が少なくとも 6 個の 9 で終わっていなければならない．この

とき $n+10$ と $n+20$ の両方が 1000000 の倍数ということになるが，これは不可能である．

(2) $N, N+1, \ldots, N+37$ を，悪い整数を含まないような連続する 38 個の整数であるとする．(1) と同様にして，最初の 9 個の数の 1 の位は 0 ではないことがわかる．したがって $N+9, N+19, N+29$ の 1 の位は 0 であり，また $d(N+9) \equiv d(N+19) \equiv 1 \pmod{11}$ であることがわかる．よって $N+18$ の 10 進法表記は k 個の 9 で終わる ($k \equiv 6 \pmod{11}$).

このような最小の数は 999999 であり，対応する 38 個の整数は $999981, 999982, \ldots, 1000018$ である．実際この中に悪い整数はない：これらの各桁の和は 11 を法としてそれぞれ $1, 2, \ldots, 9, 1, 2, \ldots, 10, 1, 2, \ldots, 10, 2, 3, \ldots, 9, 10$ である．

21. [APMO 1998] $\sqrt[3]{n}$ 未満のすべての正整数が n を割り切るような整数 n の最大値を求めよ．

解答． 420 が求める値であることを示す．$7 < \sqrt[3]{420} < 8$ であり $420 = \text{lcm}(1, 2, 3, 4, 5, 6, 7)$ なので $n = 420$ は条件をみたす．

$n > 420$ が条件をみたす整数であるとしよう．このとき $\sqrt[3]{n} > 7$ なので $420 = \text{lcm}(1, 2, 3, 4, 5, 6, 7)$ が n を割り切ることになり，$n \geq 840$ である．同様に $2520 = \text{lcm}(1, 2, 3, 4, 5, 6, 7, 8, 9)$ が n を割り切ることになり，$n \geq 2520$ より $\sqrt[3]{n} > 13$ である．$m < \sqrt[3]{n} \leq m+1$ となるように整数 m をとれば，$m \geq 13$ であり $\text{lcm}(1, 2, \ldots, m)$ は n を割り切る．

一方 $m-3, m-2, m-1, m$ の複数を割り切る数は $1, 2, 3$ 以外にありえないので

$$\text{lcm}(m-3, m-2, m-1, m) \geq \frac{m(m-1)(m-2)(m-3)}{6}$$

が成り立つ．左辺は $\text{lcm}(1, 2, \ldots, m)$ の約数なので

$$\frac{m(m-1)(m-2)(m-3)}{6} \leq n \leq (m+1)^3$$

が成り立つことになる．これより

$$m \leq 6\left(1 + \frac{2}{m-1}\right)\left(1 + \frac{3}{m-2}\right)\left(1 + \frac{4}{m-3}\right)$$

を得る．左辺は $m=13$ のとき最小で，右辺は $m=13$ のときが最大なので
$$13 \leq 6\left(1+\frac{2}{12}\right)\left(1+\frac{3}{11}\right)\left(1+\frac{4}{10}\right)$$
が成り立たなければならないが，$13 \cdot 12 \cdot 11 \cdot 10 = 17160 > 16464 = 6 \cdot 14^3$ なのでこれは成り立たない．以上で $n > 420$ が条件をみたさないことがわかり，求める値が 420 であることが示された．

22. [USAMO 1991] 正整数 n を固定するとき，数列
$$2, 2^2, 2^{2^2}, 2^{2^{2^2}}, \ldots$$
は n を法として十分先では定数であることを示せ．（ただし指数の塔は $a_1 = 2$，$a_{i+1} = 2^{a_i}$ により定義される．）

証明． n に関する強化帰納法により示す．$n=1$ のときは明らかである．n が k 以下のときに成り立つとして $n=k+1$ のときに成り立つことを示す．

$n=k+1$ が奇数ならば，オイラーの定理より $2^{\varphi(n)} \equiv 1 \pmod{n}$ が成り立つ．$\varphi(n) < n$ なので，帰納法の仮定よりある c が存在して十分大きな i に対して $a_i \equiv c \pmod{\varphi(n)}$ が成り立つ．このとき $a_{i+1} \equiv 2^c \pmod{n}$ となるのでよい．

$n=k+1$ が偶数であるとする．正整数 q と奇数 m を用いて $k+1 = 2^q \cdot m$ と書ける．$m \leq n$ なので，帰納法の仮定より $a_1, a_2, \ldots$ は m を法として十分先では定数である．また明らかに，十分大きなすべての i に対して $a_i \equiv 0 \pmod{2^q}$ が成り立つ．したがって中国剰余定理より $a_1, a_2, \ldots$ は $k+1 = m \cdot 2^q$ を法としても十分先では定数である．以上により示された．

23. $f_n = 2^{2^n} + 1$ とする．$n \geq 5$ のとき，$f_n + f_{n-1} - 1$ は少なくとも $n+1$ 個の素因数をもつことを示せ．

証明． 各 $k \geq 1$ に対して，
$$f_{k+1} + f_k - 1 = 2^{2^{k+1}} + 2^{2^k} + 1 = (2^{2^k} + 1)^2 - (2^{2^{k-1}})^2$$
$$= (2^{2^k} + 1 - 2^{2^{k-1}})(2^{2^k} + 1 + 2^{2^{k-1}})$$

が成り立つ．よって $a_k = f_k - f_{k-1} + 1$ とおけば $f_{k+1} + f_k - 1 = a_k(f_k + f_{k-1} - 1)$ が成り立つ．

題意を n に関する帰納法により示す．$n=5$ のときは $f_5+f_4-1=3\cdot 7\cdot 13\cdot 97\cdot 241\cdot 673$ よりよい．また $f_k+f_{k-1}-1$ が少なくとも $k+1$ 個の素因数をもっていたとすると

$$\gcd(f_k+f_{k-1}-1, a_k) = \gcd(f_k+f_{k-1}-1, f_k-f_{k-1}+1)$$
$$= \gcd(f_k-f_{k-1}+1, 2\cdot 2^{2^{k-1}}) = 1$$

なので，$f_{k+1}+f_k-1$ は少なくとも $k+2$ 個の素因数をもつ．以上により示された．

24. どのような整数も，(必ずしも異なる必要はない) 5 つの整数の 3 乗の和として表せることを示せ．

証明． 恒等式 $6k=(k+1)^3+(k-1)^3-k^3-k^3$ を

$$k = \frac{n^3-n}{6} = \frac{n(n-1)(n+1)}{6}$$

に対して用いる (n が整数のとき k も整数である) ことで

$$n^3-n = \left(\frac{n^3-n}{6}+1\right)^3 + \left(\frac{n^3-n}{6}-1\right)^3 - \left(\frac{n^3-n}{6}\right)^3 - \left(\frac{n^3-n}{6}\right)^3$$

を得る．したがって n は 5 つの整数の 3 乗の和

$$n^3 + \left(\frac{n-n^3}{6}-1\right)^3 + \left(\frac{n-n^3}{6}-1\right)^3 + \left(\frac{n^3-n}{6}\right)^3 + \left(\frac{n^3-n}{6}\right)^3$$

に等しい．

注． どのような有理数も 3 つの有理数の 3 乗の和であることが知られている．

25. 整数部分・小数部分に関する 2 問．

(1) [Czech and Slovak 1998] 方程式

$$x\lfloor x\lfloor x\lfloor x\rfloor\rfloor\rfloor = 88$$

をみたすような実数 x をすべて求めよ．

(2) [Belarus 1999] 方程式

$$\{x^3\} + \{y^3\} = \{z^3\}$$

は，x,y,z が整数でない有理数であるような解を無限に多くもつこと

を示せ.

解答.

(1) $f(x) = x\lfloor x\lfloor x\lfloor x\rfloor\rfloor\rfloor$ とおく. まず $|a| > |b| \geqq 1$ なる同符号の実数 a, b に対して $|f(a)| > |f(b)|$ となることを示す. $|a| > |b| \geqq 1$ より $|\lfloor a\rfloor| \geqq |\lfloor b\rfloor| \geqq 1$ が成り立つ. この不等式に $|a| > |b| \geqq 1$ をかけることで $|a\lfloor a\rfloor| > |b\lfloor b\rfloor| \geqq 1$ を得る. 同様の議論を繰り返す. $|\lfloor a\lfloor a\rfloor\rfloor| > |\lfloor b\lfloor b\rfloor\rfloor| \geqq 1$ に $|a| > |b| \geqq 1$ をかけることで $|a\lfloor a\lfloor a\rfloor\rfloor| > |b\lfloor b\lfloor b\rfloor\rfloor| \geqq 1$ となり, もう一度同様に議論をすることで $|f(a)| > |f(b)| \geqq 1$ を得る.

さて, $|x| < 1$ ならば $f(x) = 0$ である. 残りの場合を考える. まず $x \geqq 1$ の場合を考えよう. $f\left(\dfrac{22}{7}\right) = 88$ であることは容易に確かめられる. これと最初に示したことをあわせて, $x \geqq 1$ の範囲では $x = \dfrac{22}{7}$ が唯一の解であることがわかる.

次に $x \leqq -1$ の場合を考える. 最初に示したことよりこの範囲で $f(x)$ は狭義単調減少である.

$$|f(-3)| = 81 < f(x) = 88 < \left|f\left(-\dfrac{112}{37}\right)\right| = 112$$

より $-3 > x > -\dfrac{112}{37}$ でなければならない. この範囲で $\lfloor x\lfloor x\lfloor x\rfloor\rfloor\rfloor = -37$ である. よって $x = -\dfrac{88}{37}$ でなければならないが, これは $-3 > x > -\dfrac{112}{37}$ をみたさない. よってこの範囲には解がない.

以上により $x = \dfrac{22}{7}$ が唯一の解であることが示された.

(2) 整数 k に対して
$$x = \dfrac{3}{5}(125k+1), \quad y = \dfrac{4}{5}(125k+1), \quad z = \dfrac{6}{5}(125k+1)$$
とおけば条件をみたすことを示そう.

$$125x^3 \equiv 3^3 \equiv 27 \pmod{125},$$
$$125y^3 \equiv 4^3 \equiv 64 \pmod{125},$$
$$125z^3 \equiv 6^3 \equiv 216 \equiv 91 \pmod{125}$$

であるから
$$\{x^3\} = \frac{27}{125}, \quad \{y^3\} = \frac{64}{125}, \quad \{z^3\} = \frac{91}{125}$$
が成り立つ．これより $\{x^3\} + \{y^3\} = \{z^3\}$ となるので示された．

26. n を 2 以上の整数とする．p がフェルマー数 f_n の約数であるとき，$p-1$ は 2^{n+2} で割り切れることを示せ．

証明． $n \geq 2$ なので $f_{n-1} = 2^{2^{n-1}} + 1$ が定義される．
$$(f_{n-1})^{2^{n+1}} = \left(2^{2^{n-1}} + 1\right)^{2^{n+1}} = \left(2^{2^n} + 1 + 2^{2^{n-1}+1}\right)^{2^n}$$
$$= \left(f_n + 2^{2^{n-1}+1}\right)^{2^n}$$
であることに注意する．
$$(f_{n-1})^{2^{n+1}} \equiv \left(f_n + 2^{2^{n-1}+1}\right)^{2^n} \equiv \left(2^{2^n}\right)^{2^{n-1}+1}$$
$$\equiv (f_n - 1)^{2^{n-1}+1} \equiv (-1)^{2^{n-1}+1} \equiv -1 \pmod{f_n}$$
となるので，f_n は $(f_{n-1})^{2^{n+1}} + 1$ を割り切る．よって p が f_n を割り切るならば p は $(f_{n-1})^{2^{n+1}} + 1$ を割り切る．よって基本問題 49(2) において $a = f_{n-1}$ とおくことで主張を得る．

27. [USAMO 1999] 1 つの奇数，2 つの偶数，3 つの奇数，4 つの偶数，$\ldots$ を小さい方から並べて得られる数列
$$\{a_n\}_{n=1}^\infty = \{1, 2, 4, 5, 7, 9, 10, 12, 14, 16, 17, \ldots\}$$
の第 n 項 a_n を n の式として表せ．

解答． 解法は例題 1.67 の第 2 の証明と同様である．正整数 n に対して
$$a_n = 2n - \left\lfloor \frac{1 + \sqrt{8n-7}}{2} \right\rfloor$$
が成り立つことを示す．まず与えられた数列をブロックに分けて
$$\{a_n\}_{n=1}^\infty = \{1; 2, 4; 5, 7, 9; 10, 12, 14, 16; 17, \ldots\}$$
と書き直す．次のような数列 $\{b_n\}$ を考える：
$$\{b_n\}_{n=1}^\infty = \{1; 2, 2; 3, 3, 3; 4, 4, 4, 4; 5, \ldots\}.$$
各ブロック内では，a_n は 2 ずつ増加し b_n は一定なので，$a_n + b_n$ は 2 ずつ

増加する．ブロックの境目の部分では a_n も b_n も1増加するので，$a_n + b_n$ はやはり2増加する．よって数列 $\{a_n + b_n\}$ は公差が2の等差数列である．$a_1 + b_1 = 2$ なので $a_n + b_n = 2n$ が成り立つことがわかる．

したがって $b_n = \left\lfloor \dfrac{1 + \sqrt{8n-7}}{2} \right\rfloor$ を示せばよい．$b_n = k$ とおくと，これは k 番目のグループ内にある．これより k は不等式

$$1 + 2 + \cdots + (k-1) \leq n - 1$$

をみたす k の最大値である．この2次不等式の解は $k \leq \dfrac{1 + \sqrt{8n+7}}{2}$ なので示された．

28. [USAMO 1998] 任意の $n \geq 2$ に対し，n 個の整数からなる集合 S であって，S の相異なる任意の2元 a, b に対し，$(a-b)^2$ が ab を割り切るようなものが存在することを示せ．

証明． 条件をみたす集合で，各元が非負であるようなものが存在することを n に関する帰納法により示す．$n = 2$ に対しては $S = \{0, 1\}$ とすればよい．

ある $n \geq 2$ に対して n 個の非負整数からなる所望の集合 S_n が存在したとする．L を，(a, b) が S_n の相異なる2元をわたるときのすべての $(a-b)^2, ab$ の最小公倍数とする．

$$S_{n+1} = \{L + a \mid a \in S\} \cup \{0\}$$

とする．このとき S_{n+1} は $n+1$ 個の非負整数からなる集合である．S_{n+1} の相異なる2元 α, β のうち一方が0であれば，$(\alpha - \beta)^2$ は $\alpha\beta$ を割り切る．そうでないとき $\alpha = L + a, \beta = L + b$ (a, b は相異なる S_n の元) と書ける．このとき

$$(L+a)(L+b) \equiv ab \equiv 0 \pmod{(a-b)^2}$$

であるから $((L+a) - (L+b))^2$ は $(L+a)(L+b)$ を割り切る．これで帰納法の段階が完結した．

29. [St.Petersburg 2001] $n^4 + 1$ の最大素因数が $2n$ より大きいような正整数 n が無限に多く存在することを証明せよ．

証明． まず，ある m に対して $m^4 + 1$ の素因数となるような素数が無限に

多くあることを示す．そのような素数が有限個であると仮定し，それらを $p_1, p_2, \ldots, p_k$ とする．p を $(p_1 p_2 \cdots p_k)^4 + 1$ の素因数とすると，p はどの p_i とも異なる．これは仮定に反する．これである m に対して $m^4 + 1$ の素因数となるような素数が無限に多くあることが示された．

$\mathcal{P}$ を，ある m に対して $m^4 + 1$ の素因数となるような素数全体の集合とする．$\mathcal{P}$ の元 p および $p \mid m^4 + 1$ なる自然数 m をとる．m を p で割った余りを r とすると，$0 < r < p$ であり，p は $r^4 + 1$ と $(p-r)^4 + 1$ の両方を割り切る．n を r と $p - r$ のうち小さい方とすれば，$n < \dfrac{p}{2}$ であり $p \mid n^4 + 1$ が成り立つ．したがってこの n は問題の条件をみたしている．

1 つの n に対して $p \mid n^4 + 1$ なる p は有限個しかない．$\mathcal{P}$ は無限集合だったので，上述の方法で無限に多くの n を構成することができる．以上により示された．

注． 興味のある読者は，より難しい次の問題 (USAMO 2006) に挑戦してみよ：

整数 m に対してその素因数の最大値を $p(m)$ とする．ただし $0, \pm 1$ に対しては $p(\pm 1) = 1$, $p(0) = \infty$ とする．整数係数多項式 f であって，$\{p(f(n^2)) - 2n\}_{n \geq 0}$ が上に有界であるようなものをすべて求めよ（特に $n \geq 0$ に対して $f(n^2) \neq 0$ でなければならない）．

30. [Hungary 2003] 正整数 k に対し，k の奇数の約数のうち最大のものを $p(k)$ と書くことにする．任意の正整数 n に対して
$$\frac{2n}{3} < \frac{p(1)}{1} + \frac{p(2)}{2} + \cdots + \frac{p(n)}{n} < \frac{2(n+1)}{3}$$
が成り立つことを示せ．

証明．
$$s(n) = \frac{p(1)}{1} + \frac{p(2)}{2} + \cdots + \frac{p(n)}{n}$$
とおく．$\dfrac{2n}{3} < s(n) < \dfrac{2(n+1)}{3}$ が成り立つことを n に関する帰納法により示す．$n = 1, 2$ のときは $s(1) = 1$, $s(2) = \dfrac{3}{2}$ よりよい．

k を正整数とし，主張が k 以下のすべての整数 n に対して成り立つと仮定

する. $n = k+1$ のときを考える. 鍵となる事実は $p(2k) = p(k)$ である. k の偶奇により場合分けをする.

まず k が偶数であるとし, $k = 2m$ とする. m は k より小さな整数である. $n = k+1 = 2m+1$ より

$$s(2m+1) = \left(\frac{p(1)}{1} + \frac{p(3)}{3} + \cdots + \frac{p(2m+1)}{2m+1}\right)$$
$$+ \left(\frac{p(2)}{2} + \frac{p(4)}{4} + \cdots + \frac{p(2m)}{2m}\right)$$
$$= (m+1) + \left(\frac{p(2)}{2} + \frac{p(4)}{4} + \cdots + \frac{p(2m)}{2m}\right)$$
$$= (m+1) + \frac{1}{2}\left(\frac{p(1)}{1} + \frac{p(2)}{2} + \cdots + \frac{p(m)}{m}\right)$$
$$= (m+1) + \frac{s(m)}{2}$$

が成り立つ. 帰納法の仮定より,

$$(m+1) + \frac{m}{3} < (m+1) + \frac{s(m)}{2} = s(2m+1) < (m+1) + \frac{m+1}{3}$$

が成り立つ. $(m+1) + \frac{m}{3} = \frac{4m+3}{3} > \frac{2(2m+1)}{3}$, $(m+1) + \frac{m+1}{3} = \frac{2(2m+1+1)}{3}$ なので

$$\frac{2(2m+1)}{3} < s(2m+1) < \frac{2(2m+1+1)}{3}$$

となり, $n = 2m+1$ に対する主張を得る.

次に k が奇数のときを考える. $k = 2m+1$ とおく. $n = k+1 = 2m+2$ である. k が偶数の場合と同様にして

$$s(2m+2) = (m+1) + \frac{s(m+1)}{2}$$

がわかる. 帰納法の仮定を用いて, k が奇数の場合と同様に $n = 2m+2$ に対する主張が示される. 以上で帰納法が完結する.

31. p を奇素数, t を正整数とし, m を p とも $p-1$ とも互いに素であるような整数とする. a, b を p と互いに素な整数とするとき,

$$a^m \equiv b^m \pmod{p^t} \iff a \equiv b \pmod{p^t}$$

であることを示せ.

証明. $(a-b)$ は $a^m - b^m$ を割り切るので,p^t が $(a-b)$ を割り切るならば $(a^m - b^m)$ も割り切る.逆に,a, b が p と互いに素で $a^m \equiv b^m \pmod{p^t}$ が成り立つとする.m は p とも $p-1$ とも互いに素なので $\varphi(p^t) = p^{t-1}(p-1)$ とも互いに素である.したがって $mk \equiv 1 \pmod{\varphi(p^t)}$ なる正整数 k がとれ,
$$a \equiv a^{mk} \equiv b^{mk} \equiv b \pmod{p^t}$$
より $a \equiv b \pmod{p^t}$ を得る.

32. [Turkey 1997] 7 以上の素数 p に対し,ある正整数 n および p で割り切れない整数 $x_1, \ldots, x_n, y_1, \ldots, y_n$ であって
$$x_1^2 + y_1^2 \equiv x_2^2 \pmod{p},$$
$$x_2^2 + y_2^2 \equiv x_3^2 \pmod{p},$$
$$\vdots$$
$$x_n^2 + y_n^2 \equiv x_1^2 \pmod{p}$$
をみたすものが存在することを示せ.

証明. $n = p-1$ に対して条件が成り立つことを示そう.まず連立方程式
$$x_1^2 + y_1^2 = x_2^2,$$
$$x_2^2 + y_2^2 = x_3^2,$$
$$\vdots$$
$$x_n^2 + y_n^2 = x_{n+1}^2$$
を考える.最も有名なピタゴラス数 $3^2 + 4^2 = 5^2$ を繰り返し用いて次の等式を得る:
$$(3^n)^2 + (3^{n-1} \cdot 4)^2 = (3^{n-1} \cdot 5)^2,$$
$$(3^{n-1} \cdot 5)^2 + (3^{n-2} \cdot 5 \cdot 4)^2 = (3^{n-2} \cdot 5^2)^2,$$
$$(3^{n-2} \cdot 5^2)^2 + (3^{n-3} \cdot 5^2 \cdot 4)^2 = (3^{n-3} \cdot 5^3)^2,$$
$$\vdots$$

$$(3^{n+1-i} \cdot 5^{i-1})^2 + (3^{n-i} \cdot 5^{i-1} \cdot 4)^2 = (3^{n-i} \cdot 5^i)^2,$$

$$\vdots$$

$$(3 \cdot 5^{n-1})^2 + (5^{n-1} \cdot 4)^2 = (5^n)^2.$$

よって各 $i = 1, \ldots, n$ に対して

$$x_i = 3^{n+1-i} \cdot 5^{i-1}, \qquad y_i = 4 \cdot 3^{n-i} \cdot 5^{i-1}$$

とし, $x_{n+1} = 5^n$ とすれば上記の連立方程式をみたす.

フェルマーの小定理より

$$x_{n+1}^2 - x_1^2 \equiv 5^{2n} - 3^{2n} \equiv 25^{p-1} - 9^{p-1} \equiv 0 \pmod{p}$$

であるからこの $x_1, \ldots, x_n, y_1, \ldots, y_n$ が条件をみたす.

注. このような n は無限に多く存在する. たとえば $p-1$ の倍数が条件をみたす.

33. [HMMT 2004] 任意の正整数 n に対して

$$\frac{\sigma(1)}{1} + \frac{\sigma(2)}{2} + \cdots + \frac{\sigma(n)}{n} \leq 2n$$

が成り立つことを示せ.

証明. d が i の約数ならば $\frac{i}{d}$ も i の約数であり, $\frac{i/d}{i} = \frac{1}{d}$ が成り立つ. i の約数すべてについて和をとることで,

$$\frac{\sigma(i)}{i} = \sum_{d|i} \frac{1}{d}$$

となることがわかる. したがって示すべき不等式は次のように書き換えられる:

$$\sum_{d|1} \frac{1}{d} + \sum_{d|2} \frac{1}{d} + \cdots + \sum_{d|n} \frac{1}{d} \leq 2n.$$

左辺の和において分数 $\frac{1}{d}$ は $\left\lfloor \frac{n}{d} \right\rfloor$ 回現れる. したがって示すべき不等式はさらに次のように変形できる:

$$\frac{1}{1}\left\lfloor \frac{n}{1} \right\rfloor + \frac{1}{2}\left\lfloor \frac{n}{2} \right\rfloor + \frac{1}{3}\left\lfloor \frac{n}{3} \right\rfloor + \cdots + \frac{1}{n}\left\lfloor \frac{n}{n} \right\rfloor \leq 2n.$$

各 i に対して $\frac{1}{i}\left\lfloor \frac{n}{i} \right\rfloor < \frac{1}{i} \cdot \frac{n}{i} = \frac{n}{i^2}$ であるから,

$$\frac{n}{1^2}+\frac{n}{2^2}+\cdots+\frac{n}{n^2}\leqq 2n$$

つまり

$$\frac{1}{2^2}+\frac{1}{3^2}+\cdots+\frac{1}{n^2}\leqq 1$$

を示せばよい．この不等式は

$$\frac{1}{2^2}+\frac{1}{3^2}+\cdots+\frac{1}{n^2}<\frac{1}{1\cdot 2}+\frac{1}{2\cdot 3}+\cdots+\frac{1}{(n-1)n}$$
$$=\left(\frac{1}{1}-\frac{1}{2}\right)+\left(\frac{1}{2}-\frac{1}{3}\right)+\cdots+\left(\frac{1}{n-1}-\frac{1}{n}\right)$$
$$=1-\frac{1}{n}<1$$

と示すことができる．

注． 平方数の逆数和については，解析学の次のような結果が知られている：

$$\frac{1}{1^2}+\frac{1}{2^2}+\cdots=\frac{\pi^2}{6}<2.$$

34. [USAMO 2005] 連立方程式

$$x^6+x^3+x^3y+y=147^{157},$$
$$x^3+x^3y+y^2+y+z^9=157^{147}$$

は整数解 (x,y,z) をもたないことを示せ．

証明その1． これら2つの式を足し，両辺に1を加えることで，

$$(x^3+y+1)^2+z^9=147^{157}+157^{147}+1$$

を得る．この両辺を19を法としてみることで，解が存在しないことを示そう．(19は2と9の最小公倍数18から選んだ．) まずフェルマーの小定理より，z が19の倍数であるとき以外は $(z^9)^2=z^{18}\equiv 1\pmod{19}$ となるので $z^9\equiv\pm 1\pmod{19}$ である．19の倍数であるときとあわせて，z^9 は19を法として

$$-1,0,1$$

のいずれかと合同である．次に n^2 を $n=0,1,\ldots,9$ に対して計算することで，n^2 は19を法として

$$-8, -3, -2, 0, 1, 4, 5, 6, 7, 9$$

のいずれかと合同であることがわかる．

これらを加えることで，$(x^3+y+1)^2+z^9$ を 19 を法としてみたときの値のリストが得られる：

	-8	-3	-2	0	1	4	5	6	7	9
-1	-9	-4	-3	-1	0	3	4	5	6	8
0	-8	-3	-2	0	1	4	5	6	7	9
1	-7	-2	-1	1	2	5	6	7	8	10

さて，フェルマーの小定理を利用して計算すると

$$147^{157} + 157^{147} + 1 \equiv 2 + 11 + 1 \equiv -5 \pmod{19}$$

である．これは上のリストに現れなかったので，問題の連立方程式が整数解をもたないことが示された．

証明その 2. 問題の連立方程式を 13 を法としてみることで解が存在しないことを示す．フェルマーの小定理より $147^{157} \equiv 4^1 \equiv 4 \pmod{13}$，$157^{147} \equiv 1^3 \equiv 1 \pmod{13}$ である．

まず 1 つ目の式より

$$(x^3+1)(x^3+y) \equiv 4 \pmod{13}$$

である．3 乗数は 13 を法として $0, \pm 1, \pm 5$ のいずれかに合同で，この場合 x^3+1 は 13 の倍数ではないので $x^3+1 \equiv 1, 2, 6, -4 \pmod{13}$ である．それぞれ $x^3+y \equiv 4, 2, 5, -1 \pmod{13}$ となる．

さて，第 1 の証明と同様に得られる式

$$(x^3+y+1)^2 + z^9 \equiv 6 \pmod{13}$$

を考える．x^3+y の値に応じて計算することで，

$$(x^3+y+1)^2 \equiv 12, 9, 10, 0 \pmod{13}$$

となる．また z^9 は 3 乗数なので $z^9 \equiv 0, 1, 5, 8, 12 \pmod{13}$ である．これらの組合せを調べることで，$(x^3+y+1)^2+z^9 \pmod{13}$ として可能な値は次の表のようになる：

5. 上級問題の解答　　　　　　　　　　　　　　　　*173*

	0	1	5	8	12
0	0	1	5	8	12
9	9	10	1	4	8
10	10	11	2	5	9
12	12	0	4	7	11

この表より $(x^3+y+1)^2+z^9 \equiv 6 \pmod{13}$ とはならないことがわかり，問題の連立方程式に解が存在しないことが示された．

注． 2つ目の証明より，連立方程式の z^9 を z^3 に置き換えても解が存在しないことがわかる．

35. [St.Petersburg 2000] 27個の物体があり，重さが $1, 3, 3^2, \ldots, 3^{26}$ の並べ替えであることがわかっている．天秤ばかりを使ってそれぞれの重さを決定したい．一番少なくて何回の計測をすればよいか．

ただし，天秤ばかりは左皿に乗せた物体の総重量から右皿に乗せた物体の総重量を引いた値を求める道具である．

解答． まず，少なくとも3回の計測が必要であることを示す．1回の計測は，物体の集合を3つのグループに分ける：左側の皿に乗せたもの，右側の皿に乗せたもの，どちらにも乗せなかったもの．計測を2回しかしなかったとすると，$27 > 3 \cdot 3$ なので，ある2つの物体は2回の計測の両方で同じグループに属していることになる．これら2つの物体の重さは区別することができないので，これで少なくとも3回の計測が必要だとわかった．

3回の計測ですべての物体の重さが決定できることを示す．27個の物体を L, R, O の3種の文字からなる長さ3の文字列でラベル付けする（このような文字列はちょうど $3^3 = 27$ 通りある）．i 回目の計測では，対応する文字列の i 番目の文字が L であるような物体を左皿に乗せ，R であるような物体を右皿に乗せる．このように3回の計測を行い，各物体の重量が決定できることを示す．

天秤ばかりで求まる値は次のような数である：
$$\epsilon_0 3^0 + \epsilon_1 3^1 + \cdots + \epsilon_{26} 3^{26}.$$

係数 ϵ_j は，3^j が左皿に乗っているか右皿に乗っているかどちらにも乗せていないかに応じて $1,-1,0$ が対応する．計測値を 3 を法としてみることで ϵ_0 が決定できる．さらに 9 を法としてみることで ϵ_1 が決定できる．これを繰り返していくことで，すべての ϵ_j が決定できる．

これにより各計測で重さ 3^j の物体の状態が決定できる．したがってその物体に対応する文字列も決定でき，結局どの物体が重さ 3^j であるかが決定できることになる．これよりすべての物体の重さが決定できる．

以上で必要な計測回数の最小値が 3 回であることが示された．

注． 証明中で示された結果は，より一般的な結果：

「任意の整数 n は各桁に $-1,0,1$ を用いると 3 進法でちょうど 1 通りに表せる」

の一部である．この結果を証明しておこう．

表示の一意性は先ほどの証明中で述べた通りである．表示可能であることを示す．$|n| < 3^k$ であるとして，合同式

$$\epsilon_0 3^0 + \epsilon_1 3^1 + \cdots + \epsilon_k 3^k \equiv n \pmod{3^{k+1}}$$

を考える．この合同式は $\epsilon_j \in \{-1,0,1\}$ なる解をもつ．(3 を法として考えて ϵ_0 を決定し，9 を法として考えて ϵ_1 を決定し，と順に決めていけばよい．) このとき

$$|\epsilon_0 3^0 + \epsilon_1 3^1 + \cdots + \epsilon_k 3^k - n| \le 3^0 + 3^1 + \cdots + 3^k + 3^k < 3^{k+1}$$

であり，左辺は 3^{k+1} の倍数なので 0 である．よってこのとき

$$\epsilon_0 3^0 + \epsilon_1 3^1 + \cdots + \epsilon_k 3^k = n$$

が成り立つので示された．

36. [Iberoamerican 1998] λ を方程式 $t^2 - 1998t - 1 = 0$ の正の解とする．数列 $x_0, x_1, \ldots$ を

$$x_0 = 1, \qquad x_{n+1} = \lfloor \lambda x_n \rfloor \quad (n \ge 0)$$

により定める．x_{1998} を 1998 で割った余りを求めよ．

解答． $\lambda = \dfrac{1998 + \sqrt{1998^2 + 4}}{2} = 999 + \sqrt{999^2 + 1}$ なので $1998 < \lambda <$

1999 が成り立つ．よって $x_1 = 1998, x_2 = 1998^2$ である．$\lambda^2 - 1998\lambda - 1 = 0$ より任意の実数 x に対して

$$\lambda = 1998 + \frac{1}{\lambda}, \qquad x\lambda = 1998x + \frac{x}{\lambda}$$

が成り立つ．$x_n = \lfloor x_{n-1}\lambda \rfloor$ であり x_{n-1} は整数，λ は無理数なので $x_n < x_{n-1}\lambda < x_n + 1$，つまり $\dfrac{x_n}{\lambda} < x_{n-1} < \dfrac{x_n + 1}{\lambda}$ が成り立つ．$\lambda > 1998$ であるから $\left\lfloor \dfrac{x_n}{\lambda} \right\rfloor = x_{n-1} - 1$ なので

$$x_{n+1} = \lfloor x_n \lambda \rfloor = \left\lfloor 1998x_n + \frac{x_n}{\lambda} \right\rfloor = 1998x_n + x_{n-1} - 1$$

が成り立つので，$x_{n+1} \equiv x_{n-1} - 1 \pmod{1998}$ である．したがって帰納的に $x_{1998} \equiv x_0 - 999 \equiv 1000 \pmod{1998}$ を得る．

37. [USAMO 1996, by Richard Stong] 整数からなる集合 X で次のような性質をもつものが存在するか決定せよ：

任意の整数 n に対して $a + 2b = n$ をみたす $a, b \in X$ がちょうど一組存在する．

証明その1. 存在する．以下に実例を構成する．整数の「-4 進法」表示，つまり

$$n = \sum_{i=0}^{k} c_i(-4)^i \qquad (c_i \in \{0, 1, 2, 3\})$$

という表示を考える．まずこの表示が一意に可能であることは基本問題 39(3) と同様にして確かめられる．

そこで -4 進法表示に $0, 1$ しか現れない整数全体の集合を X とする：

$$X = \left\{ \sum_{i=0}^{k} c_i(-4)^i \;\middle|\; c_i \in \{0, 1\} \right\}.$$

この X が所望の性質をもつことを証明しよう．$a = \sum_{i=0}^{k} a_i(-4)^i$, $b = \sum_{i=0}^{k} b_i(-4)^i$ を X の元の -4 進法展開とする．このとき $a + 2b = \sum_{i=0}^{k} (a_i + $

$2b_i)(-4)^i$ は $a+2b$ の -4 進法表示である. 実際 $a_i, b_i \in \{0,1\}$ より $a_i + 2b_i \in \{0,1,2,3\}$ である.

$n = \sum_{i=0}^{k} c_i(-4)^i$ を n の -4 進法表示とすれば, -4 進法表示の一意性により, $a+2b = n \, (a, b \in X)$ の解は係数ごとの方程式 $a_i + 2b_i = c_i$ $(a_i, b_i \in \{0,1\})$ に対応する. この方程式がちょうど 1 つ解をもつことは明らかなので, これで X が所望の性質をもつことが示された.

証明その2. 整数からなる有限集合 S に対して $S^* = \{a+2b \mid a,b \in S\}$ とおく. $|S^*| = |S|^2$ となる (つまり $a+2b$ の値がすべて異なる) ような有限集合 S を良い集合と呼ぶ. まず次を示す:

任意の良い集合 S および整数 n に対し, S を部分集合として含む良い集合 T であって $n \in T^*$ となるものが存在する.

まず $n \in S^*$ ならば $T = S$ とすればよい. そうでないとき, うまく k をとり $T = S \cup \{k, n-2k\}$ とする. $n = (n-2k) + 2k$ なので $n \in T^*$ である. したがって, うまく k を選べば T が良い集合となることを示せばよい.

$$Q = \{3k, 3(n-2k), k+2(n-2k), (n-2k)+2k\},$$
$$R = \{k+2a, (n-2k)+2a, a+2k, a+2(n-2k) \mid a \in S\}$$

とおけば $T^* = S^* \cup Q \cup R$ である. これらのうちの 2 元が等しくなるような k は有限個しかないので, うまく k を選べば T が良い集合となることがわかる.

さて, 問題の条件をみたす集合 X を構成しよう. 良い集合 $X_0 = \{0\}$ から始めて, 集合の列 $X_0 \subset X_1 \subset \cdots$ を構成する. X_{j-1} まで構成したとき X_j^+ が数列 $1, -1, 2, -2, 3, -3, \ldots$ の第 j 項を元にもつように良い集合 $X_j \supset X_{j-1}$ を定める. このように集合列をつくり, 最後に

$$X = \bigcup_{j=0}^{\infty} X_j$$

とすればこの X が条件をみたす.

38. 正整数 n に対して整数 $\lfloor \sqrt{2^n} \rfloor$ の 1 の位を x_n として数列 $\{x_n\}$ を定める. 数

列 $x_1, x_2, \ldots, x_n, \ldots$ が周期的となるかどうかを決定せよ.

解答. 周期的にはならないことを示す.

x_n が偶数ならば $y_n = 0$, そうでないならば $y_n = 1$ とおく. $x_1, x_2, \ldots, x_n, \ldots$ が周期的ならば $y_1, y_2, \ldots, y_n, \ldots$ も周期的になるので, $y_1, y_2, \ldots, y_n, \ldots$ が周期的にならないことを示せばよい.

数列 $y_1, y_3, y_5, \ldots, y_{2n+1}, \ldots$ を考える. この数列は以下のようにして得られる. まず $\sqrt{2}$ を 2 進法で表し, 2^n をかける. そうして得られる値 $(\sqrt{2})^{2n+1}$ の (2 進法に関する) 1 の位が y_{2n+1} である. 2 進法において 2^n をかけることは小数点を n だけ右に動かすことに相当するので, y_{2n+1} は $\sqrt{2}$ の小数点以下第 n 位に等しいことがわかる. $\sqrt{2}$ は無理数であるから, 数列 $y_1, y_3, y_5, \ldots, y_{2n+1}, \ldots$ は周期的にはならない. したがって $y_1, y_2, \ldots, y_n, \ldots$ も周期的にならない. 以上で示された.

39. [Erdös-Suranyi] 任意の整数 n は, 適切に k および符号 $+, -$ を選ぶことで無限に多くの方法で
$$n = \pm 1^2 \pm 2^2 \pm \cdots \pm k^2$$
と表せることを示せ.

証明. n が非負のときに示せばよい (n が負のときはすべての符号を入れ替えたものを考えればよい).

自然数 k に対して $(k+1)^2 - k^2 = 2k+1$, $(k+3)^2 - (k+2)^2 = 2k+5$ なので
$$(k+1)^2 - (k+2)^2 - (k+3)^2 + (k+4)^2 = 4$$
が成り立つことに注意する.

まず $n = 0, 1, 2, 3$ のときに n を表す:
$$0 = 1^2 + 2^2 - 3^2 + 4^2 - 5^2 - 6^2 + 7^2, \quad 1 = 1^2,$$
$$2 = -1^2 - 2^2 - 3^2 + 4^2, \quad 3 = -1^2 + 2^2.$$

これらの表示に次々と $4 = (k+1)^2 - (k+2)^2 - (k+3)^2 + (k+4)^2$ を加えていくことで任意の非負整数を表示することが可能である. さらに
$$((k+1)^2 - (k+2)^2 - (k+3)^2 + (k+4)^2)$$

$$-((k+5)^2 - (k+6)^2 - (k+7)^2 + (k+8)^2) = 0$$

を加えていくことで，無限に多くの表示を得ることができる．

40. [China 2004] 整数からなる集合 T は，どの2つも互いに素であるような3つの元を含むとき「良い集合」であるという．

n を $n \geq 4$ なる整数とする．正整数 m に対して，$S_m = \{m, m+1, \ldots, m+n-1\}$ とおく．すべての m に対し，S_m の任意の $f(n)$ 元部分集合が良い集合であるような $f(n)$ の最小値を求めよ．

証明その1.
$$f(n) = \left\lfloor \frac{n+1}{2} \right\rfloor + \left\lfloor \frac{n+1}{3} \right\rfloor - \left\lfloor \frac{n+1}{6} \right\rfloor + 1$$
が解であることを示す．

まず次の2つの主張を示す：

a) $f(n)$ は存在し，$f(n) \leq n$ が成り立つ．

b) $f(n+1) \leq f(n) + 1$ が成り立つ．

$n \geq 4$ なので $\{m, m+1, m+2, m+3\} \subset S_m$ である．m が偶数ならば $\{m+1, m+2, m+3\}$ は良い集合であり，m が奇数ならば $\{m, m+1, m+2\}$ は良い集合である．したがって S_m は良い集合なので，a) がわかる．b) の主張は

$$\{m, m+1, \ldots, m+n\} = \{m, m+1, \ldots, m+n-1\} \cup \{m+n\}$$

より簡単に確かめられる．

次に $f(n)$ を下から評価する．集合 $S_2 = \{2, 3, \ldots, n+1\}$ の元のうち，2 または 3 で割り切れるような元をすべて集めた部分集合 T_2 を考える．鳩の巣原理より T_2 の3元のうちある2つは必ず2または3を公約数にもつので，T_2 は良い集合ではない．包除の原理より

$$|T_2| = \left\lfloor \frac{n+1}{2} \right\rfloor + \left\lfloor \frac{n+1}{3} \right\rfloor - \left\lfloor \frac{n+1}{6} \right\rfloor$$

であるから下からの評価

$$f(n) \geq \left\lfloor \frac{n+1}{2} \right\rfloor + \left\lfloor \frac{n+1}{3} \right\rfloor - \left\lfloor \frac{n+1}{6} \right\rfloor + 1$$

が得られる．特に $f(4) \geq 4$, $f(5) \geq 5$, $f(6) \geq 5$, $f(7) \geq 6$, $f(8) \geq 7$,

$f(9) \geqq 8$ である.

次に $f(6) = 5$ であることを示そう. $f(6) \leqq 5$ を示せばよい. つまり任意の連続する 6 整数のうちの任意の 5 元部分集合 T が良い集合であることを示せばよい. これらの 6 数のうち, 3 数は 3 つの連続する奇数であり, 3 数は 3 つの連続する偶数である. これらのうち奇数すべてが T に属しているならば T は良い集合である. そうでないときを考える. このとき T の元のうち 3 つが偶数, 残り 2 つが奇数である. この 2 つの奇数が連続する奇数 ($2x+1$ と $2x+3$ とおく) ならば, $\{2x+1, 2x+2, 2x+3\} \subset T$ より T は良い集合である. そうでないとき, 2 つの奇数を $2x+1$ と $2x+5$ とすると, $\{2x+1, 2x+2, 2x+5\}, \{2x+1, 2x+4, 2x+5\} \subset T$ である. $2x+2$ と $2x+4$ のうち少なくとも一方は 3 で割り切れないので, このどちらかの 3 元部分集合は良い集合であり, したがって T は良い集合である. 以上で $f(6) = 5$ であることが示された. さらに主張 b) と下からの評価を合わせると $f(7) = 6$, $f(8) = 7$, $f(9) = 8$ がわかる.

最後に
$$f(n) = \left\lfloor \frac{n+1}{2} \right\rfloor + \left\lfloor \frac{n+1}{3} \right\rfloor - \left\lfloor \frac{n+1}{6} \right\rfloor + 1$$
であることを n に関する帰納法により示す. $n \leqq 9$ のときはすでに示した. $k \geqq 9$ とし $n \leqq k$ に対する成立を仮定する. $n = k+1$ のときを考える.
$$S_m = \{m, m+1, \ldots, m+k\}$$
$$= \{m, m+1, \ldots, m+k-6\} \cup \{m+k-5, \ldots, m+k\}$$
であることに注意すると, 鳩の巣原理より $f(k+1) \leqq f(k-5) + f(6) - 1$ が成り立つ. $f(k-5)$ に対して帰納法の仮定を適用し $f(6) = 5$ を用いることで
$$f(k+1) \leqq \left\lfloor \frac{k-4}{2} \right\rfloor + \left\lfloor \frac{k-4}{3} \right\rfloor - \left\lfloor \frac{k-4}{6} \right\rfloor + 5$$
$$= \left\lfloor \frac{k+2}{2} \right\rfloor + \left\lfloor \frac{k+2}{3} \right\rfloor - \left\lfloor \frac{k+2}{6} \right\rfloor + 1$$
となり, 下からの評価とあわせて $n = k+1$ に対する主張を得られ, 帰納法が完結した.

証明その 2. (Kevin Modzelewski 氏による) 第 1 の解法での記号を引き続

き用いる.第1の解法で示したように,任意の連続する6整数のうちの5元部分集合は良い集合である. n を6で割った余りに応じて次のように場合分けをする.

(1) $n \equiv 0 \pmod{6}$ のときを考える. $n = 6k$ とおく. S_m を k 個の連続する6整数の部分集合 $T_1, \ldots, T_k$ に分割することができる. $4k+1$ 個の数が選ばれたとすると,鳩の巣原理よりある T_i から5つの数が選ばれていることになる.したがって S_m の任意の $4k+1$ 元部分集合は良い集合なので $f(n) \leq 4k+1$ である.一方,各 T_i には2または3で割り切れる元がちょうど4つあり,それらを集めてできる $4k$ 元集合は良い集合ではない.したがって $f(n) = 4k+1 = 4\lfloor \frac{n}{6} \rfloor + 1$ が成り立つ.

(2) $n \equiv 1 \pmod{6}$ のときを考える. $n = 6k+1$ とおく. (1) および第1の解法の b) より, $f(n) = 4k+1$ または $f(n) = 4k+2$ である.一方 $S_2 = \{2, 3, \ldots, n+1\} = \{2, 3, \ldots, 6k+2\}$ は2または3で割り切れるような元を $4k+1$ 個含むので, $f(n) = 4k+2 = 4\lfloor \frac{n}{6} \rfloor + 2$ が成り立つ.

(3) $n \equiv 2 \pmod{6}$ のときを考える. $n = 6k+2$ とおく. (2) および第1の解法の b) より, $f(n) = 4k+2$ または $f(n) = 4k+3$ である.一方 $S_2 = \{2, 3, \ldots, n+1\} = \{2, 3, \ldots, 6k+3\}$ は2または3で割り切れるような元を $4k+2$ 個含むので, $f(n) = 4k+3 = 4\lfloor \frac{n}{6} \rfloor + 3$ が成り立つ.

(4) $n \equiv 3 \pmod{6}$ のときを考える. $n = 6k+3$ とおく. (3) および第1の解法の b) より, $f(n) = 4k+3$ または $f(n) = 4k+4$ である.一方 $S_2 = \{2, 3, \ldots, n+1\} = \{2, 3, \ldots, 6k+4\}$ は2または3で割り切れるような元を $4k+3$ 個含むので, $f(n) = 4k+4 = 4\lfloor \frac{n}{6} \rfloor + 4$ が成り立つ.

(5) $n \equiv 4 \pmod{6}$ のときを考える. $n = 6k+4$ とおく. S_m を6つの連続する整数からなる集合 $A_1, \ldots, A_k$ および4つの連続する整数からなる集合 $\{l, l+1, l+2, l+3\}$ に分割する. T が良い集合ではないとする.第1の解法で示したように $\{l, l+1, l+2, l+3\}$ は良い集合なので, T の部分集合とはならない.したがって $|\{l, l+1, l+2, l+3\} \cap T| \leq 3$

が成り立つ．また各 A_i の任意の5元部分集合は良い集合であったから，$|A_i \cap T| \leq 4$ が成り立つ．よって T の元の個数は $4k+3$ 以下である．これより $f(n) \geq 4k+4$ であることがわかり，(4) とあわせて $f(n) = 4k+4 = 4\lfloor \frac{n}{6} \rfloor + 4$ を得る．

(6) $n \equiv 5 \pmod{6}$ のときを考える．$n = 6k+5$ とおく．(3) および第1の解法の b) より，$f(n) = 4k+4$ または $f(n) = 4k+5$ である．一方 $S_2 = \{2, 3, \ldots, n+1\} = \{2, 3, \ldots, 6k+4\}$ は2または3で割り切れるような元を $4k+4$ 個含むので，$f(n) = 4k+5 = 4\lfloor \frac{n}{6} \rfloor + 5$ が成り立つ．

以上の結果をあわせて，

$$f(n) = 4 \cdot \left\lfloor \frac{n}{6} \right\rfloor + \begin{cases} 1 & (n \equiv 0 \pmod{6} \text{ のとき}), \\ 2 & (n \equiv 1 \pmod{6} \text{ のとき}), \\ 3 & (n \equiv 2 \pmod{6} \text{ のとき}), \\ 4 & (n \equiv 3 \pmod{6} \text{ のとき}), \\ 4 & (n \equiv 4 \pmod{6} \text{ のとき}), \\ 5 & (n \equiv 5 \pmod{6} \text{ のとき}) \end{cases}$$

である．これが

$$f(n) = \left\lfloor \frac{n+1}{2} \right\rfloor + \left\lfloor \frac{n+1}{3} \right\rfloor - \left\lfloor \frac{n+1}{6} \right\rfloor + 1$$

と一致することは容易に確かめられる．

注． $f(n)$ は

$$f(n) = n - \left\lfloor \frac{n}{6} \right\rfloor - \left\lfloor \frac{n+2}{6} \right\rfloor + 1$$

と表すこともできる．実際第2の解法においてはこちらの表示の方が確かめやすい．この2つの表示が一致することはエルミートの恒等式 (命題 1.48) を次のように繰り返し用いれば証明できる：

$$n = \left\lfloor 2 \cdot \frac{n}{2} \right\rfloor = \left\lfloor \frac{n}{2} \right\rfloor + \left\lfloor \frac{n+1}{2} \right\rfloor,$$

$$\left\lfloor \frac{n}{2} \right\rfloor = \left\lfloor 3 \cdot \frac{n}{6} \right\rfloor = \left\lfloor \frac{n}{6} \right\rfloor + \left\lfloor \frac{n+2}{6} \right\rfloor + \left\lfloor \frac{n+4}{6} \right\rfloor,$$

$$\left\lfloor\frac{n+1}{3}\right\rfloor = \left\lfloor 2\cdot\frac{n+1}{6}\right\rfloor = \left\lfloor\frac{n+1}{6}\right\rfloor + \left\lfloor\frac{n+4}{6}\right\rfloor.$$

41. [China 1999] 任意の正整数 a, b, c, d に対して $((abcd)!)^r$ が次に挙げる数の積で割り切れるような正整数 r の最小値を求めよ：

$$(a!)^{bcd+1}, (b!)^{acd+1}, (c!)^{abd+1}, (d!)^{abc+1},$$
$$((ab)!)^{cd+1}, ((bc)!)^{ad+1}, ((cd)!)^{ab+1}, ((ac)!)^{bd+1},$$
$$((bd)!)^{ac+1}, ((ad)!)^{bc+1}, ((abc)!)^{d+1}, ((abd)!)^{c+1},$$
$$((acd)!)^{b+1}, ((bcd)!)^{a+1}.$$

解答. これら 14 個の数の積を p で表す．$b = c = d = 1$ とすると $p = (a!)^{2\cdot 7} = (a!)^{14}$ となる．これより $r \geq 14$ でなければならない．

次に $r = 14$ が条件をみたすことを示す．$(a!)^{bcd+1}$ と $((bcd)!)^{a+1}$ の積

$$(a!)^{bcd+1} \cdot ((bcd)!)^{a+1} = \left((a!)^{bcd} \cdot (bcd)!\right)\left(((bcd)!)^a \cdot a!\right)$$

は例題 1.74(1) より $((abcd)!)^2$ で割り切れる．同様に $((ab)!)^{cd+1}$ と $((cd)!)^{ab+1}$ の積

$$((ab)!)^{cd+1} \cdot ((cd)!)^{ab+1} = \left(((ab)!)^{cd} \cdot (cd)!\right)\left(((cd)!)^{ab} \cdot (ab)!\right)$$

も $((abcd)!)^2$ で割り切れる．問題の 14 個の数は，これらの形いずれかの 7 つの組に分けることができるので，$r = 14$ が条件をみたすことがわかる．よって求める最小値は $r = 14$ である．

42. 最小公倍数に関する 2 問．

(1) 正整数 $a_0 < a_1 < \cdots < a_n$ に対して

$$\frac{1}{\mathrm{lcm}(a_0, a_1)} + \frac{1}{\mathrm{lcm}(a_1, a_2)} + \cdots + \frac{1}{\mathrm{lcm}(a_{n-1}, a_n)} \leq 1 - \frac{1}{2^n}$$

が成り立つことを示せ．

(2) m を正整数とする．m 以下の正整数がいくつか与えられている．m 以下の任意の正整数が，与えられた整数の 2 つでは割り切れないとき，与えられた数の逆数の総和が $\frac{3}{2}$ より小さいことを示せ．

証明.

(1) n に関する帰納法により示す．$n=1$ のときは $\mathrm{lcm}(a_0, a_1) \geqq a_1 \geqq 2$ より明らかである．$n=k$ に対して主張が正しいと仮定する．

$n=k+1$ のときを考える．a_{k+1} が 2^{k+1} 以上かどうかで場合分けをする．

- $a_{k+1} \geqq 2^{k+1}$ のときを考える．このとき $\mathrm{lcm}(a_k, a_{k+1}) \geqq 2^{k+1}$ となるので，帰納法の仮定とあわせて

$$\frac{1}{\mathrm{lcm}(a_0, a_1)} + \cdots + \frac{1}{\mathrm{lcm}(a_{k-1}, a_k)} + \frac{1}{\mathrm{lcm}(a_k, a_{k+1})}$$
$$\leqq \left(1 - \frac{1}{2^k}\right) + \frac{1}{2^{k+1}}$$

と $n=k+1$ の場合が示される．

- $a_{k+1} < 2^{k+1}$ のときを考える．各 i に対して

$$\frac{1}{\mathrm{lcm}(a_{i-1}, a_i)} = \frac{\gcd(a_{i-1}, a_i)}{a_{i-1} a_i} \leqq \frac{a_i - a_{i-1}}{a_{i-1} a_i} = \frac{1}{a_{i-1}} - \frac{1}{a_i}$$

が成り立つので，この不等式の和をとることで

$$\frac{1}{\mathrm{lcm}(a_0, a_1)} + \cdots + \frac{1}{\mathrm{lcm}(a_{k-1}, a_k)} + \frac{1}{\mathrm{lcm}(a_k, a_{k+1})}$$
$$\leqq \frac{1}{a_0} - \frac{1}{a_{k+1}} \leqq 1 - \frac{1}{2^{k+1}}$$

となり，$n=k+1$ の場合が示される．

(2) 与えられた n 個の数を $x_1, \ldots, x_n$ とおく．集合 $\{1, 2, \ldots, m\}$ の中に x_i の倍数は $\left\lfloor \dfrac{m}{x_i} \right\rfloor$ 個ある．仮定より $i \neq j$ ならば，$\{1, 2, \ldots, m\}$ に x_i と x_j の公倍数はないので，

$$\left\lfloor \frac{m}{x_1} \right\rfloor + \left\lfloor \frac{m}{x_2} \right\rfloor + \cdots + \left\lfloor \frac{m}{x_n} \right\rfloor \leqq m - 1$$

が成り立つ．各 i に対して $\dfrac{m}{x_i} < \left\lfloor \dfrac{m}{x_i} \right\rfloor + 1$ が成り立つこととあわせて，

$$m\left(\frac{1}{x_1} + \frac{1}{x_2} + \cdots + \frac{1}{x_n}\right) < m + n - 1$$

を得る．よって

$$\frac{1}{x_1} + \frac{1}{x_2} + \cdots + \frac{1}{x_n} < 1 + \frac{n-1}{m}$$

なので，左辺が $\frac{3}{2}$ より小さいことを示すには，$n \leq \frac{m}{2} + 1$ を示せばよい．以下，より強く $n \leq \frac{m+1}{2}$ が成り立つことを示そう．

$x_1, \ldots, x_n$ は互いに約数・倍数の関係にはないので，これらを割り切る最大の奇数は相異なる．したがって n は $1, 2, \ldots, m$ のうちの奇数の個数以下であるから $n \leq \frac{m+1}{2}$ が成り立つ．

43. 正整数 n に対し，それを $1, 2, \ldots, n$ で割ったときの余りの合計を $r(n)$ で表す．$r(n) = r(n-1)$ をみたす n が無数に多く存在することを示せ．

解答． n を k で割ったときの余りは $n - \left\lfloor \frac{n}{k} \right\rfloor \cdot k$ に等しい．したがって

$$r(n) = \sum_{k=1}^{n} \left(n - \left\lfloor \frac{n}{k} \right\rfloor \cdot k \right)$$

である．条件 $r(n) = r(n-1)$ を変形すると次のようになる：

$$\sum_{k=1}^{n} \left(n - \left\lfloor \frac{n}{k} \right\rfloor \cdot k \right) = \sum_{k=1}^{n-1} \left(n - 1 - \left\lfloor \frac{n-1}{k} \right\rfloor \cdot k \right),$$

$$2n - 1 = \sum_{k=1}^{n} \left\lfloor \frac{n}{k} \right\rfloor \cdot k - \sum_{k=1}^{n-1} \left\lfloor \frac{n-1}{k} \right\rfloor \cdot k.$$

さらに

$$\left\lfloor \frac{n}{k} \right\rfloor - \left\lfloor \frac{n-1}{k} \right\rfloor = \begin{cases} 1 & (k \mid n \text{ のとき}) \\ 0 & (k \nmid n \text{ のとき}) \end{cases}$$

であるから，条件は

$$2n - 1 = \sum_{k \mid n} k$$

と変形できる．$n = 2^m$ のときこの等式が成り立つことが容易に確かめられる．よって示された．

44. 2つの関連したオリンピック問題．

(1) [IMO 1994 Short List] 正整数が「ぐらぐらしている」とは，その1の位，10の位，100の位，と1の位から順に，0ではない数と0が交

互に並ぶ (1 の位は 0 ではない) ことをいう．ぐらぐらした数の約数とはなりえない正整数をすべて決定せよ．

(2) [IMO 2004] 正整数が「交代的」であるとは，どの隣接する 2 つの桁の数に対しても，それらの偶奇が異なることをいう．交代的な倍数をもつような正整数をすべて決定せよ．

解答．

(1) n が 10 の倍数ならば，その 1 の位は 0 になるので n はぐらぐらした数ではない．また n が 25 の倍数ならば，その下 2 桁は $00, 25, 50, 75$ のどれかになるのでやはり n はぐらぐらした数ではない．よって 10 の倍数と 25 の倍数はぐらぐらした数の約数とはなりえない．これら以外の数が必ずあるぐらぐらした数の約数となることを示そう．

まず $\gcd(m, 10) = 1$ のときを考える．このとき任意の k に対して $\gcd((10^k - 1)m, 10) = 1$ となるので，オイラーの定理より

$$10^l \equiv 1 \pmod{(10^k - 1)m}$$

なる l が存在する．このとき特に

$$10^{kl} \equiv 1 \pmod{(10^k - 1)m}$$

となるので $w_k = \dfrac{10^{kl} - 1}{10^k - 1} = 10^{k(l-1)} + 10^{k(l-2)} + \cdots + 10^k + 1$ は m の倍数である．特に $k = 2$ とすれば 10 進法で

$$w_2 = \underbrace{101010\ldots 1}_{2l - 1 \text{ 桁}}$$

が m で割り切れることになる．よって m' はぐらぐらした数の約数となる．

次に $\gcd(10, m') = 5$ なる数 m' を考える．$m' = 5m$ とおき，上述のように

$$w_2 = \underbrace{101010\ldots 1}_{2l - 1 \text{ 桁}}$$

を m の倍数となるようにとれば，その 5 倍はぐらぐらした m' の倍数なので m はぐらぐらした数の約数となる．

次に m が 2 のべきのときを考える．正の整数 t に対して $m = 2^{2t+1}$

がある $2t-1$ 桁のぐらぐらした数 v_t を割り切ることを t に関する帰納法により示す．$t=1$ のときは $v_1=8$ が条件をみたす．$t \geq 1$ とし，$2t-1$ 桁の 2^{2t+1} の倍数 v_t が存在するとしよう．$v_t = 2^{2t+1} u_t$ とおく．$1 \leq a_{t+1} \leq 9$ に対して $v_{t+1} = a_{t+1} 10^{2t} + v_t$ とすれば，v_{t+1} は $2t+1$ 桁のぐらぐらした数である．うまく a_{t+1} を選べば v_{t+1} が 2^{2t+3} で割り切れることを示せばよい．$v_{t+1} = 2^{2t}(5^{2t} a_{t+1} + 2u_t)$ であるから，a_{t+1} に対する条件は $5^{2t} a_{t+1} + 2u_t \equiv 0 \pmod{8}$ と書きかえられる．左辺は $a_{t+1} = 1,2,3,4,5,6,7,8$ とすると 8 を法としてすべての値を動くので，$a_{t+1} = 1,2,3,4,5,6,7,8$ のどれかが条件をみたす．よって帰納法により v_t の存在が示された．

最後に $m' = 2^t m$ という形の数を考える．必要なら倍数に置き換えることにより $m' = 2^{2t+1} m$ という形の数を考えればよい (m は 10 と互いに素な整数)．最初に述べたように，うまく l を選べば $w_{2t} = \dfrac{10^{2tl} - 1}{10^{2t} - 1} = 10^{2t(l-1)} + 10^{2t(l-2)} + \cdots + 10^{2t} + 1$ は m の倍数となる．よって $v_t \cdot w_{2t}$ は $2^{2t+1} m$ で割り切れる．$v_t \cdot w_{2t}$ は 10 進法表記すれば

$$\underbrace{v_t 0 v_t 0 \cdots v_t}_{v_t \text{ が } l \text{ 個}}$$

の形なのでこれはぐらぐらした数である．よってこの場合にもぐらぐらした倍数が見つかるので示された．

(2) 答は 20 で割り切れないような自然数すべてである．まず 20 の倍数の下 2 桁は必ず $00, 20, 40, 60, 80$ のいずれかなので，20 の倍数は交代的な倍数をもたない．これら以外の数 n が交代的な倍数をもつことを示そう．必要なら倍数に置き換えて考えることにより n は偶数であるとしてよい．

まず鍵となる次の主張を示そう：

$n = 2^l$ または $n = 2 \cdot 5^l$ (l は正の整数) に対して，n の交代的な倍数 $X(n)$ であって n 桁のものが存在する．

まず

$$m = \frac{10^{n+1} - 10}{99} = \underbrace{101010\cdots 10}_{n \text{ 桁}}$$

とおく.各 $k = 0, 1, \ldots, n-1$ に対して $e_0, e_1, \ldots, e_k \in \{0, 2, 4, 6, 8\}$ をうまく選べば,$n = 2^l$ (あるいは $n = 2 \cdot 5^l$) のとき

$$m + \sum_{i=0}^{k} e_i \cdot 10^i$$

が 2^{k+2} (あるいは $2 \cdot 5^{k+1}$) の倍数になるようにできることが k に関する帰納法により簡単に示せる (例題 1.53 の解答 1 と同様である).よって特に $k = n-1$ のときを考えると

$$m + \sum_{i=0}^{n-1} e_i \cdot 10^i$$

が n で割り切れるように $e_0, e_1, \ldots, e_{n-1} \in \{0, 2, 4, 6, 8\}$ を選ぶことができる.よって $X(n) = m + \sum_{i=0}^{n-1} e_i \cdot 10^i$ が条件をみたす (交代的であることも明らか).

さて,本題の解答に戻る.$n = n'm\,(\gcd(m, 10) = 1)$ と表せば,n が 20 で割り切れない偶数なので,$n' = 2^l$ または $2 \cdot 5^l$ の形である.$c \geq n'$ を $10^c \equiv 1 \pmod{m}$ となるようにとる (このような c はオイラーの定理より存在する).M を次のように $1010\ldots$ と $X(n')$ を繋いでできる数とする:

$$M = \frac{10^{2mc+1} - 10}{99} \cdot 10^{n'} + X(n') = \underbrace{101010\ldots 10}_{2mc \text{ 桁}} X(n').$$

$X(n')$ は偶数桁の交代的な数だったので M も交代的であり,また M は n' で割り切れる.

$\gcd(2, m) = 1$ なので $M \equiv -2k \pmod{m}$ なる $k \in \{0, 1, \ldots, m-1\}$ が存在する.

$$X(n) = M + \sum_{i=1}^{k} 2 \cdot 10^{ci}$$

とおく.$c \geq n'$ より 10^c は n' の倍数なので $X(n)$ は交代的な n' の倍数である.また明らかに $X(n) \equiv M + 2k \equiv 0 \pmod{m}$ が成り立つ.

よって $X(n)$ は m と n' の公倍数なので n の倍数である．以上で n の交代的な倍数が構成できた．

45. [USAMO 1995] p を奇素数とする．数列 $\{a_n\}_{n\geq 0}$ を以下のように定める．まず $a_0 = 0, a_1 = 1, \ldots, a_{p-2} = p-2$ とする．$n \geq p-1$ に対しては，$a_0, \ldots, a_n$ が単調増加で長さ p の等差数列を含まないような最小の正整数を a_n とする．任意の n に対し，a_n は n を $(p-1)$ 進法で表し p 進法で読んだ数となることを示せ．

証明． n を $(p-1)$ 進法で表し p 進法で読んだ数を b_n と書き，$B = \{b_0, b_1, \ldots, b_n, \ldots\}$ とおく．$a_n = b_n$ を示すには次を示せばよい：

a) B は長さ p の等差数列を含まない．

b) $n \geq p$ および $b_{n-1} < a < b_n$ のとき，$\{b_0, b_1, \ldots, b_{n-1}, a\}$ は長さ p の等差数列を含む．

実際これらが示されれば，$a_n = b_n$ であることが帰納法により容易に示される．

まず a) を示そう．B は，p 進法表示に $p-1$ が現れないような数全体の集合であることに注意する．長さ p の等差数列 $a, a+d, \ldots, a+(p-1)d$ $(d \neq 0)$ を考える．公差 d が p で m 回割り切れるとし，$d = p^m k$ とおく．このとき $a, a+d, \ldots, a+(p-1)d$ の下 m 桁は一定である．a の p 進法における p^m の位を α とおけば，$a + id$ の p 進法における p^m の位は $\alpha + ik$ を p で割った余りに等しい．p は素数で k は p で割り切れないので $\alpha, \alpha+k, \ldots, \alpha+(p-1)k$ は p を法としてすべて異なり，したがってこのうち 1 つが $p-1$ に合同である．これで B の元からなる長さ p の等差数列は存在しないことがわかり a) が示された．

b) を示す．$b_{n-1} < a < b_n$ とすると a は B の元ではない．a の p 進法表示において $p-1$ を 1 に置き換え，他の数を 0 に置き換えて得られる数を d とし，等差数列

$$a - (p-1)d, a - (p-2)d, \ldots, a - d, a$$

を考える．$a \notin B$ より $d \neq 0$ である．また d の定義よりこの数列における a 以外の数の p 進法表示に $p-1$ は現れないので，B の元である．これよ

り $\{b_0, b_1, \ldots, b_{n-1}, a\}$ は長さ p の等差数列を含むことがわかり b) が示された.

46. [IMO 2000] ちょうど 2000 個の相異なる素数で割り切れるような自然数 n であって, n が $2^n + 1$ を割り切るようなものは存在するか.

解答. 存在する.

まず次の主張を示す：

$a > 2$ なる任意の整数 a に対して, $(a^3 + 1)$ を割り切るが $(a+1)$ は割り切らないような素数 p が存在する.

$a^3 + 1 = (a+1)(a^2 - a + 1)$ より $p \mid (a^2 - a + 1)$ かつ $p \nmid (a+1)$ なる素数 p の存在を示せばよい.

$$a^2 - a + 1 = (a+1)(a-2) + 3$$

より $\gcd(a^2 - a + 1, a + 1)$ は 1 または 3 である. 前者の場合には明らかに主張は正しい. 後者の場合には, $a+1, a-2$ ともに 3 の倍数なので $a^2 - a + 1 \equiv 3 \pmod{9}$ が成り立つ. 特に $a^2 - a + 1$ は 3 でちょうど 1 回しか割れない. $a > 2$ より $a^2 - a + 1 > 3$ であるから $a^2 - a + 1$ は 3 以外の素数 p で割り切れ, この p が条件をみたす. これで主張が示された.

さて, 主張より, $p_1 = 3, p_2 \neq 3, p_2 \mid (2^{3^2} + 1)$ かつ

$$p_{i+1} \mid (2^{3^{i+1}} + 1), \quad p_{i+1} \nmid (2^{3^i} + 1) \quad (2 \leq i \leq 1999)$$

となるような相異なる奇素数 $p_1, p_2, p_3, \ldots, p_{2000}$ がとれる.

$$n = p_1^{2000} \cdot p_2 \cdots p_{2000} = 3^{2000} \cdot p_2 \cdots p_{2000}$$

が条件をみたすことは容易に確かめられる. 実際 $2 \leq i \leq 2000$ なる i に対して $3^i \mid 3^{2000}$ より

$$p_i \mid 2^{3^i} + 1 \mid 2^{3^{2000}} + 1$$

である. また $a = 2^{3^k}$ のとき $a^2 - a + 1$ が 3 でちょうど 1 回割り切れることから帰納的に $2^{3^k} + 1$ が 3 でちょうど $k+1$ 回割り切れることがわかる. 以上のことと n が 3^{2000} の奇数倍であることにより

$$n \mid 2^{3^{2000}} + 1 \mid 2^n + 1$$

が従う．

47. 巡回的で対称的な整序可能性に関する 2 問.

(1) [Russia 2000] どの 2 つも互いに素であるような 3 整数 $a, b, c > 1$ であって

$$b \mid 2^a + 1, \quad c \mid 2^b + 1, \quad a \mid 2^c + 1$$

をみたすようなものが存在するかどうかを決定せよ．

(2) [TST 2003, by Reid Barton] 素数の組 (p, q, r) であって

$$p \mid q^r + 1, \quad q \mid r^p + 1, \quad r \mid p^q + 1$$

をみたすものをすべて求めよ．

解答．

(1) 条件をみたす a, b, c が存在しないことを示す．条件をみたす a, b, c が存在したと仮定する．このとき a, b, c はすべて奇数である．

　まず本題よりも少し簡単な状況として，a, b, c がすべて素数のときを考えよう．問題の条件は巡回的であるから，$a < b, a < c$ と仮定しても一般性を失わない．フェルマーの小定理および命題 1.30 より $\mathrm{ord}_a(2)$ は $\gcd(2c, a-1) = 2$ を割り切る (c が a より大きな素数であることを用いた)．$2 \not\equiv 1 \pmod{a}$ なので $\mathrm{ord}_a(2) = 2$ である．よって $2^2 \equiv 1 \pmod{a}$ なので $a = 3$ であり，$b \mid 2^a + 1 = 9$ より a と b が互いに素であることに矛盾する．

　上述の方法を a, b, c が素数でない場合にも一般化しよう．2 以上の整数 n に対し，その最小の素因数を $\pi(n)$ と書くことにする．まず次の主張を示す：

p が素数で $p \mid (2^y + 1)$ かつ $p < \pi(y)$ ならば $p = 3$ が成り立つ．

この主張の証明は a, b, c を素数として行なった上述の議論と同様である．$\mathrm{ord}_p(2) \mid \gcd(2y, p-1) = 2$ より $\mathrm{ord}_p(2) = 2$ がいえ，$p = 3$ となる．

さて，本題に戻ろう．a, b, c はどの2つも互いに素なので $\pi(a), \pi(b)$, $\pi(c)$ は相異なる．問題の条件は巡回的であるから，$\pi(a) < \pi(b), \pi(a) < \pi(c)$ と仮定しても一般性を失わない．上の主張を $(p, y) = (\pi(a), c)$ に対して適用することで $\pi(a) = 3$ であることがわかる．$a = 3a_0$ とおく．

次に a が 3 でちょうど 1 回割り切れることを示す．そうでないとすると 9 が $2^c + 1$ を割り切り，したがって $2^{2c} - 1$ を割り切る．$2^n \equiv 1 \pmod{9}$ となるのは $6 \mid n$ の場合に限るので $6 \mid 2c$ である．これより $3 \mid c$ となるがこれは a と c が互いに素であることに反する．したがって a_0, b, c は 3 で割り切れないことがわかった．$q = \pi(a_0 bc)$ とおく．いま示したことより $q \geq 5$ であり，また明らかに $\pi(q) = q \leq \min\{\pi(b), \pi(c)\}$ である．

まず q が a を割り切ると仮定する．a と c は互いに素なので q は c を割り切らず，したがって $\pi(q) < \pi(c)$ が成り立つ．さらに q は a の約数なので $2^c + 1$ を割り切る．$(p, y) = (q, c)$ に対して上の主張を適用すると $q = 3$ となり矛盾する．したがって q は a を割り切らないことがわかった．同様に q が c を割り切らないこともわかる．したがって q は b を割り切る．

$e = \mathrm{ord}_q(2)$ とおく．$e \leq q - 1$ であるから e は q 以上の素因数をもたない．q は b を割り切るので $2^a + 1$ を割り切り，よって $2^{2a} - 1$ を割り切るので $e \mid 2a$ がわかる．$2a$ の素因数のうち q より小さいものは 2 と 3 だけであり，a は 3 でちょうど 1 回しか割れない奇数なので，$e \mid 6$ である．したがって $q \mid (2^6 - 1)$ となり，$q \neq 3$ より $q = 7$ である．しかし $2^3 \equiv 1 \pmod{7}$ より

$$2^a + 1 \equiv (2^3)^{a_0} + 1 \equiv 1^{a_0} + 1 \equiv 2 \pmod{7}$$

なので $2^a + 1$ は $q = 7$ で割り切れず矛盾する．以上ですべての場合に矛盾が生じたので，問題の条件をみたす a, b, c が存在しないことが示された．

(2) $(2, 5, 3)$ またはそれを巡回的に並べ替えたものが条件をみたすことは容易に確かめられる：

$$2 \mid 126 = 5^3 + 1, \quad 5 \mid 10 = 3^2 + 1, \quad 3 \mid 33 = 2^5 + 1.$$

これらがすべての解であることを示そう．素数 p, q, r が条件をみたすとする．$p \mid q^r + 1$ より $p \neq q$ であり，同様に $q \neq r, r \neq p$ もいえるので p, q, r は相異なる素数である．この (p, q, r) に基本問題 49 (1) を適用する．

まず p, q, r がすべて奇数のときを考える．$p \mid q^r + 1$ なので基本問題 49 (1) より $2r \mid p - 1$ または $p \mid q^2 - 1$ が成り立つ．$2r \mid p - 1$ ならば $p \equiv 1 \pmod{r}$ なので $p^q + 1 \equiv 2 \pmod{r}$ となるが，r は奇素数で $r \mid p^q + 1$ なのでこれは不可能．したがって $p \mid q^2 - 1 = (q-1)(q+1)$ である．さらに p は奇素数で $q-1, q+1$ は偶数なので p は $\dfrac{q-1}{2}$ または $\dfrac{q+1}{2}$ を割り切る．したがって $p \leq \dfrac{q+1}{2}$ となりこの式より $p < q$ を得る．同様に $q < r, r < p$ も示されるので矛盾である．

したがって p, q, r の 1 つは偶数，したがって 2 である．$q = 2$ としても一般性を失わない．p, r は奇素数で $p \mid 2^r + 1$ なので，再び基本問題 49(1) より $2r \mid p - 1$ または $p \mid 2^2 - 1 = 3$ が成り立つ．しかし上と同様の議論により $2r \mid p - 1$ は不可能．したがって $p = 3$ がわかり，さらに $r \mid p^q + 1 = 10$ より $r = 5$ がわかる．以上により $(2, 5, 3)$ およびそれを巡回的に並べ替えたものが唯一の解であることが示された．

48. [IMO 2002 Short List] n を正の整数とし，$p_1, p_2, \ldots, p_n$ を 3 より大きな相異なる素数とする．$2^{p_1 p_2 \cdots p_n} + 1$ は少なくとも 4^n 個の正の約数をもつことを示せ．

証明その1． n に関する帰納法により示す．

まず $n = 1$ とする．$a_1 = 2^{p_1} + 1$ とおく．p_1 は奇数なので $a_1 \equiv -1 + 1 \equiv 0 \pmod{3}$ である．$p_1 > 3$ より $a_1 > 9$ なので，a_1 は 4 つの約数 $1, 3, \dfrac{a_1}{3}, a_1$ をもつ．これで $n = 1$ の場合が示された．

$n = k$ に対する主張の成立を仮定する．$n = k + 1$ とし，$a_k = 2^{p_1 p_2 \cdots p_k} + 1$, $a_{k+1} = 2^{p_1 p_2 \cdots p_{k+1}} + 1$ とおく．$p_1, \ldots, p_{k+1}$ は奇数なので，基本問題 38 (3) より

$$\gcd(a_k, 2^{p_{k+1}} + 1) = \gcd(2^{p_1 p_2 \cdots p_k} + 1, 2^{p_{k+1}} + 1) = 3$$

つまり
$$\gcd\left(a_k, \frac{2^{p_{k+1}}+1}{3}\right) = 1$$
が成り立つ.

a_k も $2^{p_{k+1}}+1$ も a_{k+1} を割り切るので,ある整数 b_k を用いて
$$a_{k+1} = a_k \cdot \frac{2^{p_{k+1}}+1}{3} \cdot b_k$$
と書ける.帰納法の仮定より $a_k \cdot \frac{2^{p_{k+1}}+1}{3}$ は正の約数を少なくとも $4^k \cdot 2$ 個もつ.これらを小さい方から並べて $d_1 < d_2 < \cdots < d_l$ とする ($l \geqq 4^k \cdot 2$).
$2l$ 個の数
$$d_1, d_2, \ldots, d_l, d_1 b_k, d_2 b_k, \ldots, d_l b_k$$
はすべて a_{k+1} の約数である.$2l \geqq 4^{k+1}$ なので,これらがすべて相異なることを示せばよい.そのためには
$$d_1 b_k \geqq d_l$$
を示せば十分である.$d_1 \geqq 1$ かつ $d_l \leqq a_k \cdot \frac{2^{p_{k+1}}+1}{3}$ であるから,
$$b_k \geqq a_k \cdot \frac{2^{p_{k+1}}+1}{3}$$
つまり
$$\left(a_k \cdot \frac{2^{p_{k+1}}+1}{3}\right)^2 \leqq a_{k+1}$$
を示せばよい.$u = p_1 \cdots p_k$, $v = p_{k+1}$ とおけば示すべき不等式は
$$(2^u + 1)^2 (2^v + 1)^2 \leqq 9(2^{uv} + 1)$$
と書きかえられる.この不等式は
$$\begin{aligned}(2^u + 1)^2 (2^v + 1)^2 &\leqq (2^{2u} + 2 \cdot 2^u + 1)(2^{2v} + 2 \cdot 2^v + 1) \\ &< (3 \cdot 2^{2u} + 1)(3 \cdot 2^{2v} + 1) < 9(2^{2u} + 1)(2^{2v} + 1) \\ &= 9(2^{2u+2v} + 2^{2u} + 2^{2v} + 1) < 9(2^{2u+2v+2} + 1) \\ &< 9(2^{uv} + 1)\end{aligned}$$
のように示すことができる.ただし最後の不等号では $u, v \geqq 5$ より $uv - 2u - 2v - 2 = (u-2)(v-2) - 6 > 0$ となることを用いた.

証明その 2. (Hyun Soo Kim 氏による) 1 以外の平方数では割り切れず, 3 で割り切れず, 5 以上であるような奇数を「難解な整数」と呼ぶことにする. 整数 m に対して $\tau(m)$ で m の相異なる素因数の個数を表し, $d(m)$ で m の正の約数の個数を表すこととする. 難解な整数 a に対して $d(2^a+1) \geqq 4^{\tau(a)}$ が成り立つことを示せばよい.

$\tau(a)$ に関する帰納法により示す. $\tau(a) = 1$ のときは第 1 の解法で示した通りである.

a, b を互いに素な難解な整数とし, a, b に対して主張が成り立つとする. 明らかに $2^{ab}+1$ は 2^a+1 でも 2^b+1 でも割り切れるので, 整数 C を用いて
$$2^{ab}+1 = C \cdot \mathrm{lcm}(2^a+1, 2^b+1)$$
と書ける. $ab-2a-2b-4 = (a-2)(b-2)-8 > 0$ より
$$2^{ab}+1 > 2^{2a+2b+4} > (2^a+1)^2(2^b+1)^2 > \mathrm{lcm}(2^a+1, 2^b+1)^2$$
なので $C > \mathrm{lcm}(2^a+1, 2^b+1)$ である. $\gcd(2^a+1, 2^b+1) = 3$ であり, 3 は $2^a+1, 2^b+1$ をちょうど 1 回割り切るので,
$$d(\mathrm{lcm}(2^a+1, 2^b+1)) = \frac{d(2^a+1)d(2^b+1)}{2} \geqq 2^{2\tau(a)+2\tau(b)-1}$$
が成り立つ. $\mathrm{lcm}(2^a+1, 2^b+1)$ の任意の約数 m に対して, m と Cm は $2^{ab}+1$ の約数である. $C > \mathrm{lcm}(2^a+1, 2^b+1)$ なので
$$d(2^{ab}+1) \geqq 2 \cdot d(\mathrm{lcm}(2^a+1, 2^b+1)) \geqq 4^{\tau(a)+\tau(b)}$$
となり, ab に対する主張が示され帰納法が完結した.

証明その 3. (Eric Price 氏による) 第 2 の解法と同じ用語を用いる. 難解な整数 a に対し, より強く
$$\tau(2^a+1) \geqq 2\tau(a)$$
が成り立つことを $\tau(a)$ に関する帰納法により示す. $\tau(a) = 1$ のときは前の解法と同様である.

a, b を互いに素な難解な整数とする. $\tau(2^{ab}+1) \geqq \tau(2^a+1) + \tau(2^b+1)$ が成り立つことを示せばよい.
$$\frac{2^{ab}+1}{2^a+1} = \sum_{i=1}^{b} \binom{b}{i}(-2^a-1)^{i-1} \equiv b - \binom{b}{2}(2^a+1) \pmod{(2^a+1)^2}$$

が成り立つことに注意すると，素数 p が $2^a + 1$ をちょうど k 回割り切っていれば p は $2^{ab} + 1$ をちょうど k 回 (p が b を割らない場合) または $k + 1$ 回 (p が b を割り切る場合) 割り切ることがわかる．いずれにせよ，p が $2^{ab}+1$ を割り切る回数は $2^a + 1$ を割り切る回数の 2 倍以下である．

第 2 の解法と同じように $2^{ab} + 1 > (2^a+1)^2(2^b+1)^2$ であるから，上の考察より，$2^{ab} + 1$ は $\mathrm{lcm}(2^a + 1, 2^b + 1)$ を割り切らない素数を少なくとも 1 つ素因数にもつ．したがって

$$\tau(2^{ab}+1) \geqq \tau(\mathrm{lcm}(2^a+1, 2^b+1)) + 1$$
$$= \tau(2^a+1) + \tau(2^b+1) - \tau(\gcd(2^a+1, 2^b+1)) + 1$$
$$= \tau(2^a+1) + \tau(2^b+1) - \tau(3) + 1$$
$$= \tau(2^a+1) + \tau(2^b+1)$$

となり示された．

49. [Zhenfu Cao] p を素数とし，$a_0 = 0, a_1 = 1$ および漸化式

$$a_{k+2} = 2a_{k+1} - pa_k \quad (k = 0, 1, 2, \ldots)$$

で定まる無限数列 $a_0, a_1, \ldots$ を考える．この数列に -1 が現れるとき，p として可能な値をすべて求めよ．

解答． $p = 5$ がすべての解である．$p = 5$ が $a_3 = -1$ より条件をみたすことは容易に確かめられる．これが唯一解であることを示す．

まず $p = 2$ は解ではない．実際 $k \geqq 0$ に対して $a_{k+2} = 2a_{k+1} - 2a_k$ は偶数なので -1 とはなりえない．以下 p を奇素数とする．

まず漸化式を p を法としてみることで

$$a_{k+2} \equiv 2a_{k+1} \pmod{p}$$

を得る．これより $k \geqq 1$ に対して

$$a_k \equiv 2^{k-1} a_1 \equiv 2^{k-1} \pmod{p}$$

が成り立つ．次に漸化式を $p - 1$ を法としてみることで

$$a_{k+2} - a_{k+1} \equiv a_{k+1} - a_k \pmod{p-1}$$

を得る．よって数列 $a_0, a_1, a_2, \ldots$ は $p - 1$ を法としてみると等差数列なの

で，$a_k \equiv k \pmod{p-1}$ が成り立つ．

さて，$a_k = -1$ であったとすると，上で示したことにより $2^{k-1} \equiv -1 \pmod{p}$, $k \equiv -1 \pmod{p-1}$ が成り立つ．すると p は奇素数なのでフェルマーの小定理より

$$1 \equiv 2^{k+1} \equiv 4 \cdot 2^{k-1} \equiv -4 \pmod{p}$$

となり，$5 \equiv 0 \pmod{p}$ であることがわかる．これにより $p = 5$ が唯一の解であることがわかり示された．

50. [Qinsan Zhu] $\{1, 2, \ldots, n\}$ の部分集合からなる集合 $\mathcal{F}$ は次の 2 条件をみたす：

a) $A \in \mathcal{F}$ ならば，A はちょうど 3 つの元からなる．

b) $\mathcal{F}$ の相異なる元 A, B は共通元を高々 1 つしかもたない．

このような $\mathcal{F}$ の元の個数の最大値を $f(n)$ と書くとき，

$$\frac{(n-1)(n-2)}{6} \leq f(n) \leq \frac{(n-1)n}{6}$$

が成り立つことを示せ．

証明． まず上界についての不等式を示す．このような $\mathcal{F}$ に対し，2 元集合 $\{x, y\} \subset \{1, 2, \ldots, n\}$ であって $\mathcal{F}$ のある元に含まれるようなものを数える．各 $A \in \mathcal{F}$ はこのような 2 元集合をちょうど 3 つ含み，また $\mathcal{F}$ のどの 2 つの元もこのような 2 元集合をともに含むことはない．したがって

$$3f(n) \leq \binom{n}{2} = \frac{n(n-1)}{2}$$

が成り立つので右側の不等号がいえた．

次に下界についての不等式を示す．$S = \{1, 2, \ldots, n\}$ は 3 元からなる部分集合を全部で $\binom{n}{3}$ 個もつ．これら全体の集合を $\mathcal{T}$ とおく．各 $i = 0, 1, \ldots, n-1$ に対して $\mathcal{T}$ の部分集合

$$\mathcal{T}_i = \{\{a, b, c\} \mid \{a, b, c\} \in \mathcal{T}, \quad a+b+c \equiv i \pmod{n}\}$$

を考える．$\mathcal{T}$ の各元は $\mathcal{T}_0, \ldots, \mathcal{T}_{n-1}$ のいずれかちょうど 1 つに属する．つまり $\mathcal{T}_0, \ldots, \mathcal{T}_{n-1}$ は $\mathcal{T}$ の分割を与える．

鳩の巣原理より，$\mathcal{T}_0, \ldots, \mathcal{T}_{n-1}$ のうち少なくとも 1 つは $\frac{1}{n} \cdot \binom{n}{3} =$

$\frac{(n-1)(n-2)}{6}$ 個以上の元をもつ．このような集合を $\mathcal{T}_j$ とし，$\mathcal{T}_j$ が問題文の条件 a), b) をみたすことを示す．

条件 a) については明らかである．条件 b) を確かめる．相異なる集合 $A, B \in \mathcal{T}_j$ が 2 つの共通元 x, y をもつと仮定し矛盾を導く．$A = \{x, y, z_1\}$, $B = \{x, y, z_2\}$ とおけば，$A, B \in \mathcal{T}_j$ より $x + y + z_1 \equiv x + y + z_2 \equiv j \pmod{n}$ が成り立つ．これより $z_1 \equiv z_2 \pmod{n}$ を得るが，$1 \leqq z_1, z_2 \leqq n$ なのでこれは $z_1 = z_2$ を意味する．これより $A = B$ が成り立ち矛盾するので条件 b) も示された．

以上により $\mathcal{F} = \mathcal{T}_j$ が条件をみたすので，$f(n)$ は $\mathcal{T}_j$ の元の個数以上である，すなわち示すべき不等式
$$f(n) \geqq \frac{(n-1)(n-2)}{6}$$
を得る．

注． 同じ設定のもとで，第 6 回 Balkan 数学オリンピック (1989) の最後の問題では
$$\frac{n(n-4)}{6} \leqq f(n) \leqq \frac{(n-1)n}{6}$$
を問題としていた．Qinsan Zhu 氏は IMO 2004 に向けてこの問題に取り組んだ際にこの結果を改良した．

51. [IMO 1998] ある n に対して
$$\frac{\tau(n^2)}{\tau(n)} = k$$
が成り立つような正整数 k をすべて決定せよ．

注． n の素因数分解を $n = p_1^{a_1} p_2^{a_2} \cdots p_r^{a_r}$ とすれば
$$\tau(n) = (a_1 + 1)(a_2 + 1) \cdots (a_r + 1),$$
$$\tau(n^2) = (2a_1 + 1)(2a_2 + 1) \cdots (2a_r + 1)$$
である．特に $\tau(n^2)$ はつねに奇数なので，$k = \dfrac{\tau(n^2)}{\tau(n)}$ も奇数でなければならない．逆を示す．つまり任意の奇数 k に対して
$$k = \frac{(2a_1 + 1)}{(a_1 + 1)} \frac{(2a_2 + 1)}{(a_2 + 1)} \cdots \frac{(2a_r + 1)}{(a_r + 1)}$$

をみたす非負整数 $a_1,\ldots,a_r$ が存在することを示す．（これが示されれば，素数は無限に存在するので $n = p_1^{a_1} p_2^{a_2} \cdots p_r^{a_r}$ とすることで $k = \dfrac{\tau(n^2)}{\tau(n)}$ なる n がとれる．）

k に関する強化帰納法を用いる．$k = 1$ に対しては主張は明らかである（$r = 1, a_1 = 0$ とすればよい）．

$k > 1$ なる奇数 k に対して，奇数 x を用いて $k = 2^s x - 1$ と表す．$k > 1$ のとき $x < k$ なので，x が条件をみたすと仮定して k が条件をみたすことを示せばよい．このためには
$$\frac{k}{x} = \frac{2a_1 + 1}{a_1 + 1} \frac{2a_2 + 1}{a_2 + 1} \cdots \frac{2a_r + 1}{a_r + 1}$$
なる非負整数 $a_1, a_2, \ldots, a_r$ の存在を示せばよい．ここで 2 つの解法を紹介しよう．

解答その 1. $i = 1, 2, \ldots, s - 1$ に対して $a_i = 2^{s-i} \cdot 3^i x - 2$ とおけば，$2a_1 + 1 = 2^s \cdot 3x - 3 = 3k$，$3(a_i + 1) = 2a_{i+1} + 1 (1 \leqq i \leqq s-2)$，$a_{s-1} + 1 = 2 \cdot 3^{s-1} x - 1$ が成り立つ．したがって
$$k = \frac{2a_1 + 1}{a_1 + 1} \cdot \frac{2a_2 + 1}{a_2 + 1} \cdots \frac{2a_{s-1} + 1}{a_{s-1} + 1} \cdot \frac{2 \cdot 3^{s-1} x - 1}{3^{s-1} x} x$$
が成り立つ．この式の右辺の分数はすべて $\dfrac{2a+1}{a+1}$ の形なので示された．

解答その 2. $a_2 = 2a_1, a_3 = 2a_2, \ldots$ として
$$\frac{k}{x} = \frac{2a_1 + 1}{a_1 + 1} \frac{2a_2 + 1}{a_2 + 1} \cdots \frac{2a_r + 1}{a_r + 1}$$
の解を見つける．この場合右辺は $\dfrac{2^r a_1 + 1}{a_1 + 1}$ と変形できるので，
$$\frac{2^s x - 1}{x} = \frac{2^r a_1 + 1}{a_1 + 1} \iff 2^s - \frac{1}{x} = 2^r - \frac{2^r - 1}{a_1 + 1}$$
の解を見つければよい．$r = s$ とし $a_1 = x(2^r - 1) - 1$ とすればこの等式は成り立つので示された．

52. [China 2005] n を 2 より大きな整数とするとき，フェルマー数 f_n は $2^{n+2}(n+1)$ より大きな素因数をもつことを示せ．

証明． $1 \leqq n \leqq 4$ のときは f_n は素数なので明らかである．以下 $n \geqq 5$ とする．

f_n の素因数分解を
$$f_n = p_1^{k_1} p_2^{k_2} \cdots p_m^{k_m}$$
とすれば，基本問題 49 より
$$p_i = 2^{n+1} x_i + 1$$
とおける (x_i は自然数)．ある i に対して $x_i \geq 2(n+1)$ となることを示せばよい．

最初に $k_1 + k_2 + \cdots + k_m$ の上界を与える．各 i に対して $p_i \geq 2^{n+1} + 1$ であるから，二項定理より
$$2^{2^n} + 1 = f_n \geq (2^{n+1} + 1)^{k_1 + k_2 + \cdots + k_m} \geq 2^{(n+1)(k_1 + k_2 + \cdots + k_m)} + 1$$
となるので
$$k_1 + k_2 + \cdots + k_m \leq \frac{2^n}{n+1}$$
を得る．

次に $x_1 k_1 + x_2 k_2 + \cdots + x_m k_m$ の下界を与える．再び二項定理により
$$p_i^{k_i} \equiv (2^{n+1} x_i + 1)^{k_i} \equiv 2^{n+1} x_i k_i + 1 \pmod{2^{2n+2}}$$
が成り立つ．$n \geq 5$ のとき $2^n > 2n+2$ であるから $f_n \equiv 1 \pmod{2^{2n+2}}$ であり，n の素因数分解を 2^{2n+2} を法として考えることで
$$1 \equiv (2^{n+1} x_1 k_1 + 1)(2^{n+1} x_2 k_2 + 1) \cdots (2^{n+1} x_m k_m + 1)$$
$$\equiv 1 + 2^{n+1} x_1 k_1 + 2^{n+1} x_2 k_2 + \cdots + 2^{n+1} x_m k_m \pmod{2^{2n+2}}$$
を得る．これより
$$x_1 k_1 + x_2 k_2 + \cdots + x_m k_m \equiv 0 \pmod{2^{n+1}}$$
となり，左辺は正なので
$$x_1 k_1 + x_2 k_2 + \cdots + x_m k_m \geq 2^{n+1}$$
を得る．

さて，$x_1, \ldots, x_m$ の最大値を x とすれば
$$x(k_1 + k_2 + \cdots + k_m) \geq x_1 k_1 + x_2 k_2 + \cdots + x_m k_m \geq 2^{n+1}$$
が成り立つ．これより

$$x \geqq \frac{2^{n+1}}{k_1 + k_2 + \cdots + k_m} \geqq \frac{2^{n+1}}{\frac{2^n}{n+1}} = 2(n+1)$$

となるのである i に対して $x_i \geqq 2(n+1)$ であることが示された．

第6章 用語集

◆ 1次ディオファントス方程式

整数の定数 $a_1, a_2, \ldots, a_n$, b を用いて，
$$a_1 x_1 + \cdots + a_n x_n = b$$
と表される方程式．

◆ ウィルソンの定理

素数 p に対して，$(p-1)! \equiv -1 \pmod{p}$

◆ n を法とした完全剰余系

以下の条件をみたす整数の集合 S．

条件： $0 \leq i \leq n-1$ なる任意の整数 i が与えられたとき，ある $s\,(\in S)$ をとれば，$i \equiv s \pmod{n}$ となる．

◆ m を法とした位数

正の整数 a, m に対し，$a^d \equiv 1 \pmod{m}$ となる最小の正の整数 d を $\pmod{m}$ における a の位数とよび，$\mathrm{ord}_m(a)$ で表す．

◆ エルミートの恒等式

任意の実数 x と正の整数 n に対して，
$$\lfloor x \rfloor + \left\lfloor x + \frac{1}{n} \right\rfloor + \left\lfloor x + \frac{2}{n} \right\rfloor + \cdots + \left\lfloor x + \frac{n-1}{n} \right\rfloor = \lfloor nx \rfloor$$

が成立する.

◆ オイラーの定理

a, m は互いに素である正の整数とするとき,
$$a^{\varphi(m)} \equiv 1 \pmod{m}$$
が成立する.

◆ オイラーの φ 関数

正の整数 m に対して, 1 以上 m 以下の整数であって m と互いに素であるものの個数を $\varphi(m)$ で表す.

◆ 階乗基表現

任意の正の整数 k は $0 \le f_i \le i, f_m > 0$ なる整数 $(f_1, f_2, \ldots, f_m)$ を用いて
$$k = 1! \cdot f_1 + 2! \cdot f_2 + 3! \cdot f_3 + \cdots + m! \cdot f_m$$
の形に一意的に書ける.

◆ ガウス記号, 整数部分

実数 x に対して, $n \le x < n+1$ となるような整数 n がただ 1 つ存在する. このような n を $[x]$ と表す. このような $[\ ]$ を「ガウス記号」という. また, $\lfloor x \rfloor$ とも書き, 床関数ともいう.

◆ カーマイケル数

合成数 n であって, 任意の整数 a で, $a^n \equiv a \pmod{n}$ となるようなもの.

◆ 完全数

2 以上の整数 n であって, n の正の約数の総和が $2n$ となるものを完全数という.

◆ 合同式

a, b, m は整数で, $m \neq 0$ とする. $m \mid (a-b)$ のとき, m を法として a と b は合同であるという. また, これを $a \equiv b \pmod{m}$ と書く. $\mathbb{Z}$ 上で考える合同記

号 "≡" を合同関係という．

◆ 小数部分
$x - [x]$ を x の小数部分といい，$\{x\}$ で表す．

◆ 乗法的関数
以下の条件をみたす，数論的関数 $f \neq 0$.
  条件： 任意の互いに素である正の整数 m, n に対して，
$$f(mn) = f(m)f(n)$$
が成立．

◆ 数論的関数
正の整数上で定義され，複素数値をとる関数．

◆ 整数の割り算
正の整数 a, b が与えられたとき，非負整数の組 (q, r) であって，$b = aq+r, r < a$ となるようなものがただ1つ存在する．q, r は，b を a で割ったときのそれぞれ商と余りに相当する．

◆ 素因数分解
1 より大きい任意の整数 n は，相異なる素数 $p_1, p_2, \ldots, p_k$ と正の整数 $\alpha_1, \alpha_2, \ldots, \alpha_k$ を用いて，
$$n = p_1^{\alpha_1} p_2^{\alpha_2} \cdots p_k^{\alpha_k}$$
と一意的に書ける．

◆ 素因数分解の一意性
1 より大きい任意の整数は (順番を入れ替えたものを除いて) 素数の積に一意的に分解できる．

◆ 相加相乗平均の不等式

n は正の整数で,$a_1, a_2, \ldots, a_n$ は非負実数とするとき,

$$\frac{1}{n}\sum_{i=1}^{n} a_i \geq (a_1 a_2 \cdots a_n)^{\frac{1}{n}}$$

が成立する.等号成立条件は,$a_1 = a_2 = \cdots = a_n$ の場合に限る.この不等式は,**べき平均不等式**の特別な場合である.

◆ 素数定理

正の整数 n について,n 以下の素数の個数を $\pi(n)$ とすると,

$$\lim_{n \to \infty} \frac{\pi(n)}{n/\log n} = 1$$

が成り立つ.

◆ ツェッケンドルフ表示

任意の非負整数 n はどの 2 つも隣り合わないフィボナッチ数の和で一意に書ける.すなわち,$\alpha_k \in \{0, 1\}, (\alpha_k, \alpha_{k+1}) \neq (1, 1)$ なる α_k が一意に存在し,

$$n = \sum_{k=0}^{\infty} \alpha_k F_k$$

となる.

◆ 等差数列における素数定理

a, d を互いに素な正の整数とする.$\pi_{a,d}(n)$ は等差数列 $a, a+d, a+2d, \ldots$ の項であって,n よりも小さい素数であるものの個数とする.このとき,

$$\lim_{n \to \infty} \frac{\pi_{a,d}(n)}{n/\log n} = \frac{1}{\varphi(d)}$$

が成り立つ.この結果はルジャンドルとディリクレによって予想され,シャルル・ド・ラ・ヴァレー・プーサンによって証明された.

◆ 二項係数

以下のようにして定められた $_n\mathrm{C}_k$.

$$_n\mathrm{C}_k = \frac{n!}{k!(n-k)!}$$

$_n\mathrm{C}_k$ は $(x+1)^n$ を展開したときの x^k の係数である.

◆ 二項定理

$$(x+y)^n = {}_n\mathrm{C}_0 x^n + {}_n\mathrm{C}_1 x^{n-1}y + {}_n\mathrm{C}_2 x^{n-2}y^2 + \cdots + {}_n\mathrm{C}_{n-1}xy^{n-1} + {}_n\mathrm{C}_n y^n$$

◆ 鳩の巣原理

n 個の物を $k\,(<n)$ 個の箱に分配するとき, 少なくとも 1 つの箱には 2 つ以上の物が入っている.

◆ b 進法表示

b を 1 より大きい整数とする. 任意の整数 $n\,(\geqq 1)$ に対して, $0 \leqq a_i \leqq b-1, i = 0, 1, \ldots, k, a_k \neq 0$ であって,

$$n = a_k b^k + a_{k-1} b^{k-1} + \cdots + a_1 b + a_0$$

が成立する整数 $(k, a_0, a_1, \ldots, a_k)$ がただ 1 つ存在する.

◆ ビーティの定理

α, β は

$$\frac{1}{\alpha} + \frac{1}{\beta} = 1$$

をみたす正の無理数とする.

2 つの集合 $\{\lfloor \alpha \rfloor, \lfloor 2\alpha \rfloor, \lfloor 3\alpha \rfloor, \ldots\}$, $\{\lfloor \beta \rfloor, \lfloor 2\beta \rfloor, \lfloor 3\beta \rfloor, \ldots\}$ は共通部分のない集合で, これらの和集合は正の整数全体になる.

◆ フィボナッチ数列

$F_0 = F_1 = 1, F_{n+1} = F_n + F_{n-1}$ で定義される数列.

◆ フェルマーの小定理

a を正の整数, p を素数とするとき,

$$a^p \equiv a \pmod{p}$$

である.

◆ ベズーの恒等式

正の整数 m, n に対して,整数 x, y が存在して,$mx + my = \gcd(m, n)$ が成立する.

◆ ベルヌーイの不等式

$x \ (> -1)$ と $a \ (> 1)$ がともに実数のとき,

$$(1+x)^a \geq 1 + ax$$

が成立する.等号は $x = 0$ のときに成り立つ.

◆ メビウス関数

以下のように定義される数論的関数 μ.

$$\mu(n) = \begin{cases} 1 & (n = 1 \text{ のとき}) \\ 0 & (p^2 \mid n \text{ なる素数 } p \text{ が存在するとき}) \\ (-1)^k & (n \text{ が相異なる素数の積に素因数分解されるとき}) \end{cases}$$

◆ メビウスの反転公式

f を乗法的関数とする.F をその和関数 (後述) とする.このとき,

$$f(n) = \sum_{d \mid n} \mu(d) F\left(\frac{n}{d}\right)$$

が成立する.

◆ メルセンヌ数

$M_n = 2^n - 1 \ (n \geq 1)$ と表される整数.

◆ 約数の個数

正の整数 n に対して,n の正の約数の個数を $\tau(n)$ で表す.明らかに

$$\tau(n) = \sum_{d|n} 1$$

である.

◆ 約数の和

正の整数 n について，$\sigma(n)$ を n の正の約数の和とする．このとき，

$$\sigma(n) = \sum_{d|n} d$$

となる．

◆ ユークリッドの互除法

整数の割り算を以下のように繰り返すこと．割りきれるまで続けられる．

$$m = nq_1 + r_1, \quad 1 \leqq r_1 < n,$$
$$n = r_1 q_2 + r_2, \quad 1 \leqq r_2 < r_1,$$
$$\vdots$$
$$r_{k-2} = r_{k-1} q_k + r_k, \quad 1 \leqq r_k < r_{k-1},$$
$$r_{k-1} = r_k q_{k+1} + r_{k+1}, \quad r_{k+1} = 0$$

$n > r_1 > r_2 > \cdots > r_k$ なので，この手順は有限回で終了する．

◆ ルジャンドル関数

p を素数とする．正の整数 n に対して，$e_p(n)$ を $n!$ を素因数分解したときの p の指数と定義する．

◆ ルジャンドルの公式

素数 p と正の整数 n に対して，

$$e_p(n) = \sum_{i \geqq 1} \left[\frac{n}{p^i} \right]$$

が成立する．

◆ **和関数**

数論的関数 f に対して,和関数 F を以下で定義する.

$$F(n) = \sum_{d|n} f(d)$$

参 考 文 献

1. Andreescu, T.; Feng, Z., *101 Problems in Algebra from the Training of the USA IMO Team*, Australian Mathematics Trust, 2001.
2. Andreescu, T.; Feng, Z., *102 Combinatorial Problems from the Training of the USA IMO Team*, Birkhäuser, 2002. T. Andreescu・Z. Feng, 小林一章・鈴木晋一監訳, 組合せ論の精選 102 問 (数学オリンピックへの道 1), 朝倉書店, 2010.
3. Andreescu, T.; Feng, Z., *103 Trigonometry Problems from the Training of the USA IMO Team*, Birkhäuser, 2004. T. Andreescu・Z. Feng, 小林一章・鈴木晋一監訳, 三角法の精選 103 問 (数学オリンピックへの道 2), 朝倉書店, 2010.
4. Andreescu, T.; Feng, Z., *A Path to Combinatorics for Undergraduate Students: Counting Strategies*, Birkhäuser, 2003.
5. Feng, Z.; Rousseau, C.; Wood, M., *USA and International Mathematical Olympiads 2005*, Mathematical Association of America, 2006.
6. Andreescu, T.; Feng, Z.; Loh, P., *USA and International Mathematical Olympiads 2004*, Mathematical Association of America, 2005.
7. Andreescu, T.; Feng, Z., *USA and International Mathematical Olympiads 2003*, Mathematical Association of America, 2004.
8. Andreescu, T.; Feng, Z., *USA and International Mathematical Olympiads 2002*, Mathematical Association of America, 2003.
9. Andreescu, T.; Feng, Z., *USA and International Mathematical Olympiads 2001*, Mathematical Association of America, 2002.
10. Andreescu, T.; Feng, Z., *USA and International Mathematical Olympiads 2000*, Mathematical Association of America, 2001.
11. Andreescu, T.; Feng, Z., Lee, G.; Loh, P., *Mathematical Olympiads: Problems and Solutions from Around the World, 2001–2002*, Mathematical Association of America, 2004.
12. Andreescu, T.; Feng, Z., Lee, G., *Mathematical Olympiads: Problems and Solutions from Around the World, 2000–2001*, Mathematical Association of America, 2003.

13. Andreescu, T,; Feng, Z.; *Mathematical Olympiads: Problems and Solutions from Around the World, 1999–2000*, Mathematical Association of America, 2002.
14. Andreescu, T,; Feng, Z.; *Mathematical Olympiads: Problems and Solutions from Around the World, 1998–1999*, Mathematical Association of America, 2000.
15. Andreescu, T.; Kedlaya, K., *Mathematical Contests 1997–1998: Olympiad Problems from Around the World, with Solutions*, American Mathematics Competitions, 1999.
16. Andreescu, T.; Kedlaya, K., *Mathematical Contests 1996–1997: Olympiad Problems from Around the World, with Solutions*, American Mathematics Competitions, 1998.
17. Andreescu, T.; Kedlaya, K.; Zeitz, P., *Mathematical Contests 1995–1996: Olympiad Problems from Around the World, with Solutions*, American Mathematics Competitions, 1997.
18. Andreescu, T.; Enescu, B., *Mathematical Olympiad Treasures*, Birkhäuser, 2003.
19. Andreescu, T.; Gelca, R., *Mathematical Olympiad Challenges*, Birkhäuser, 2000.
20. Andreescu, T.; Andrica, D., *An Introduction to Diophantine Equations*, GIL Publishing House, 2002.
21. Andreescu, T.; Andrica, D., *360 Problems for Mathematical Contests*, GIL Publishing House, 2003.
22. Andreescu, T.; Andrica, D., *Complex Numbers from A to Z*, Birkhäuser, 2004.
23. Beckenback, E.F.; Bellman, R., *An Introduction to Inequalities*, New Mathematical Library, Vol.3, Mathematical Association of America, 1961.
24. Coxeter, H.S.M.; Greitzer, S.L., *Geometry Revisited*, New Mathematical Library, Vol.19, Mathematical Association of America, 1967. H. コークスター・S. グレイツァー, 寺阪英孝訳, 幾何学再入門 (SMSG 新数学双書 8), 河出書房新社, 1970.
25. Coxeter, H.S.M., *Non-Euclidean Geometry*, The Mathematical Association of America, 1998.
26. Doob, M., *The Canadian Mathematical Olympiad 1969–1993*, University of Toronto Press, 1993.

27. Engel, A., *Problem-Solving Strategies*, Problem Books in Mathematics, Springer, 1998.
28. Fomin, D.; Kirichenko, A., *Leningrad Mathematical Olympiads 1987–1991*, MathPro Press, 1994.
29. Fomin, D.; Genkin, S.; Itenberg, I., *Mathematical Circles*, American Mathematical Society, 1996. D. フォミーン・S. ゲンキン・I. イテンベルク, 志賀浩二・田中紀子訳, 数学のひろば—柔かい思考を育てる問題集—I, II, 岩波書店, 1998.
30. Graham, R.L.; Knuth, D.E; Patashnik, O., *Concrete Mathematics*, Addison-Wesley, 1989.
31. Gillman, R., *A Friendly Mathematics Competition*, The Mathematical Association of America, 2003.
32. Greitzer, S.L., *International Mathematical Olympiads, 1959–1977*, New Mathematical Library, Vol.27, Mathematical Association of America, 1978.
33. Holton, D., *Let's Solve Some Math Problems*, A Canadian Mathematics Competition Publication, 1993.
34. Kazarinoff, N.D., *Geometric Inequalities*, New Mathematical Library, Vol.4, Random House, 1961.
35. Kedlaya, K; Poonen, B.; Vakil, R., *The William Lowell Putnam Mathematical Competition 1985–2000*, The Mathematical Association of America, 2002.
36. Klamkin, M., *International Mathematical Olympiads, 1978–1985*, New Mathematical Library, Vol.31, Mathematical Association of America, 1986.
37. Klamkin, M., *USA Mathematical Olympiads, 1972–1986*, New Mathematical Library, Vol.33, Mathematical Association of America, 1988.
38. Kürschák, J., *Hungarian Problem Book, volumes I & II*, New Mathematical Library, Vols.11 & 12, Mathematical Association of America, 1967.
39. Kuczma, M., *144 Problems of the Austrian–Polish Mathematics Competition 1978–1993*, The Academic Distribution Center, 1994.
40. Kuczma, M., *International Mathematical Olympiads 1986–1999*, Mathematical Association of America, 2003.
41. Larson, L. C., *Problem–Solving Through Problems*, Springer-Verlag, 1983.
42. Lausch, H. *The Asian Pacific Mathematics Olympiad 1989–1993*, Australian Mathematics Trust, 1994.
43. Liu, A., *Chinese Mathematics Competitions and Olympiads 1981–1993*, Australian Mathematics Trust, 1998

44. Liu, A., *Hungarian Problem Book III*, New Mathematical Library, Vol. 42, Mathematical Association of America, 2001.
45. Lozansky, E.; Rousseau, C. *Winning Solutions*, Springer, 1996.
46. Mitrinovic, D.S.; Pecaric, J.E.; Volonec, V., *Recent Advances in Geometric Inequalities*, Kluwer Academic Publisher, 1989.
47. Mordell, L.J., *Diophantine Equations*, Academic Press, London and New York, 1969.
48. Niven, I., Zuckerman, H.S., Montgomery, H.L., *An Introduction to the Theory of Numbers*, Fifth Edition, John Wiley & Sons, Inc., New York, Chichester, Brisbane, Toronto, Singapore, 1991.
49. Savchev, S.; Andreescu, T., *Mathematical Miniatures*, Anneli Lax New Mathematical Library, Vol.43, Mathematical Association of America, 2002.
50. Sharygin, I.F., *Problems in Plane Geometry*, Mir, Moscow, 1988.
51. Sharygin, I.F., *Problems in Solid Geometry*, Mir, Moscow, 1986.
52. Shklarsky, D.O; Chentzov, N.N; Yaglom, I.M., *The USSR Olympiad Problem Book*, Freeman, 1962.
53. Slinko, A., *USSR Mathematical Olympiads 1989–1992*, Australian Mathematics Trust, 1997.
54. Szekely, G.J., *Contests in Higher Mathematics*, Springer-Verlag, 1996.
55. Tattersall, J.J., *Elementary Number Theory in Nine Chapters*, Cambridge University Press, 1999. J. J. Tattersall, 小松尚夫訳, 初等整数論9章 (第2版), 森北出版, 2008.
56. Taylor, P.J., *Tournament of Towns 1980–1984*, Australian Mathematics Trust, 1993.
57. Taylor, P.J., *Tournament of Towns 1984–1989*, Australian Mathematics Trust, 1992.
58. Taylor, P.J., *Tournament of Towns 1989–1993*, Australian Mathematics Trust, 1994.
59. Taylor, P.J.,; Storozhev, A., *Tournament of Towns 1993–1997*, Australian Mathematics Trust, 1998.
60. Yaglom, I.M., *Geometric Transformations*, New Mathematical Library, Vol.8, Random House, 1962.
61. Yaglom, I.M., *Geometric Transformations II*, New Mathematical Library, Vol.21, Random House, 1968.

62. Yaglom, I.M., *Geometric Transformations III*, New Mathematical Library, Vol.24, Random House, 1973.

索　引

ア　行

余り　5
一次結合　16
1次合同式　26
1次ディオファントス方程式　44, 201
1次連立合同式　26
ウィルソンの定理　30, 201
Wolstenholmeの定理　87, 127
n を法とした完全剰余系　201
m を法とした位数　37, 201
エルミートの恒等式　70, 201
オイラー関数　38, 202
オイラーの定理　32, 202

カ　行

階乗基表現　51, 202
ガウス記号 (床関数)　59, 202
カーマイケル数　37, 202
完全剰余系　28
完全数　79, 202
完全に割りきる　11
完全平方数　2
完全べき乗数　2
完全立方数　2
逆元 $((\mod m)$ における a の――)　30
合成数　6
合同式　22, 202

サ　行

最小公倍数　18
　3つ以上の――　19
最大公約数　13
10進法展開　48
商 (割り算の――)　5
小数部分　59, 203
乗法的関数　20, 41, 203
数論的関数　41, 203
整数の割り算　5, 203
整数部分　202
素因数分解　9, 203
　――の一意性　8, 203
相加相乗平均の不等式　204
素数　6
素数定理　204

タ　行

互いに素　13
中国剰余定理　26
ツェッケンドルフ表示　52, 204
ディオファントス方程式　17, 201
天井関数　59
等差数列における素数定理　204
等比数列　10

ナ行

二項係数　204
二項定理　6, 205

ハ行

鳩の巣原理　103, 205
b 進法表示　47, 205
ビーティの定理　67, 205
フィボナッチ
　——数　52
　——数列　52, 205
フェルマー数　25
フェルマーの小定理　33, 205
双子素数　7
平方因子をもたない　2
ベズーの恒等式　16, 206
ベルヌーイの不等式　159, 206

マ行

メビウス関数　42, 206

メビウスの反転公式　43, 206
メルセンヌ数　78, 206

ヤ行

約数の個数　19, 206
(正の) 約数の和　21, 207
床関数 (ガウス記号)　59, 202
ユークリッドの互除法　14, 207

ラ行

ルジャンドル関数　72, 207
ルジャンドルの公式　207

ワ行

和関数　42, 208
割り算のアルゴリズム　5

監訳者略歴

小林一章
1940年 東京都に生まれる
1966年 早稲田大学大学院理工学研究科修了
現　在 (財)数学オリンピック財団理事長
　　　 理学博士

鈴木晋一
1941年 北海道に生まれる
1967年 早稲田大学大学院理工学研究科修了
現　在 早稲田大学教育学部教授
　　　 (財)数学オリンピック財団専務理事
　　　 理学博士

数学オリンピックへの道 3
数論の精選104問　　　　　　　　定価はカバーに表示

| 2010年4月10日 | 初版第 1 刷 |
| 2022年8月 5日 | 　　第11 刷 |

監訳者	小　林　一　章
	鈴　木　晋　一
発行者	朝　倉　誠　造
発行所	株式会社 朝倉書店

東京都新宿区新小川町 6-29
郵便番号　162-8707
電　話　03(3260)0141
FAX　03(3260)0180
http://www.asakura.co.jp

〈検印省略〉

Printed in Korea

© 2010〈無断複写・転載を禁ず〉

ISBN 978-4-254-11809-4　C 3341

JCOPY 〈出版者著作権管理機構 委託出版物〉

本書の無断複写は著作権法上での例外を除き禁じられています。複写される場合は、そのつど事前に、出版者著作権管理機構（電話 03-5244-5088, FAX 03-5244-5089, e-mail: info@jcopy.or.jp）の許諾を得てください。

前東工大 志賀浩二著 数学30講シリーズ1 **微 分・積 分 30 講** 11476-8 C3341　　Ａ５判　208頁　本体3400円	〔内容〕数直線／関数とグラフ／有理関数と簡単な無理関数の微分／三角関数／指数関数／対数関数／合成関数の微分と逆関数の微分／不定積分／定積分／円の面積と球の体積／極限について／平均値の定理／テイラー展開／ウォリスの公式／他
前東工大 志賀浩二著 数学30講シリーズ2 **線 形 代 数 30 講** 11477-5 C3341　　Ａ５判　216頁　本体3600円	〔内容〕ツル・カメ算と連立方程式／方程式，関数，写像／２次元の数ベクトル空間／線形写像と行列／ベクトル空間／基底と次元／正則行列と基底変換／正則行列と基本行列／行列式の性質／基底変換から固有値問題へ／固有値と固有ベクトル／他
前東工大 志賀浩二著 数学30講シリーズ3 **集 合 へ の 30 講** 11478-2 C3341　　Ａ５判　196頁　本体3600円	〔内容〕身近なところにある集合／集合に関する基本概念／可算集合／実数の集合／写像／濃度／連続体の濃度をもつ集合／順序集合／整列集合／順序数／比較可能定理，整列可能定理／選択公理のヴァリエーション／連続体仮設／カントル／他
前東工大 志賀浩二著 数学30講シリーズ4 **位 相 へ の 30 講** 11479-9 C3341　　Ａ５判　228頁　本体3600円	〔内容〕遠さ，近さと数直線／集積点／連続性／距離空間／点列の収束，開集合，閉集合／近傍と閉包／連続写像／同相写像／連結空間／ベールの性質／完備化／位相空間／コンパクト空間／分離公理／ウリゾーン定理／位相空間から距離空間／他
前東工大 志賀浩二著 数学30講シリーズ5 **解 析 入 門 30 講** 11480-5 C3341　　Ａ５判　260頁　本体3600円	〔内容〕数直線の生い立ち／実数の連続性／関数の極限値／微分と導関数／テイラー展開／ベキ級数／不定積分から微分方程式へ／線形微分方程式／面積／定積分／指数関数再考／２変数関数の微分可能性／逆写像定理／２変数関数の積分／他
前東工大 志賀浩二著 数学30講シリーズ6 **複 素 数 30 講** 11481-2 C3341　　Ａ５判　232頁　本体3600円	〔内容〕負数と虚数の誕生まで／向きを変えることと回転／複素数の定義／複素数と図形／リーマン球面／複素関数の微分／正則関数と等角性／ベキ級数と正則関数／複素積分と正則性／コーシーの積分定理／一致の定理／孤立特異点／留数／他
前東工大 志賀浩二著 数学30講シリーズ7 **ベクトル解析 30 講** 11482-9 C3341　　Ａ５判　244頁　本体3400円	〔内容〕ベクトルとは／ベクトル空間／双対ベクトル空間／双線形関数／テンソル代数／外積代数の構造／計量をもつベクトル空間／基底の変換／グリーンの公式と微分形式／外微分の不変性／ガウスの定理／ストークスの定理／リーマン計量／他
前東工大 志賀浩二著 数学30講シリーズ8 **群 論 へ の 30 講** 11483-6 C3341　　Ａ５判　244頁　本体3400円	〔内容〕シンメトリーと群／群の定義／群に関する基本的な概念／対称群と交代群／正多面体群／部分群による類別／巡回群／整数と群／群と変換／軌道／正規部分群／アーベル群／自由群／有限的に表示される群／位相群／不変測度／群環／他
前東工大 志賀浩二著 数学30講シリーズ9 **ルベーグ積分 30 講** 11484-3 C3341　　Ａ５判　256頁　本体3600円	〔内容〕広がっていく極限／数直線上の長さ／ふつうの面積概念／ルベーグ測度／可測集合／カラテオドリの構想／測度空間／リーマン積分／ルベーグ積分へ向けて／可測関数の積分／可積分関数の作る空間／ヴィタリの被覆定理／フビニ定理／他
前東工大 志賀浩二著 数学30講シリーズ10 **固 有 値 問 題 30 講** 11485-0 C3341　　Ａ５判　260頁　本体3600円	〔内容〕平面上の線形写像／隠されているベクトルを求めて／線形写像と行列／固有空間／正規直交基底／エルミート作用素／積分方程式／フレードホルムの理論／ヒルベルト空間／閉部分空間／完全連続な作用素／スペクトル／非有界作用素／他

I.スチュアート著　聖学院大松原　望監訳　藤野邦夫訳
数学のエッセンス1
イアン・スチュアートの 数の世界
11811-7 C3341　　　B5判 192頁 本体3800円

多彩な話題で数学の世界を紹介。〔内容〕フィボナッチと植物の生長／彫刻と黄金数／音階の数学／選挙制度と民主的／膨張する宇宙／パスカルのフラクタル／完全数，素数／フェルマーの定理／アルゴリズム／魔方陣／連打される鐘と群論

J.スティルウェル著　前京大上野健爾・前名大浪川幸彦監訳　京大田中紀子訳
数 学 の あ ゆ み （上）
11105-7 C3041　　　A5判 288頁 本体5500円

中国・インドまで視野に入れて高校生から読める数学の歩み〔内容〕ピタゴラスの定理／ギリシャ幾何学／ギリシャ時代における数論および無限／アジアにおける数論／多項式／解析幾何学／射影幾何学／微分積分学／無限級数／蘇った数論

J.スティルウェル著　前京大上野健爾・前名大浪川幸彦監訳　京大林　芳樹訳
数 学 の あ ゆ み （下）
11118-7 C3041　　　A5判 328頁 本体5500円

上巻に続いて20世紀につながる数学の大きな流れを平易に解説。〔内容〕楕円関数／力学／代数の中の複素数／複素数と曲線／複素数と関数／微分幾何／非ユークリッド幾何学／群論／多元数／代数的整数論／トポロジー／集合・論理・計算

カリフォルニア大D.C.ベンソン著　前慶大柳井　浩訳
数 学 へ の い ざ な い （上）
11111-8 C3041　　　A5判 176頁 本体3200円

魅力ある12の話題を紹介しながら数学の発展してきた道筋をたどり，読者を数学の本流へと導く楽しい数学書。上巻では数と幾何学の話題を紹介。〔内容〕古代の分数／ギリシャ人の贈り物／比と音楽／円環面国／眼が計算してくれる

カリフォルニア大D.C.ベンソン著　前慶大柳井　浩訳
数 学 へ の い ざ な い （下）
11112-5 C3041　　　A5判 212頁 本体3500円

12の話題を紹介しながら読者を数学の本流へと導く楽しい数学書。下巻では代数学と微積分学の話題を紹介。〔内容〕代数の規則／問題の起源／対称性は怖くない／魔法の鏡／巨人の肩の上から／6分間の微積分学／ジェットコースターの科学

前東工大志賀浩二著
数 学 の 流 れ 30 講 （上）
—16世紀まで—
11746-2 C3341　　　A5判 208頁 本体2900円

数学とはいったいどんな学問なのか，それはどのようにして育ってきたのか，その時代背景を考察しながら珠玉の文章で読者と共に旅する。〔内容〕水源は不明でも／エジプトの数学／アラビアの目覚め／中世イタリア都市の繁栄／大航海時代／他

前東工大志賀浩二著
数 学 の 流 れ 30 講 （中）
—17世紀から19世紀まで—
11747-9 C3341　　　A5判 240頁 本体3400円

微積分はまったく新しい数学の世界を生んだ。本書は巨人ニュートン，ライプニッツ以降の200年間の大河の流れを旅する。〔内容〕ネピアと対数／微積分の誕生／オイラーの数学／フーリエとコーシーの関数／アーベル，ガロアからリーマンへ

前東工大志賀浩二著
数 学 の 流 れ 30 講 （下）
—20世紀数学の広がり—
11748-6 C3341　　　A5判 224頁 本体3200円

20世紀数学の大変貌を示す読者必読の書。〔内容〕20世紀数学の源泉（ヒルベルト，カントル，他）／新しい波（ハウスドルフ，他）／ユダヤ数学（ハンガリー，ポーランド）／ワイル／ノイマン／ブルバキ／トポロジーの登場／抽象数学の総合化

前カリフォルニア大佐武一郎著
現 代 数 学 の 源 流 （上）
—複素関数論と複素整数論—
11117-0 C3041　　　A5判 232頁 本体4600円

現代数学に多大な影響を与えた19世紀後半～20世紀前半の数学の歴史を，複素数を手がかりに概観。〔内容〕複素関数前史／複素関数論／解析的延長：ガンマ関数とゼータ関数／代数的整数論への道／付記：ベルヌーイ多項式，ディリクレ指標／他

前カリフォルニア大佐武一郎著
現 代 数 学 の 源 流 （下）
—抽象的曲面とリーマン面—
11121-7 C3041　　　A5判 244頁 本体4600円

曲面の幾何学的構造を中心に，複素数の幾何学的応用から代数関数論の導入部までを丁寧に解説。〔内容〕曲面の幾何学／抽象的曲面（多様体）／複素曲面（リーマン面）／代数関数論概説／付記：不連続群，閉リーマン面のホモロジー群／他

T.アンドレースク・Z.フェン著 前東女大 小林一章・早大 鈴木晋一監訳 数学オリンピックへの道1 **組合せ論の精選 102 問** 11807-0 C3341　　A 5 判 160頁 本体2800円	国際数学オリンピック・アメリカ代表チームの訓練や選抜で使われた問題から選り抜かれた102問を収めた精選問題集。難問奇問の寄せ集めではなく，これらを解いていくことで組合せ論のコツや技術が身につけられる構成となっている。
T.アンドレースク・Z.フェン著 前東女大 小林一章・早大 鈴木晋一監訳 数学オリンピックへの道2 **三 角 法 の 精 選 103 問** 11808-7 C3341　　A 5 判 240頁 本体3400円	国際数学オリンピック・アメリカ代表チームの訓練や選抜で使われた問題から選り抜かれた103問を収めた三角法の精選問題集。三角法に関する技能や技術を徐々に作り上げてゆくことができる。第1章には三角法に関する基本事項をまとめた。
数学オリンピック財団 野口　廣著 シリーズ〈数学の世界〉7 **数学オリンピック教室** 11567-3 C3341　　A 5 判 140頁 本体2700円	数学オリンピックに挑戦しようと思う読者は，第一歩として何をどう学んだらよいのか。挑戦者に必要な数学を丁寧に解説しながら，問題を解くアイデアと道筋を具体的に示す。〔内容〕集合と写像／代数／数論／組み合わせ論とグラフ／幾何
立大 木田祐司著 講座　数学の考え方16 **初　等　整　数　論** 11596-3 C3341　　A 5 判 232頁 本体3800円	整数と多項式に関する入門的教科書。実際の計算を重視し，プログラム作成が可能なように十分に配慮している。〔内容〕素数／ユークリッドの互除法／合同式／二次合同式／F_p係数多項式の因数分解／円分多項式と相互法則
C.F.ガウス著　　九大 高瀬正仁訳 数学史叢書 **ガウス 整 数 論** 11457-7 C3341　　A 5 判 532頁 本体9800円	数学史上最大の天才であるF.ガウスの主著『整数論』のラテン語原典からの全訳。小学生にも理解可能な冒頭部から書き起こし，一歩一歩進みながら，整数論という領域を構築した記念碑的著作。訳者による豊富な補註を付し読者の理解を助ける
前群馬大 瀬山士郎著 **基　礎　の　数　学** 　　　—線形代数と微積分— 11072-2 C3041　　A 5 判 144頁 本体2800円	練達な著者による，高校の少し先の微分積分と線形代数(数学IV，数学D)を解説した教科書。〔内容〕行列とその計算／行列式とその計算／連立方程式と行列／行列と固有値／初等関数とテーラー展開／2変数関数／偏導関数と極値問題／重積分
早大 足立恒雄著 **数**　　　—体系と歴史— 11088-3 C3041　　A 5 判 224頁 本体3500円	「数」とは何だろうか？一見自明な「数」の体系を，論理から複素数まで歴史を踏まえて考えていく。〔内容〕論理／集合：素朴集合論他／自然数：自然数をめぐるお話他／整数：整数論入門他／有理数／代数系／実数：濃度他／複素数：四元数他／他
元東海大 草場公邦著 すうがくぶっくす7 **ガロワと方程式** 11467-6 C3341　　A 5 変判 192頁 本体3300円	初等整数論とガロワ理論を平易に説いた著者の本シリーズ第二作目。〔内容〕ユークリッドの互助法／複素数と三次方程式の根の公式／群の概念／代数的数と数体／共役の原理と自己同型群／ガロワの理論とその応用
数学オリンピック財団 野口　廣監修 数学オリンピック財団編 **数学オリンピック事典** 　　　—問題と解法— 〔基礎編〕〔演習編〕 11087-6 C3541　　B 5 判 864頁 本体18000円	国際数学オリンピックの全問題の他に，日本数学オリンピックの予選・本戦の問題，全米数学オリンピックの本戦・予選の問題を網羅し，さらにロシア(ソ連)・ヨーロッパ諸国の問題を精選して，詳しい解説を加えた。各問題は分野別に分類し，易しい問題を基礎編に，難易度の高い問題を演習編におさめた。基本的な記号，公式，概念など数学の基礎を中学生にもわかるように説明した章を設け，また各分野ごとに体系的な知識が得られるような解説を付けた。世界で初めての集大成

上記価格（税別）は 2022年 7月現在